EUL VERLAG

Reihe: Wirtschaftsinformatik · Band 89

Herausgegeben von Prof. Dr. Dietrich Seibt, Köln, Prof. Dr. Hans-Georg Kemper, Stuttgart, Prof. Dr. Georg Herzwurm, Stuttgart, Prof. Dr. Dirk Stelzer, Ilmenau, und Prof. Dr. Detlef Schoder, Köln

Dr. Philip Hollstein

Das maschinenorientierte Data Warehouse

IT-basierte Entscheidungsunterstützung in der wandlungsfähigen Produktion

Mit einem Geleitwort von Prof. Dr. Hans-Georg Kemper, Universität Stuttgart

EUL VERLAG

Bibliografische Information der Deutschen Nationalbibliothek

Die Deutsche Nationalbibliothek verzeichnet diese Publikation in der Deutschen Nationalbibliografie; detaillierte bibliografische Daten sind im Internet über <http://dnb.d-nb.de> abrufbar.

Dissertation, Universität Stuttgart, 2015

D 93

ISBN 978-3-8441-0472-1
1. Auflage August 2016

JOSEF EUL VERLAG GmbH
Brandsberg 6
53797 Lohmar
Tel.: 0 22 05 / 90 10 6-6
Fax: 0 22 05 / 90 10 6-88
E-Mail: info@eul-verlag.de
http://www.eul-verlag.de

Bei der Herstellung unserer Bücher möchten wir die Umwelt schonen. Dieses Buch ist daher auf säurefreiem, 100% chlorfrei gebleichtem, alterungsbeständigem Papier nach DIN 6738 gedruckt.

Geleitwort

Der Wandel von Verkäufer- zu Käufermärkten, die Globalisierung und der enorme Konkurrenzdruck durch die auf den Weltmarkt drängenden Schwellenländer stellen die Produktion der führenden Industriestaaten vor neue Herausforderungen. Produktdifferenzierung und Time-to-Market sind kritische Erfolgsfaktoren geworden und verlangen nach innovativen Strukturen in der Fertigung. Das Konzept der „wandlungsfähigen Produktion" ist in diesem Zusammenhang einer der aktuell diskutierten Ansätze. Im Mittelpunkt stehen hierbei Produktionssysteme, die schnell auf neu einzubindende Produktmodifikationen reagieren können und eine hohe Produktdifferenzierung ermöglichen.

In diesem Kontext ist die Arbeit von Herrn Hollstein angesiedelt. Sie beschäftigt sich mit der Konzeption und der prototypischen Umsetzung eines maschinenorientierten Data-Warehouses (DWH), in dem relevante Maschinendaten abgelegt und zum Zwecke der Entscheidungsunterstützung im Produktionskontext herangezogen werden können. Die konkrete Zielsetzung ist laut Verfasser „... die Verbesserung der Informationsversorgung für Entscheidungsträger, die mit Aufgaben aus der Produktion mit dem Fokus auf Wandlungsfähigkeit betraut sind". Der Autor entschied sich im Rahmen seiner Arbeit für die Erhebung mehrerer produktionsorientierter Anwendungsfälle in Form semi-strukturierter Experteninterviews. Auf dieser Basis entwickelte er anschließend sein Konzept und setzte es als IT-Demonstratorsystem um, das er konsequent auf der Basis eines Anwendungsfalles bei einem Maschinenbauunternehmen explorierte, prototypisch-iterativ implementierte und anschließend mithilfe eines Workshops evaluierte.

Im Rahmen seiner Arbeit dokumentiert Herr Hollstein somit eindrucksvoll die Umsetzbarkeit seines Ansatzes, bei dem technische und betriebswirtschaftliche Daten zusammengeführt, aufbereitet und in einer Business-Intelligence-Umgebung zur Auswertung herangezogen werden.

Stuttgart, im Mai 2016 Prof. Dr. Hans-Georg Kemper

Vorwort

Die vorliegende Arbeit entstand während meiner Tätigkeit als Doktorand der Graduate School of Excellence advanced Manufacturing Engineering (GSaME) der Universität Stuttgart in Kooperation mit dem Lehrstuhl für ABWL und Wirtschaftsinformatik I des Betriebswirtschaftlichen Instituts der Universität Stuttgart.

An dieser Stelle möchte ich mich bei den Personen bedanken, die mich auf meinem Weg zur Vollendung dieser Arbeit begleitet haben. Zu nennen sind hierbei die Kolleginnen und Kollegen der Graduiertenschule, die das Umfeld und den Erfolg der GSaME gestalten, sowie die Mitarbeiter des Lehrstuhls, Dr. Henning Baars, Clemens Haussmann, Dr. Margarethe Koch, Viola Koppetzki, Jens Lachenmaier, Michelle Moisa, Dominik Morar, Dr. Xuanpu Sun und Dr. Michael Zimmer, denen ich für die anregenden Diskussionen und die kollegiale Zusammenarbeit danke.

Darüber hinaus danke ich meinen Interviewpartnern und den Mitarbeitern meines Praxispartners für die Gespräche und tiefen Einblicke in das Spannungsfeld zwischen der Betriebswissenschaft, den Ingenieurwissenschaften und der Informatik sowie für die Diskussion und das Vertrauen bei der Validierung des Prototyps.

Auch bei meinen Eltern Olga und Thomas Hollstein sowie meiner Freundin Patricia Assion möchte ich mich für das viele Verständnis, die unermüdliche Unterstützung in allen Phasen der Dissertation und umfangreiche Hilfe bei der Korrektur und grafischen Gestaltung der vorliegenden Arbeit ganz herzlich danken.

Mein herzlicher Dank gilt auch Herrn Prof. Dr. Bernhard Mitschang für die Übernahme des Vorsitzes, Herrn Prof. Dr. Peter Gluchowski für die sorgfältige Durchsicht der Arbeit und die Übernahme des Zweitgutachtens sowie meinem Doktorvater Herrn Prof. Dr. Hans-Georg Kemper für die vielen konstruktiven, fachlichen Diskussionen und motivierenden Beiträge, die diese Arbeit mit begleitet und geformt haben.

Mein ganz besonderer Dank gilt Herrn PD. Dr. Heiner Lasi für die jahrelange respektvolle, offene und engagierte Zusammenarbeit. Ohne Deine wertvolle Unterstützung wäre das vorliegende Werk so nicht möglich gewesen. Vielen Dank.

Freiburg, im Mai 2016 Philip Hollstein

Zusammenfassung

Die vorliegende Arbeit befasst sich mit der Frage, wie das Produktionsmanagement bei seinen Entscheidungen im Kontext der Wandlungsfähigkeit effektiv unterstützt werden kann. Zur Beantwortung dieser Fragestellung wurden in einem ersten Schritt die Aufgaben des Produktionsmanagements im Rahmen einer Literaturrecherche erhoben. Das Ergebnis dieser Recherche ist ein Einblick in die vielschichtigen Tätigkeitsbereiche des Produktionsmanagements, das die Produkt- und Programmplanung, die Potentialgestaltung sowie die Prozessplanung und -steuerung beinhaltet. Im Anschluss daran wurden vier Anwendungsfälle identifiziert, die im Kontext der Wandlungsfähigkeit von hoher Bedeutung sind.

Diese aus der Literatur abgeleiteten Anwendungsfälle bilden die Basis für eine erste Interviewreihe mit Experten aus dem Produktionsmanagement. Mit Hilfe der Gespräche wurden die Anwendungsfälle weiter detailliert sowie die sich aus den Aufgaben ergebenden Informationsbedarfe erhoben. Aus diesen konnten die Anforderungen an eine adäquate Informationsversorgung abgeleitet werden.

Aufbauend auf einem generischen Business-Intelligence-Rahmen und den erhobenen Anforderungen an eine adäquate Informationsversorgung wurde ein Konzept für ein maschinenorientiertes Data Warehouse (mDWH) erstellt. Das Konzept sieht hierbei vor, dass die benötigten Daten aus sowohl maschinenbezogenen als auch betriebswirtschaftlich orientierten operativen Systemen extrahiert, transformiert und in einem mDWH integriert abgespeichert werden, um anschließend dem Produktionsmanagement zur Entscheidungsunterstützung zur Verfügung gestellt zu werden. In einer anschließenden Interviewreihe im Rahmen eines Use-Case wurden das Konzept Experten eines Maschinenherstellers vorgestellt und konkrete Einsatzszenarien im betrachteten Unternehmen abgeleitet. Für diese wurden in einem weiteren Schritt Analyseszenarien entwickelt.

Zur Validierung wurde das Konzept mit Hilfe einer etablierten Business-Intelligence-Software sowie der von dem Maschinenhersteller zur Verfügung gestellten Daten in einen Prototyp umgesetzt und am Beispiel des Use-Case evaluiert.

Die implementierten Analyseszenarien zeigen, dass der Lösungsansatz umsetzbar ist. Auf Basis der Expertenmeinungen lässt sich weiter feststellen, dass die adressierten Informationsbedarfe zielführend über das mDWH befriedigt werden können und somit ein Nutzen in der Praxis gestiftet werden kann. Darüber hinaus konnten zusätzliche Einsatzfelder identifiziert werden, die im Rahmen weiterer Forschungsaktivitäten ausgestaltet werden können.

Abstract

The paper at hand is concerned with the issue how decisions made in production management in the context of its transformation ability can be effectively supported. To answer this issue, the tasks of the production management via a literary research are identified in a first step. The result of this research gives an insight to the multifaceted task areas production management has to offer, which includes product and program planning, design of potentials as well as process planning and control. Subsequently, four use cases were identified that are of high importance in the context of the transformation ability.

These use cases derived from literature build the foundation for an initial series of interviews with experts in the field of production management. With the aid of the conversations, the use cases were further detailed and the information needs resulting from the tasks were collected. From that, demands concerning an adequate information supply could be derived.

Building on a generic business intelligence framework and the collected data concerning an adequate information supply, a concept for a machine-oriented data warehouse (mDWH) was established. The concept provides for an extraction and transformation of the needed data from machine-related as well as economic-oriented operative systems that is integrated and saved in a mDWH in order to be made available to the decision support of the production management.

In a concluding series of interviews concerning the use case, the concept was presented to experts of a machine manufacturer and specific utilization scenarios in the examined enterprise were derived. For these, specific analysis scenarios were designed in a next step.

For validation, the concept was implemented into a prototype with the aid of a well-established business intelligence software as well as the data provided by the machine manufacturer and it was evaluated using the example of the use case. The implemented analysis scenarios show that the solution approach is realizable. Based on the opinions of the experts one can further deduce that the addressed information demands can be satisfied productively using the mDWH and thus a value in the praxis can be gained. Furthermore, additional fields of application were identified which can be formed accordingly in the context of further research activities.

Inhaltsübersicht

Inhaltsverzeichnis

Abbildungsverzeichnis

Tabellenverzeichnis

Abkürzungsverzeichnis

3D 3-Dimensional
ADAPT ...... Application Design for Analytical Processing Technologies
APS .... Advanced Planning and Sheduling
BARC .... Business Application Research Center
BDE........... Betriebsdatenerfassung
BGD .... Bestandsgeregelte Durchflussteuerung
BI .... Business Intelligence
BOA .... Belastungsorientierte Auftragsfreigabe
CAD .... Computer-Aided Design
CAE........... Computer-Aided Engineering
CAID .... Computer-Aided Industrial Design
CAM .... Computer-Aided Manufacturing
CAP........... Computer-Aided Planning
CAQ .... Computer-Aided Quality
CAx .... Computer-Aided x
CIM .... Computer-Integrated Manufacturing
CNC........... Computerized Numerical Control
DFG........... Deutsche Forschungsgesellschaft
DGQ.......... Deutsche Gesellschaft für Qualität
DIN .... Deutsche Industrie Norm
DNC .... Distributed Numerical Control
DSS .... Decision Support System
DV............. Datenverarbeitung
DWH .... Data Warehouse
EDV........... Elektronische Datenverarbeitung
EOO .... Engpassorientierte Organisation
ERM .... Entity Relationship Model
ERP .... Enterprise Resource Planning
ETL............ Extraction, Transformation, Loading
EU .... Europäische Union
FCFS .... First Come First Served

FMEA........Failure Mode and Effects Analysis
FZS............Fortschrittszahlensysteme
IKS ....Informations- und Kommunikationssysteme
IM ....Informationsmanagement
ISO............International Standardisation Organisation
JIS ....Just-in-sequence
JIT...............Just-in-time
KMU...........Kleine und mittelständische Unternehmen
LCC.............Life Cycle Costing
MCRP......... Mean Costs of Reparature Parts
MDE........... Maschinendatenerfassung
mDWH....... Maschinenorientiertes Data Warehouse
MES .... Manufacturing Execution System
MESA......... Manufacturing Enterprise Solutions Association
MIS .... Management Information System
MRP........... Material Requirements Planning
MRP2......... Manufacturing Resource Planning
MSS............ Management Support System
MTBF .... Mean Time between Failures
MTM.......... Methods Time Measurement
MTTR......... Mean Time to Repair
NC.............. Numerical Controlled
OAE .... Overall Asset Effectiveness
OEE............ Overall Equipment Effectiveness
OFE .... Overall Factory Effectiveness
OLAP .... Online Analytical Processing
OPC............ Object Linking and Embedding for Process Control
OPE............ Overall Plant Effectiveness
OPT............ Optimized Production Technology
OTE............ Overall Throughput Effectiveness
PEE............. Production Equipment Effectiveness
PPS............. Produktplanung und -steuerung

REFA .... Verband für Arbeitsgestaltung, Betriebsorganisation und Unternehmensentwicklung
RFID .... Radio Frequency Identification
SAS .... Statistical Analysis System; Name der SAS AG
SAP .... Systeme, Anwendungen und Produkte; Name der SAP AG
SCM .... Supply-Chain-Management
SFB .... Sonderforschungsbereich
SPS .... Speicherprogrammierbare Steuerung
SUM .... Stuttgarter Unternehmensmodell
TDM .... Tool Data Management
TEEP .... Total Effective Equipment Performance
TIS .... Transaktionsorientiertes Informationssystem
VDI .... Verein Deutscher Ingenieure

1. Einleitung und Themenstellung

1.1 Problemumfeld und Motivation

Kurze Produktlebenszyklen, der Trend zur Individualisierung von Produkten sowie starke Nachfrage- bzw. Marktschwankungen stellen industrielle Unternehmen vor die Herausforderung, eine große Variantenvielfalt ihrer Produkte bei kleinen Losgrößen und sich ständig verändernden Produktionsvolumen wirtschaftlich herzustellen.[1] Als Reaktion hierauf sind Konzepte unter der Bezeichnung der „wandlungsfähigen Fabrik"[2] entstanden, die primär technische Lösungen für Produktionseinheiten fokussieren, damit sich diese neuen Marktsituationen in einem turbulenten Umfeld möglichst schnell und mit geringem Aufwand an Marktänderungen anpassen können. Dieses Ziel verfolgt auch das Stuttgarter Unternehmensmodell (SUM)[3], welches der vorliegenden Arbeit zugrunde liegt. Es entstammt dem Sonderforschungsbereich 467 (SFB 467)[4] und zeigt Möglichkeiten auf, wie eine Produktion aus technischer Sicht auf eine hohe Variantenvielfalt und unterschiedlich zu fertigende Produkte eingestellt werden kann.[5]

Entscheidungen bei der Umstellung von Produktionseinheiten und zur Wandlung einer Produktion in einem Unternehmen werden heutzutage häufig auf Basis unvollständiger oder fehlender Informationen getroffen, und deren Folgen werden lediglich abgeschätzt, da die Informationsbeschaffung und deren Analyse in der Praxis ein aufwändiges Unterfangen darstellen und ebenfalls einem ständigen Wandel unterliegen.[6] Etablierte Produktionsprozesse werden häufig nicht mehr verändert, da die Gefahr von Anlaufschwierigkeiten, Ausfällen oder Qualitätsmängeln höher einstuft wird als potentielle Kosten- oder Zeiteinsparung. Aufgrund einer fehlenden Betrachtung kann es aber sein, dass Einsparpotentiale wegen unzureichender Nutzung der Wandlungsfähigkeit einer Produktion nicht ausgeschöpft werden und ein Wettbewerbsvorteil nicht wahrgenommen wird.

---

1 Vgl. u. a. Schenk et al., 2014, S. 1 ff., S. 42 f.; Nyhuis et al., 2010, S. 1; Westkämper und Zahn, 2009, S. 1 f.

2 Vgl. Westkämper und Zahn, 2009, S. 1 f.

3 Vgl. u. a. Westkämper, 2009, S. 1; Arndt, 2008, S. 17; Erlinger, 2013a, S. 64.

4 Vgl. Sonderforschungsbereich 467.

5 Vgl. Westkämper und Zahn, 2009, S. 12, S. 47.

6 Vgl. Krcmar, 2010, S. 9.

Soll das Potential der Wandlungsfähigkeit[7] einer Produktion ökonomisch sinnvoll genutzt werden, ist es notwendig, den betroffenen Entscheidungsträgern benötigte Informationen bereitzustellen, sodass relevante technische Daten und betriebswirtschaftliche Kennzahlen direkt miteinander in Verbindung gebracht werden können. Deshalb wird in der vorliegenden Arbeit auf die Wandelbarkeit[8] produzierender Unternehmen eingegangen, und es wird ein Konzept für eine dazu notwendige und adäquate Informationsversorgung aufgezeigt.

1.2 Zielsetzung der Arbeit und Forschungslücke

Ziel der Arbeit, die im Rahmen eines DFG-geförderten Forschungsprojekts entstand, ist die Verbesserung der Informationsversorgung für Entscheidungsträger, die mit Aufgaben aus der Produktion mit einem Fokus auf Wandlungsfähigkeit betraut sind. Um dies zu erreichen, werden zunächst die Aufgaben des Produktionsmanagements[9] im Kontext der Wandlungsfähigkeit betrachtet, und es wird ein IT-basiertes Konzept entwickelt, mit dem die Informationsversorgung von Entscheidungsträgern aus dem Produktionsmanagement[10] verbessert werden kann. Als Basis für das IT-basierte Konzept zur Entscheidungsunterstützung wird ein in Wissenschaft und Praxis etablierter Business-Intelligence-Ordnungsrahmen verwendet.[11] Danach wird das IT-basierte Konzept prototypisch umgesetzt und validiert.

Aktuelle Literatur zu der Themenstellung der Wandlungsfähigkeit in der Produktion zeigt ein innovatives Gebiet mit neuen Ansätzen zu bestehenden Produktionskonzepten auf. Diese Ansätze adressieren die aktuellen Trends zu kürzeren Produktlebenszyklen sowie die Individualisierung der Produktion und beschreiben hauptsächlich technische Konzepte, die eine effektive Produktionsumstellung ermöglichen. Damit die Effizienz einer Wandlung auf der Produktionsebene bewertet werden kann, wird eine integrierte Betrachtung betriebswirtschaftlicher und technischer Aspekte benötigt. Die betriebswirtschaftlichen Aspekte der

7 Siehe Abschnitt 2.1.
8 Siehe Abschnitt 2.1.
9 Das Produktionsmanagement wird betrachtet, da es die Entscheidungen bezüglich (der Wandlungsfähigkeit) der Produktion in einem Unternehmen trifft (vgl. Westkämper und Zahn, 2009, S. 47 ff.).
10 Vgl. Kiener et al., 2009, S. 8.
11 Vgl. Kemper et al., 2010, S. 10 f.

Wandlungsfähigkeit wurden bisher nur unzureichend betrachtet und deren Integration in die Betrachtung hinsichtlich Fragestellungen der Wandlungsfähigkeit bildet derzeit eine aktuelle Herausforderung.[12]

Es ist davon auszugehen, dass aufgrund des technischen Fortschritts das Produktionsmanagement zukünftig immer komplexere produktionsbezogene Entscheidungen zu treffen hat und daher neben erforderlichen technischen auch betriebswirtschaftliche Informationen in geeigneter Form benötigt,[13] ohne dabei in einer Kennzahlenflut zu ertrinken.[14] Dies zeigt sich beispielsweise an der aktuellen Diskussion, die unter dem Schlagwort „Industrie 4.0" geführt wird. Hierbei werden primär technische Konzepte diskutiert, die eine Produktion der Losgröße 1 ermöglichen.[15] Betriebswirtschaftlich motivierte Konzepte, welche die technischen Möglichkeiten der Wandlungsfähigkeit aus betriebswirtschaftlicher Sicht betrachten, fehlen jedoch derzeit.[16]

Daher ist die Verknüpfung technischer Maschinen-, Werkzeug- oder Produktionsprozessdaten mit betriebswirtschaftlichen Kennzahlen, wie z. B. Zeiten, Mengen, Bestände, Qualitäten und Kapazitäten[17], im Kontext der Wandlungsfähigkeit eine Forschungslücke, zu deren Deckung hier ein Beitrag geleistet wird. Eine bereichsübergreifende, integrierte Datensammlung, d. h. ein Informations- und Kommunikationssystem in der Produktion[18] zur ganzheitlichen Entscheidungsunterstützung im Kontext der Wandlungsfähigkeit, existiert heutzutage noch nicht[19] und wird in weiteren Forschungsarbeiten[20] adressiert.[21]

---

12 Vgl. u. a. Meyer-Schwickerath et al., 2013, S. 624; Müller und Ackermann, 2009, S. 42 f.; Schließmann, 2013, S. 1.

13 Vgl. u. a. Deisenroth, 2010, S. 22 f.; Deisenroth, 2013, S. 21; Schwengers, 2010, S. 40.

14 Vgl. Lenck, 2010, S. 58.

15 Vgl. u. a. Erlinger, 2013b, S. 82; Sendler, 2013, S. 1.

16 Vgl. Erlinger, 2013b, S. 82.

17 Vgl. u. a. Kletti und Schumacher, 2011, S. 4; VDMA 2009. Das einem Betriebsmittel (vgl. Fußnote 60) verfügbare Leistungspotential je Zeit wird in der Literatur als Kapazität bezeichnet.

18 Die Informations- und Kommunikationstechnologie in der Produktion stellt einen Grundbaustein der Fabrik 2030 dar und ist damit ein Bereich, in dem ein großes Potential für die Industrie zu erwarten ist (vgl. Westkämper, 2014, S. 39, S. 52 ff.).

19 Vgl. u. a. Kemper et al., 2012, S. 125 f.; Heidecker, 2013, S. 20; VDE-Studie, 2013.

20 Für die Zusammenführung von Daten zur Entscheidungsunterstützung in der Produktion existieren Ansätze, die Daten aus operativen Systemen anhand Integrationsarchitekturen zusammenzuführen (Enterprise Information Integration; vgl. Zehe et al., 2013, S. 28 ff.), Prozessdaten zur Analyse und Entscheidungsunterstützung zu integrieren (Business Process Intelligence; vgl. Sun und Baars, 2013, S. 10 ff.), ganzheitliche Planungsvorhaben zu unterstützen (Virtual Production Intelligence; vgl. Büscher et al., 2013, S. 26 ff.) oder zur Prozessoptimierung Daten aus Produktionen zusammenzuführen und zu nutzen (Manufacturing Warehouse; vgl. Gröger et al. 2012, S. 1 ff.).

21 Vgl. Kemper et al., 2012, S. 121 f.

1.3 Bezugsrahmen und Forschungsdesign

Damit der Forschungszusammenhang der einzelnen zu betrachtenden Bereiche dargestellt werden kann, werden diese in einem theoretischen Bezugsrahmen[22] in Verbindung gebracht. Zu diesem Zweck werden für diese Arbeit das Erfahrungsobjekt und das Erkenntnisobjekt bestimmt. Das Erfahrungsobjekt ist das reale Erscheinungsbild, das durch ein Forschungsvorhaben untersucht werden soll.[23] Das Erkenntnisobjekt[24] beschreibt einen Teil des Erfahrungsobjektes, der für ein Forschungsvorhaben betrachtet wird.[25] Für die gestaltungsorientierte Wirtschaftsinformatik sind Erkenntnisobjekte unter anderem die Informationssysteme, die aus Aufgabenträgern, Informations- und Kommunikationstechniken sowie Organisationen bestehen.[26]

Die vorliegende Arbeit fokussiert die IT-Unterstützung innerhalb der Produktion in industriellen Unternehmen. Hierbei wird das Produktionsmanagement betrachtet, das Aufgaben im Kontext der Wandlungsfähigkeit einer Produktion durchzuführen hat. Diese Aufgaben bestehen aus Entscheidungen, die im Rahmen der Abarbeitung der Aufgaben zu treffen sind. Damit Entscheidungen getroffen werden können, werden Informationen benötigt, die sich unter anderem aus Daten der Produktion, d. h. den technischen Infrastrukturen und Produktionsprozessen, ableiten lassen oder in IT-Systemen hinterlegt sind. Im weiteren Verlauf der Arbeit wird in diesem Zusammenhang von Aufgaben bzw. Anwendungsfällen[27] gesprochen, da sich die Unterstützung der Entscheidungen mittelbar auf die Aufgaben des Produktionsmanagements auswirken.

Für das IT-basierte Konzept werden daher Aspekte aus dem Produktionsmanagement, den technischen Infrastrukturen, den Produktionsprozessen und den verwendeten IT-Systemen in industriellen Unternehmen betrachtet. Innerhalb der wandlungsfähigen Produktion wird davon ausgegangen, dass die Wertschöpfung in einem mehrstufigen Prozess erfolgt, in dem verschiedene Maschinen[28] zur Aus-

[22] Ein Bezugsrahmen stellt eine theoriegeleitete Sicht auf eine Problemstellung der Praxis dar und wird für die Systematisierung, Ordnung und geistige Durchdringung der Gestaltung und Wirkzusammenhänge des Erkenntnisgegenstands verwendet.

[23] Vgl. Jung, 2006, S. 21.

[24] In der gestaltungsorientierten Wirtschaftsinformatik wird dabei von einem Erkenntnisgegenstand gesprochen (vgl. Österle et al., 2010, S. 3).

[25] Vgl. Jung, 2006, S. 21.

[26] Vgl. Österle et al., 2010, S. 3.

[27] Im weiteren Verlauf der Arbeit wird in diesem Zusammenhang auch von Anwendungsfällen (für das IT-basierte Konzept) gesprochen.

[28] In Abbildung 1 als Maschine 1 bis Maschine X gekennzeichnet.

führung unterschiedlicher Fertigungsverfahren eingesetzt werden. Im Rahmen der Validierung wird auf eine Fertigungsstufe, d. h. einen Maschinentyp, fokussiert. Dies ist notwendig, da die prototypische Implementierung mit Echtdaten aus einem Unternehmen erfolgt und eine Anbindung heterogener Maschinentypen über mehrere Wertschöpfungsstufen hinweg zu einer unverhältnismäßig hohen Komplexität führen würde. Der theoretische Bezugsrahmen dieser Arbeit, der die genannten Bereiche im Zusammenspiel darstellt, ist in Abbildung 1 dargestellt.

Das Produktionsmanagement in industriellen Unternehmen hat planende, steuernde und kontrollierende Aufgaben,[29] die auch die Wandlungsfähigkeit einer Produktion betreffen. Zum einen berücksichtigt das Produktionsmanagement das Potential der Wandlungsfähigkeit[30] einer Produktion bei der Durchführung seiner Aufgaben, und zum anderen haben die Aufgaben Auswirkungen auf die Wandlungsfähigkeit einer Produktion.

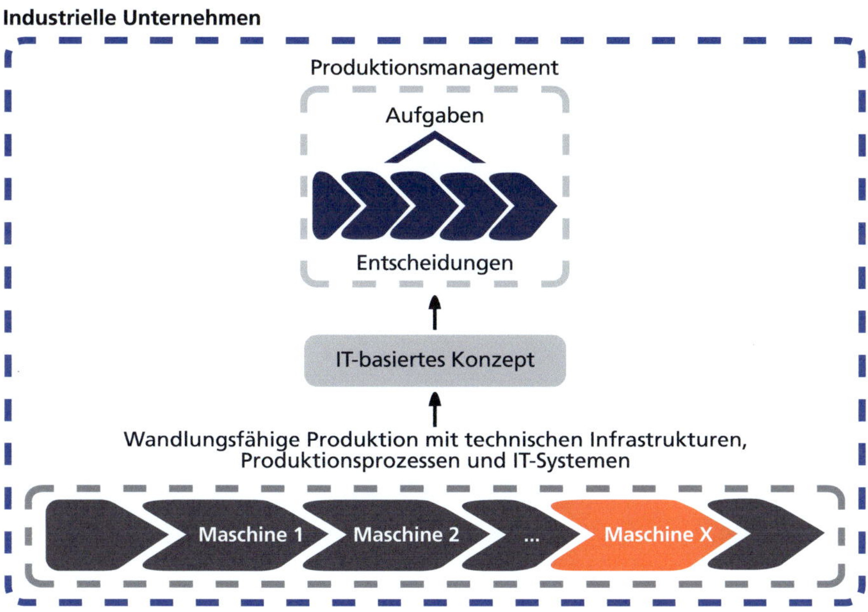

Abbildung 1: Bezugsrahmen der Arbeit

29 Vgl. Kiener et al., 2009, S. 8.

30 Als das Potential einer Wandlungsfähigen Produktion kann die zeitnahe Anpassung an sich ändernde Umgebungseinflüsse genannt werden. Auf diese Weise kann eine Produktion möglichst nah an aktuellen Zielgrößen ausgerichtet werden.

Damit diese Aufgaben adäquat abgearbeitet werden können, benötigt das Produktionsmanagement Informationen über Produktionsprozesse, Maschinen und Werkzeuge. Diese liegen dem Produktionsmanagement in der Regel jedoch nicht adäquat vor und müssen daher größtenteils manuell und mit hohem Aufwand besorgt werden.

Forschungsfrage und untergeordnete Teilfragen

Um die Zielsetzung zu konkretisieren und greifbar zu machen, wird sie in eine zentrale Forschungsfrage überführt, welche sich wiederum aus untergeordneten Teilfragen zusammensetzt. Dadurch können die Komplexität verringert und das Forschungsgebiet eingegrenzt werden. Die zentrale Forschungsfrage lautet demnach: „Wie muss ein IT-basiertes Konzept, das die Aufgaben des Produktionsmanagements im Kontext der wandlungsfähigen Produktion bestmöglich unterstützen kann, gestaltet sein?"

Diese Forschungsfrage ist bewusst im Bereich der Aufgaben des Produktionsmanagements generisch gehalten, um eine Vielzahl von Aufgaben in die Betrachtung mit einfließen lassen zu können. Damit die Forschungsfrage beantwortet werden kann, wird sie in detaillierte Einzelfragen aufgeteilt. Diese Fragen sind aus dem Bezugsrahmen abgeleitet und wie folgt formuliert:

1. Welche Aufgaben im Kontext der wandungsfähigen Produktion sind im Rahmen des Produktionsmanagements relevant?

2. Welche Informationen werden benötigt, um Entscheidungen, die zur Bearbeitung dieser Aufgaben getroffen werden, unterstützen zu können?

3. Welche Daten befinden sich bereits in welcher Form in den Informationssystemen der Produktion?

4. Kann das IT-basierte Konzept mit Hilfe von etablierten Anwendungssystemen umgesetzt werden?

Mit der Beantwortung dieser Einzelfragen wird zum einen ein Überblick über den aktuellen Stand der Entscheidungsunterstützung in produzierenden Unternehmen geschaffen, und zum anderen wird die Basis für das IT-basiertes Konzept gelegt, mit dem es möglich ist, die Informationsversorgung von Entscheidungsträgern in der Produktion zu verbessern.

Wissenschaftstheorie und Forschungsdesign

Die Arbeit orientiert sich wissenschaftstheoretisch an der gestaltungsorientierten Wirtschaftsinformatik und übernimmt deren Forschungsdesign und Paradigmen. Hierdurch ist es möglich einen gesicherten und stringenten Ablauf zu gewährleisten. Die einzelnen Eckpunkte für die Einordnung des Forschungsprojektes sind in Tabelle 1 dargestellt und werden im Weiteren erklärt.

Das Produktionsmanagement produzierender Unternehmen ist für die Planung und den Ablauf der Produktion verantwortlich und stellt die Anspruchsgruppe dar. Erfolgen soll deren Unterstützung mit Hilfe eines IT-basierten Konzeptes. Somit ist der Erkenntnisgegenstand ein Informationssystem, auf dessen Basis das Produktionsmanagement bei der Durchführung seiner Aufgaben im Kontext der Wandlungsfähigkeit adäquat unterstützt wird. Das IT-basierte Konzept stellt damit das Erkenntnisziel und den Ergebnistyp dar.

Wichtige Punkte für die Durchführung des Forschungsprojektes stellen der Erkenntnisprozess, welcher sich in die Schritte Analyse, Entwurf, Evaluation und Diffusion gliedert, und die verwendete Forschungsmethodik dar. In der Analysephase kommen Literaturanalysen und Informationsbedarfs- bzw. Anforderungsanalysen (Fallstudien) auf Basis von Interviews als Erkenntnismethoden zum Einsatz. Um dem Schritt des Entwurfs zu genügen, wird mit Hilfe des IT-basierten Konzepts ein Prototyp entwickelt, der die Unterstützung des Produktionsmanagements ermöglicht. Durch ein evolutionäres Vorgehen wird der Prototyp schrittweise durch Begutachtung von Experten entwickelt und gleichzeitig evaluiert. Auf Basis der ausgewählten Szenarien werden zusätzlich die Praxisnähe und Verwendbarkeit des Konzeptes gewährleistet. Der letzte Punkt des Erkenntnisprozesses, die Diffusion der einzelnen Forschungsschritte, wird durch begleitende Veröffentlichungen auf Konferenzen[31] und einschlägigen Zeitschriften[32] sowie durch diese Arbeit sichergestellt.

31 Vgl. Hollstein, 2010, S. 19 ff.; Hollstein et al., 2011, S. 92 ff.; Hollstein et al., 2012, S. 71 ff.
32 Vgl. Kemper et al., 2012, S. 1 f.

Gestaltungsorientierte Wirtschaftsinformatik	Erklärung	diese Arbeit
Anspruchsgruppe	Wirtschaft, öffentliche Verwaltung, Vertreter anderer Wissenschaften	Wirtschaft → produzierende Unternehmen → Produktionsmanagement
Erkenntnisgegenstand	Informationssysteme in Wirtschaft und Gesellschaft, bestehend aus Mensch, IKT und Organisationen	Maschinenorientiertes Data Warehouse im Unternehmen inkl. Quellsysteme
Erkenntnisziel	Handlungsanleitungen zur Konstruktion und zum Betrieb von Informationssystemen	Konzept zur Konstruktion eines maschinenorientierten Data Warehouse
Ergebnistyp	Konzepte, Terminologien, Sprachen, Modelle, Methoden und Prototypen in Form von Grundsätzen, Leitfäden, Normen, Patenten, Software, Geschäftsmodellen und Unternehmensgründungen	Konzept in Form von Leitfaden, Architektur und Prototyp
Erkenntnisprozess	Analyse Entwurf Evaluation Diffusion	Analyse Entwurf Evaluation Diffusion
Erkenntnismethoden	**Analyse**: Umfragen, Fallstudien, Interviews **Entwurf:** Konstruktion von Demonstratoren, Prototypen, Modellierung und Method Engineering **Evaluation:** Laborexperiment, Pilotierung, Simulation, Prüfung durch Experten	**Analyse:** Interviews, Literaturanalyse, Informationsbedarfs- und Anforderungsanalyse **Entwurf:** Modellierung und Konstruktion eines Demonstrators bzw. Prototyps **Evaluation:** Prüfung durch Experten (Gutachten/Workshop/Experteninterviews)

Tabelle 1: Einordnung der Arbeit in die gestaltungsorientierte Wirtschaftsinformatik

Bezug zu den Ingenieurwissenschaften

Aufgrund der Interdisziplinarität des Forschungsvorhabens zwischen der Wirtschaftsinformatik und den Ingenieurwissenschaften sowie des Ziels der Forschungsarbeit, das Produktionsmanagement eines produzierenden Unternehmens hinsichtlich der ökonomisch sinnvollen Nutzung und Gestaltung des Wandlungsfähigkeitspotentials von Maschinen zu unterstützen, ist auch eine Betrachtung der Forschungsmethoden der Ingenieurwissenschaften notwendig. Da eine ingenieurwissenschaftliches Themenstellung mit Methoden der gestaltungsorientierten Wirtschaftsinformatik bearbeitet wird, wurden diese im Vorfeld betrachtet und in einer Vorarbeit in Bezug zueinander gesetzt.[33]

1.4 Gang und Aufbau der Arbeit

In Abbildung 2 ist der Gang der Arbeit skizziert, der sich an dem Forschungsvorgehen der gestaltungsorientierten Wirtschaftsinformatik, also der Analyse (Kapitel 2), der Konzeption (Kapitel 4, 5 und 6), der Evaluation (Kapitel 7) und der Diffusion orientiert. Aufbauend auf der Literaturrecherche und den Experteninterviews werden die Forschungslücke und die Forschungsfrage hergeleitet. Damit die Forschungsfrage beantwortet werden kann, werden zunächst Aufgaben des Produktionsmanagements, d. h. Anwendungsfälle für das IT-basierte Konzept, im Kontext der Wandlungsfähigkeit anhand einer Literaturrecherche und Experteninterviews erhoben und anschließend zusammengeführt. Auf diese Weise kann ein umfassender Blick auf die Produktion aus Sicht eines produzierenden Unternehmens hinsichtlich der Wandlungsfähigkeit gewährleistet werden.

Entsprechend dem Gang der Arbeit strukturieren sich die einzelnen Kapitel, wie sie in Abbildung 3 dargestellt sind. Kapitel 1 beschreibt die Problemstellung und die Forschungsvorgehensweise. In Kapitel 2 werden die theoretischen Grundlagen erörtert, und es wird vertieft auf die Themen eingegangen, die einen Bezug zu dieser Arbeit haben. Dabei werden Aufgaben des Produktionsmanagements im Rahmen einer Literaturrecherche untersucht und entsprechend den Kriterien zur Wandlungsfähigkeit gefiltert. Diese stellen die Anforderungen an das IT-basierte Konzept dar. Kapitel 3 beschreibt die Vorgehensweise der empirischen Forschung, die bei der Untersuchung des Produktionsmanagements angewandt wird. In Kapitel 4 werden Experteninterviews durchgeführt und ausgewertet, welche die theoretischen Annahmen und die identifizierten Aufgaben des Produktionsmanagements überprüfen und erweitern. Daraus werden Anforderungen an das IT-basierte Konzept abgeleitet. Das IT-basierte Konzept eines maschinenorientierten

33 Vgl. Hollstein et al., 2012, S. 71 ff.

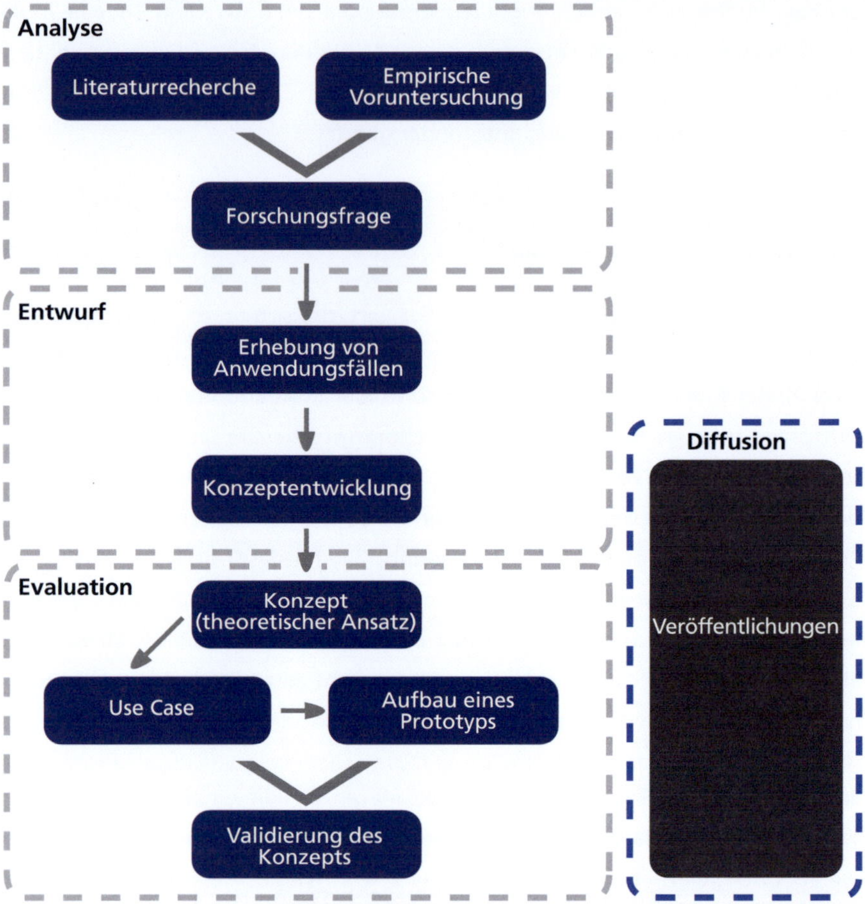

Abbildung 2: Gang der Arbeit

Data Warehouse (mDWH) wird in Kapitel 5 entwickelt und dargestellt. Im Rahmen eines Use-Case wird in Kapitel 6 auf einen Produktionsprozess eines Anlagenbauers eingegangen, um herauszufinden, welche der im vorherigen Kapitel identifizierten Daten von einem mDWH genutzt werden können. In Kapitel 7 wird dann anhand einer auf diesen Daten basierenden, prototypischen Umsetzung aufgezeigt, wie Entscheidungen des Produktionsmanagements mit dem in dieser Arbeit entwickelten mDWH unterstützt werden können.

In dem folgenden Kapitel wird der Begriff der Wandlungsfähigkeit erläutert und von anderen, in diesem Zusammenhang verwendeten Begriffen, abgegrenzt. An-

1	Einleitung und Problemstellung	
2	Betrachtung der benötigten Grundlagen und Literaturrecherche im Bereich des Produktionsmanagements	Ziel: Überblick über die Interdisziplinarität des Forschungsprojektes und Identifikation der Aufgaben des Produktionsmanagements
3	Beschreibung der Forschungsvorgehensweise und Einordnung der Methoden in die empirische Sozialforschung	Ziel: Schaffung von Transparenz bei der Forschungsweise dieser Arbeit
4	Entwicklung eines IT-basierten Konzeptes zur Unterstützung des PM bei Aufgaben im Kontext der wandlungsfähigen Produktion	Ziel: Beschreibung eines Lösungsweges bezogen auf die erhobenen Anforderungen
5	Empirische Erhebung benötigter Informationen für Aufgaben im Kontext der Wandlungsfähigkeit anhand von Anwendungsfällen	Ziel: Kenntnis, welche Informationen bezogen auf die Anwendungsfälle in einem mDWH abgebildet werden müssen
6	Betrachtung eines Anlagenbauers	Ziel: Kenntnis, welche Daten bezogen auf Analysen, welche die Anwendungsfälle unterstützen können, abgebildet werden müssen
7	Prototypische Umsetzung des IT-basierten Konzepts zur Entscheidungsunterstützung	Ziel: Umsetzung des IT-basierten Konzeptes in einen Prototypen zur Evaluierung und Demonstration

Abbildung 3: Aufbau der Arbeit

schließend wird auf die Frage eingegangen, wie sich Wandlungsfähigkeit operationalisieren lässt, damit die zu unterstützenden Aufgaben identifiziert werden können. Diese Aufgaben werden mittels einer Literaturrecherche für das Produktionsmanagement hergeleitet, anschließend anhand von Wandlungsfähigkeitskriterien gefiltert und danach im Rahmen durchgeführter Interviews überprüft. Des Weiteren werden operative Quellsysteme, die in Unternehmen heutzutage Verwendung finden, bezüglich vorgehaltener Informationen über Produktionen zur Entscheidungsunterstützung untersucht und dargestellt.

2. Begriffe und Grundlagen

2.1 Produktion

Eine Fabrik besteht aus einem komplexen Gebilde von Beziehungen und Subsystemen und kann, wie in Abbildung 4 dargestellt, bis auf einzelne Arbeitsplätze mit ihren Maschinen und Fertigungsprozessen herunter gebrochen werden. Die Fabrik kann als ein System aufgefasst werden, welches aus Systemgrenzen, Elementen, Subsystemen (sogenannten Segmenten), Subelementen und Beziehungen besteht. Die Produktion[34], in Abbildung 4 als Fertigungssystem bezeichnet, ist somit ein Teilbereich einer Fabrik.

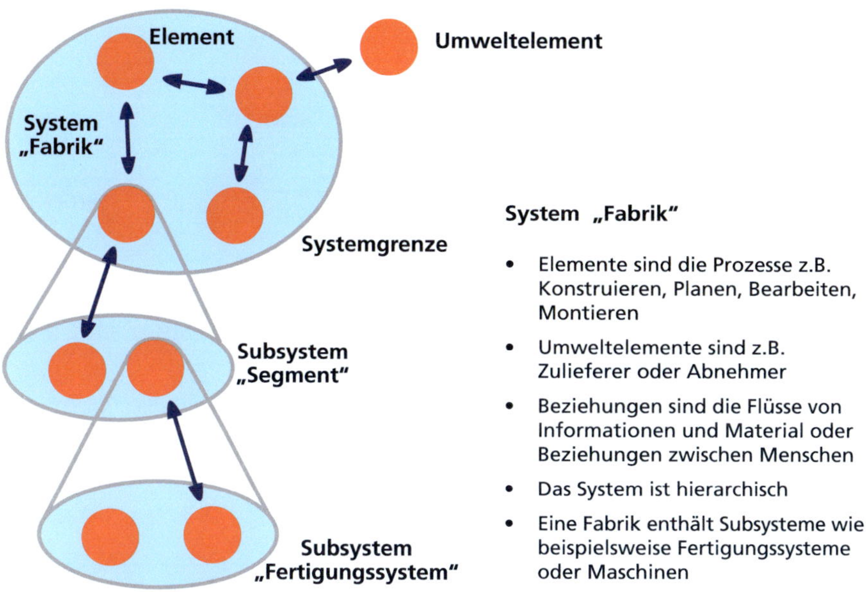

Abbildung 4: Die Fabrik als System (aus Westkämper, 2009, S. 25)

Auf die Eigenschaften einer Fabrik bezogen bedeutet dies, dass die Produktion mit ihren Arbeitsplätzen, Maschinen und Produktions- und Fertigungsprozessen diese Subsysteme besitzt. Ein Fabriksystem kann demnach wie in Abbildung 5 dargestellt werden.[35]

---

[34] Unter dem Begriff der (industriellen) Produktion wird die Erzeugung von Gütern aus Produktionsfaktoren und deren Kombination nach definierten Verfahrensweisen verstanden (vgl. u. a. Günther und Tempelmeier, 2011, S. 6; Fandel, 2005, S. 1).

[35] Vgl. u. a. Schenk und Wirth, 2004, S. 123 ff.; Wiendahl, 2002, S. 126; Westkämper und Zahn, 2009, S. 61.

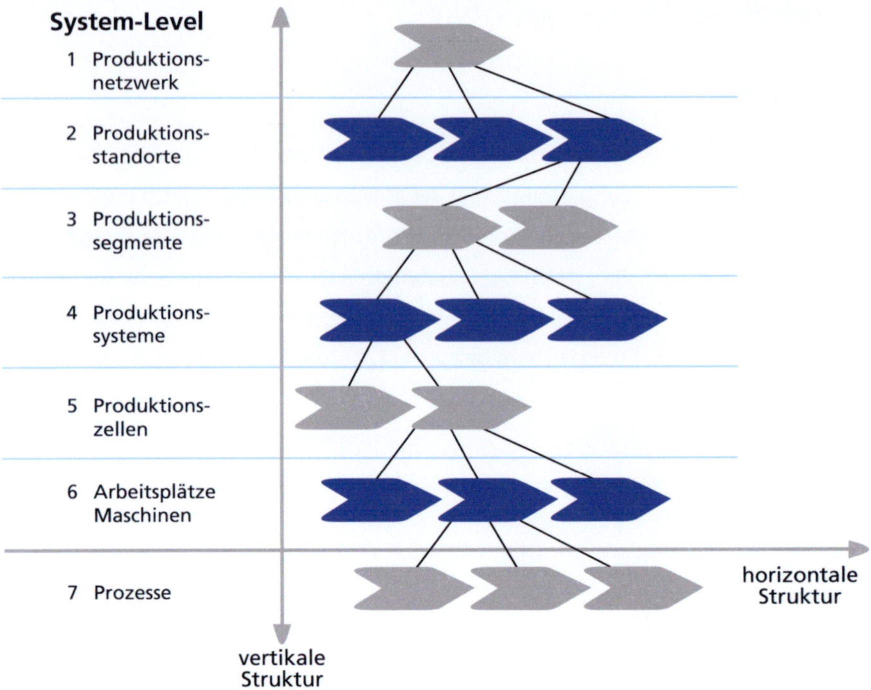

Abbildung 5: Vertikale Struktur eines Fabriksystems (aus Westkämper, 2009, S. 61)

Abbildung 5 zeigt, dass die einzelnen Ebenen voneinander abhängig sind, und die Eigenschaften der unteren Ebenen bedingen die der oberen unmittelbar. Dies ist der Grund dafür, dass in der vorliegenden Arbeit ein besonderer Fokus auf Produktionsmaschinen und Produktionsprozesse gesetzt wird. Die Arbeitsplätze werden nicht betrachtet, da der Faktor Mensch nicht im Fokus dieser Arbeit steht.[36]

Entwicklung der Produktion

Bis zu den siebziger Jahren des letzten Jahrhunderts waren Anstrengungen zur Produktindividualisierung im Umfeld produzierender Unternehmen aufgrund der starken Position auf den Verkäufermärkten für den unternehmerischen Erfolg eher unbedeutend.[37] Verglichen mit den heutigen Anforderungen in produ-

[36] Es wird in dieser Arbeit davon ausgegangen, dass der Mensch (als Arbeitnehmer) fähig ist, sich neuen Gegebenheiten anzupassen und neue Vorgehensweisen aneignen zu können.

[37] Vgl. Schondorff, 2010, S. 6 ff.

zierenden Unternehmen gab es allerdings viele Herausforderungen.[38] Diese sind beispielsweise:[39]

- eine verstärkte Globalisierung und Intensivierung des Wettbewerbs,
- eine zunehmenden Segmentierung der Märkte aufgrund einer steigenden Individualisierung der Kundenwünsche,
- eine Veränderung der Ansichten und Ansprüche der Interessensgruppen,
- eine steigende Komplexität der Anwendung findenden Technologien,
- die Durchdringung der Produktion mit Informationstechnik sowie
- eine schnellere Diffusion innovativer Organisations- und Managementkonzepte.

Dies spiegelt sich auch in den sich verändernden Zielgrößen einer Produktion wider. Diese ändern sich zunehmend von der traditionellen Herstellung, Produkte kostengünstig, in konstanter Qualität und in großen Mengen zu fertigen, hin zur wirtschaftlichen Herstellung kundenindividueller Produkte.[40] Eine Produktion hat sich den genannten neuen Rahmenbedingungen zeitnah und wirtschaftlich anzupassen, was sich auf der Unternehmerseite in der Forderung nach wandlungsfähigen Fabriken äußert. Die Anforderungen an eine wandlungsfähige Fabrik und damit an eine wandlungsfähige Produktion kollidieren allerdings mit der Trägheit der konventionellen, durch starre Produktionsprozesse und hohe Investitionen gekennzeichneten Produktion[41] und der zu erwartenden hohen Kapitalbindung in wandlungsfähigen Produktionsstrukturen.[42]

---

38 Vgl. u. a. Zahn et al., 1997, S. 129; Budzinski und Kerber, 2003, S. 1, S. 28 f.; Kesting und Rennhak, 2008, S. 1; Erben und Romeike, 2003, S. 43 f.; Spur, 2002, S. 138.

39 Vgl. u. a. Zahn und Schmid, 1996, S. 280; Arndt, 2008, S. 17; Kesting und Rennhak, 2008, S. 1 f.

40 Fertigen bezeichnet das Herstellen von Werkstücken geometrisch bestimmter Gestalt (vgl. Hehenberger, 2011, S. 12).

41 Vgl. Zahn et al., 1997, S. 129 f. Gegen Ende des letzten Jahrtausends waren die Strukturen der produzierenden Unternehmen nahezu wandlungsunfähig und größtenteils an dem von Taylor und Sloan geprägten Modell des Scientific Management ausgerichtet (vgl. u. a. Zahn und Schmid, 1996, S. 101; Guillen, 1994, S. 75 ff.; Taylor, 2003, S. 3 ff.). Auf dem Weg der Produktionsstrukturen zur wandlungsfähigen Fabrik wurde das Produktionsmanagement stetig erweitert (vgl. Guillen, 1994, S. 75), doch ein benötigtes neues Managementparadigma existierte noch nicht (vgl. Warnecke, 1995, S. 135). Für ein zukunftsfähiges Produktionssystem wurde unter anderem eine technische Flexibilisierung der Produktion gefordert (vgl. u. a. Zahn, 1997, S. 130; Zahn, 1996, S. 286; Warnecke, 1995, S. 25; Kaluza und Blecker, 2005, S. 2).

42 Vgl. Reinhart und Cisek, 2003, S. 77 f.

Heutzutage sind die Lebenszyklen komplexer Produkte bereits deutlich kürzer als die einer Produktion.[43] Diese Gegebenheit zeigt, dass für Unternehmen der Bedarf besteht, ihre Produktion an vorhersehbare und unvorhersehbare Anforderungen anpassen zu können.[44] Damit wird in besonderem Maße eine Anpassungsfähigkeit der Produktionsmaschinen gefordert, da diese aufgrund ihrer Abschreibungsdauer und hohen Anschaffungskosten langfristige und kapitalintensive Investitionen darstellen.[45]

Der Begriff Wandlungsfähigkeit im Kontext der Produktion

Die Massenfertigung eines Produktes am Fließband war ein wesentlicher Erfolgsfaktor, da bei komplexen Produkten standardisierte Produktionsprozesse zu Qualitätssteigerungen und Kostensenkungen führten.[46] Die mit der Zeit aufkommenden Forderungen nach größerer Variantenvielfalt und besseren Reaktionsmöglichkeiten auf Marktänderungen, beispielsweise durch Kapazitätsanpassungen, beeinflussten die Entwicklung zum Paradigma der anpassungsfähigen Produktion.[47]

Zu der Schaffung anpassungsfähiger Fabriken[48] sind mehrere Konzepte für die zukunftsorientierte Fabrik erstanden.[49] Hierzu gehören unter anderem die „Flexible Produktion", die „Reaktionsfähige Fabrik" und die „Wandlungsfähige Fabrik". Diese werden im Folgenden kurz vorgestellt und voneinander abgegrenzt.

Im Vorfeld der Wandlungsfähigkeit wird die Reaktionsfähigkeit gesehen, welche als ungerichtetes Potential für einen Bedarfsfall beschrieben wird.[50] Eine Produktion gilt als reaktionsfähig, wenn Veränderungen mit überschaubarem Aufwand durchgeführt werden können[51] und der Bedarf einer Veränderung zeitnah er-

43 Vgl. u. a. Sendler, 2009, S. 5; Arndt, 2008, S. 21 ff.

44 Vgl. Reinhart und Cisek, 2003, S. 77; Schwankungen des Marktes werden, aufgrund ihrer Unvorhersehbarkeit in Richtung und Stärke auch Turbulenzen genannt (vgl. u. a. Westkämper, 2009, S. 1, S. 7 ff.; Nyhuis et al., 2010, S. 3).

45 Vgl. Reinhart und Cisek, 2003, S. 77 f.

46 Vgl. Westkämper, 2006, S. 10 ff.

47 Vgl. Reinhart und Cisek, 2003, S. 77.

48 Der Begriff Fabrik beinhaltet im Verständnis dieser Arbeit ein System zur Herstellung von Gütern.

49 Andere grundlegende Konzepte sind die Basis-Fabrik, schnelle Fabrik, High-Tech-Fabrik und die kooperative Fabrik (vgl. Pawellek, 2008, S. 6).

50 Vgl. u. a. Reinhart et al., 1999, S. 22; Reinhart und Cisek, 2003, S. 77.

51 Vgl. Kletti und Schumacher, 2011, S. 6.

kannt wird.[52] Neben diesen Begriffen ist auch die Transparenz zu nennen, da sich eine spezifische Veränderung auf andere Fertigungsprozesse in einer Produktion auswirken und die Verbesserung eines Teilbereiches negative Auswirkungen auf andere Teilbereiche haben kann.[53]

Eine weitergehende Betrachtung fand im Sonderforschungsbereich 467 der Universität Stuttgart statt. Als Ergebnis wurde das Stuttgarter Unternehmensmodell (SUM),[54] in dem die wandlungsfähige Fabrik als ein mögliches Zukunftskonzept für die Produktion von morgen dargestellt wird, beschrieben. Eine wandlungsfähige Fabrik soll in der Lage sein, auf vorhersehbare und unvorhersehbare Veränderungen zeitnah und effizient reagieren können, ohne dabei Unterstützung von außen zu benötigen.

Damit ist ein System dann wandlungsfähig, wenn es über eine eigene Prozess- und Strukturvariabilität verfügt, die es befähigt, zeitnah und von alleine interne Systemveränderungen vorzunehmen.[55] Ähnliche Definitionen werden auch von anderen Autoren verwendet.[56] Wichtige Bestandteile dieser Definition grenzen die Wandlungsfähigkeit so ab, dass eine Veränderung nicht von außen bzw. von Dritten kommen darf und es sich um keine zeitlich begrenzte, reversible Reaktion auf geänderte Umweltvariablen handelt.

In der Literatur wird in Bezug auf eine wandlungsfähige Fabrik von der Wandlungsfähigkeit von Systemen gesprochen.[57] Dies bedeutet, dass innerhalb eines Systems wiederum Strukturen existieren, die ebenfalls wandlungsfähig sein müssen.

Die Wandlungsfähigkeit einer Produktion ist demnach nur dann gegeben, wenn sie als Basis über wandelbare technische Infrastrukturen und flexible Fertigungsprozesse verfügt[58] und diese kontinuierlich geprüft und angepasst werden kön-

52 Vgl. Kletti und Schumacher, 2011, S. 8.
53 Vgl. ebenda, S. 5 f.
54 Vgl. u. a. SFB 467; Westkämper und Zahn, 2009, S. 47 ff.
55 Vgl. Westkämper et al., 2009, S. 25.
56 Vgl. u. a. Wiendahl, et al., 2005, S. 13; Hernández, 2005, S. 210.
57 Vgl. Westkämper et al., 2009, S. 25.
58 Vgl. Abbildung 5.

nen.[59] Unter wandelbaren technischen Infrastrukturen werden Betriebsmittel[60] für die Produktfertigung verstanden, die, angelehnt an die Definition der Wandlungsfähigkeit, in der Lage sind, sich ändernden Gegebenheiten anzupassen. Der Verein Deutscher Ingenieure (VDI) definiert Betriebsmittel als „Anlagen, Geräte und Einrichtungen, die zur betrieblichen Leistungserstellung dienen“[61] und die „zur Form-, Substanz-, Zustands- oder Eigenschaftsänderung von Werkstücken[62] und damit zur Durchführung von Fertigungsverfahren“[63] genutzt werden. Hier wird insbesondere auf die Wandelbarkeit von (Werkzeug-)Maschinen eingegangen, die Anlagen und Geräten zur Durchführung von Fertigungsverfahren gemäß der obigen Definition entsprechen.

Als flexibel werden in dieser Arbeit Fertigungsprozesse bezeichnet, die sich ändernden Gegebenheiten anpassen können. Da diese Anpassung im Rahmen vorgegebener Fabrikstrukturen und Maschinenfähigkeiten geschieht, wird nicht von wandelbaren, sondern auf Basis obiger Definition von flexiblen Fertigungsprozessen gesprochen.

Forschungsarbeiten und Veröffentlichungen in diesen Bereichen beschäftigen sich entweder mit der Steigerung der Wandelbarkeit technischer Infrastrukturen oder mit der weiteren Flexibilisierung von Fertigungsprozessen. Eine Betrachtung dieser beiden Aspekte unter der Nebenbedingung einer ökonomisch sinnvollen Nutzung der Wandlungsfähigkeit konnte in der Literatur nicht identifiziert werden.[64] Daher besteht hier eine Forschungslücke, siehe Abbildung 6, die mit dem IT-basierten Konzept des maschinenorientierten Data Warehouse geschlossen werden soll.

---

59 Vgl. Westkämper, 2003, S. 102.

60 Betriebsmittel stehen einer Produktion im Rahmen der Wertschöpfung bis zu ihrem Verschleiß oder Defekt zur Verfügung und bilden aufgrund der hohen Anschaffungskosten eine langfristige Kapitalbindung. Betriebsmittel sind beispielsweise Grundstücke, Gebäude, Maschinen, Werkzeuge und Vorrichtungen, Transport- und Fördermittel, Mess- und Prüfgeräte, Lagereinrichtungen sowie Büro- und Geschäftsausstattung (vgl. Hentze et al., 2001, S. 46 ff.).

61 Vgl. VDI 2815.

62 Unter einem Werkstück wird ein Einzelteil eines technischen Gebildes in einer Fertigung verstanden (vgl. Hehenberger, 2011, S. 12).

63 Vgl. VDI 2815. Ein Fertigungsverfahren ist ein Vorgang zur Herstellung geometrisch bestimmter, fester Körper (vgl. Hehenberger, 2011, S. 12). Eine Übersicht über die verschiedenen Fertigungsverfahren bietet Hehenberger (vgl. Hehenberger, 2011, S. 14 ff.).

64 Vgl. Abschnitt 1.2. Im Rahmen einer Kostenbetrachtung wird zwischen wandlungsfähigen Produktionssystemen und dem Wandel selbst gesprochen (vgl. Wochinger und Schatz, 2013, S. 62).

Abbildung 6: Forschungsbedarf im Kontext der wandlungsfähigen Produktion

Des Weiteren kann festgestellt werden, dass die Betrachtung wandlungsfähiger, technischer Infrastrukturen in aktuellen Forschungsarbeiten nur in hohen Abstraktionsgraden vorliegen. Aus diesem Grund wird im weiteren Verlauf dieser Arbeit ein Hauptaugenmerk auf die Wandelbarkeit von technischen Infrastrukturen gelegt, welche eine Grundvoraussetzung für die wandlungsfähige Produktion darstellt.

Operationalisierung der Wandlungsfähigkeit

Damit die Wandlungsfähigkeit detailliert dargestellt werden kann, ist es notwendig, diese zu operationalisieren, d. h. in messbare Größen, die einen Einfluss auf die Wandelbarkeit haben, zu zerlegen. In der Literatur wird die Wandlungsfähigkeit technischer Infrastrukturen mit Hilfe der Dimensionen Mobilität, Modularität, Neutralität, Skalierbarkeit und Universalität operationalisiert.[65]

Die Dimensionen der Wandlungsfähigkeit,[66] in der Literatur auch Wandlungsbefähiger genannt, werden in dieser Arbeit für die Erstellung des IT-basierten Konzepts benötigt, da diese die Basis für die Anforderungen an ein Informationsversor-

65 Vgl. u. a. Müller und Ackermann, 2009, S. 41 f.; Nyhuis et al. 2008, S. 88; ElMaraghy, 2009, S. 17; Andresen et al., 2005, S. 72; Nofen et al., 2005, S. 26; Franke et al., 2010, S. 62; Hernandez und Wiendahl, 2005, S. 213; Krothe, 2005, S.143.

66 Eine Studie des SFB 637 identifizierte weitere Dimensionen, wie bspw. Automatisierbarkeit, Einstellbarkeit, Kundenanpassbarkeit, Kompatibilität und Konvertierbarkeit (vgl. Scholz-Reiter und Sowade, 2011, S. 9 ff.). Diese Punkte haben aus Sicht des Autors nur einen geringen Einfluss auf die Wandlungsfähigkeit, da sie keinen Aspekt der Wandlungsfähigkeit darstellen (die Automatisierbarkeit bezieht sich nur auf einen Prozess, die Einstellbarkeit ist in Flexibilität und Skalierbarkeit enthalten, die Selbstähnlichkeit und Redundanz sind Mehrfachauslegungen eines Modules oder Maschinenteiles und haben keine Auswirkung auf die Wandlungsfähigkeit, sind in anderen bereits genannten Größen enthalten (Kompatibilität, Konvertierbarkeit) oder schwierig erfassbar (Kundenanpassbarkeit)) (vgl. Universität Potsdam, 2012b). Auch Autarkie wird als eine Dimension genannt (Weber, 2007, S.14), diese Forderung ist aus Sicht des Autors hinsichtlich des Erreichens einer Wandlungsfähigkeit jedoch nachrangiger Natur.

gungskonzept aus technischer Sicht darstellen. Zur Ableitung der Anforderungen ist es notwendig, die Dimensionen weiter zu detaillieren. Dabei wurde in einem ersten Schritt eine Literaturanalyse durchgeführt. Hierbei wurde festgestellt, dass eine Detaillierung der Wandlungsfähigkeit von technischen Infrastrukturen nur ansatzweise vorhanden ist. Wie in Abschnitt 1.2 gezeigt, konnten Studien identifiziert werden, die sich mit den Begriffen und Treibern der Wandlungsfähigkeit auseinandergesetzt haben. Der aktuelle Stand und die Relevanz der Wandlungsfähigkeit konnten aus der Literatur jedoch nicht ausreichend abgeleitet werden.

Im Rahmen einer Vorstudie[67] zu dieser Arbeit wurden acht Experten von verschiedenen Maschinenherstellern bezüglich der in der Literatur identifizierten Dimensionen der Wandlungsfähigkeit befragt.[68] Die Experten wurden gebeten, die Dimensionen, bezogen auf die von ihrem Unternehmen angebotenen Maschinen, in ihr physisches und logisches Erscheinungsbild einzuteilen und zu beschreiben. Des Weiteren wurde die Einschätzung der Relevanz der einzelnen Wandlungsfähigkeitsdimensionen hinsichtlich des Kundennutzens erfragt. Damit konnte einerseits der aktuelle Stand der Wandlungsfähigkeit von Maschinen hinsichtlich der Dimensionen der Wandlungsfähigkeit erhoben werden und andererseits auch die Relevanz der einzelnen Dimensionen erfragt werden. Mit der Aufteilung der Dimensionen in ihre Ausprägungen konnten weiterhin die IT-relevanten Bereiche identifiziert werden.[69]

Im Folgenden werden zunächst die Erkenntnisse in Bezug auf die Dimensionen der technischen Wandelbarkeit vorgestellt. Im Anschluss erfolgt eine Diskussion weiterer Erkenntnisse der Voruntersuchung.

Mobilität

Die Dimension Mobilität wird als ein wichtiger Bestandteil der Wandlungsfähigkeit angesehen[70] und kann auf oberster Ebene in zwei Kategorien eingeteilt

67 Eine Vorstudie ist eine im Umfang begrenzte empirische Untersuchung, bei der die Relevanz einer Fragestellung und notweniges Fachwissen beschafft werden kann (vgl. Gläser und Laudel, 2004, S. 104).

68 Vgl. Hollstein et al., 2011, S. 93 ff.

69 Vgl. ebenda, S. 93 ff.

70 Vgl. Schenk und Wirth, 2004, S. 441.

werden, eine äußere und eine innere Mobilität.[71] Als äußere Mobilität wird die Fähigkeit einer Fabrik verstanden, ihren geographischen Standort zu verlegen, und sie zielt auf die kundennahe Leistungserbringung ab.[72] Die innere Mobilität bezeichnet die Veränderung von Maschinenpositionen und damit den Ort der Leistungserbringung innerhalb einer bestehenden Fabrikstruktur. Von Interesse in dieser Arbeit ist die Betrachtung der inneren Mobilität, da einzelne technische Infrastrukturen als Grundvoraussetzung für die Wandlungsfähigkeit einer Produktion angesehen werden.

Wichtige Voraussetzungen für die innere Mobilität sind beispielsweise die Medienversorgung, d. h. Anschlüsse für Strom, Luft, Kühl- und Schmiermittel, die Tragfähigkeit des Fabrikbodens sowie die Stützenfreiheit der Fabrikhalle.[73] Bezogen auf die Mobilität sind Abmessungen und Gewicht der Maschine sowie die benötigte Anzahl an Mitarbeitern und Geräten (Kran, Gabelstapler etc.) weitere zu betrachtende Größen.[74] Ebenso ist zu beachten, dass keine aufwändigen Justier- bzw. Kalibrierarbeiten durchzuführen sind.[75] Auch die Art der Verbindung zwischen den Maschinen ist für die Mobilität von Relevanz, da zwischen Steckverbindungen und Festverbindungen unterschieden wird. Die untersuchten Maschinen sind nur in begrenztem Maße mobil, aber es gibt bereits Anstrengungen, diesen Umstand im Sinne der wandlungsfähigen Produktion zu beheben.[76]

Modularität

Die Modularisierung von Produktionen wird seit Ende der neunziger Jahre diskutiert[77] und kann im Kontext der Wandlungsfähigkeit nach ihren verschiedenen Betrachtungsbereichen in die Ansätze der Organisations-, Fabrik- und Maschinenmodularisierung eingeteilt werden.[78] Da in dieser Arbeit der Fokus auf der Wandelbarkeit von Maschinen liegt, werden die organisatorischen und fabrikbezogenen

71 Vgl. Reinhart und Cisek, 2003, S. 78.
72 Vgl. Kaluza und Blecker, 2005, S. 15.
73 Vgl. Reinhart und Cisek, 2003, S. 78.
74 Vgl. u. a. Krothe, 2005, S. 152; Hollstein et al., 2011, S. 93 f.
75 Vgl. Krothe, 2005, S. 152.
76 Vgl. SFB 582.
77 Vgl. Nofen et al., 2005, S. 17.
78 Vgl. ebenda, S. 17.

Ansätze nicht weiter betrachtet. Das Ziel der Modularisierung ist, die Nutzbarkeit von Fertigungseinrichtungen innerhalb einer Produktion zu erhöhen sowie die Planungsdauern und -aufwände zu reduzieren.[79] Hierzu wird ein hohes Maß an Standardisierung gefordert, damit einzelne Module leicht austauschbar, reduzierbar und erweiterbar sind.[80] Module haben unterschiedliche Funktionalitäten und benötigen für die Austauschbarkeit eine einheitliche physikalische Schnittstelle.[81] Eine Schnittstelle muss je nach Anwendungsbereich des Moduls den Austausch von Informationen, Material und Energie ermöglichen.[82]

Damit die Modularität charakterisiert werden kann, werden die Nennungen aus der Literatur und die Erkenntnisse aus der Vorstudie zusammengefasst.[83] Diese sind der Grad der Standardisierung, die Anzahl der Module mit unterschiedlicher Funktionalität und die Art und Anzahl der physikalischen Schnittstellen. Aufgrund des hohen Abstraktionsgrades ist es schwer, eine detaillierte Operationalisierung für den Bereich der Modularität zu geben.

Neutralität

Die Dimension Neutralität, in der Literatur auch als Kompatibilität bezeichnet,[84] beschreibt die Anpassbarkeit an unterschiedliche Umgebungen.[85] Damit ist die innere Offenheit einer Maschine oder eines Modules gemeint, Schnittstellen für unterschiedliche Hard- und Software anzubieten. Besonders bei der Verwendung unterschiedlicher Steuerungssoftware muss auf die Dimension der Neutralität geachtet werden.[86] Daher wird sie auf Basis der Erkenntnisse aus der Vorstudie[87] anhand der Offenheit der Software (bzw. der logischen Schnittstelle) in die Größen „geschlossen", „standardisiert" und „offen" unterteilt.[88]

79 Vgl. Nofen et al., 2005, S. 17.
80 Vgl. u. a. Nofen et al., 2005, S. 17; Weck et al., 2000, S. 102.
81 Vgl. Weber, 2007, S. 14.
82 Vgl. ebenda, S. 26.
83 Vgl. Hollstein et al., 2011, S. 94 ff.
84 Vgl. Krothe, 2005, S. 151.
85 Vgl. Andresen, 2004, S. 63.
86 Vgl. Weck et al., 2000, S. 103 f.
87 Vgl. Abschnitt 2.1.6.
88 Vgl. Hollstein et al., 2011, S. 94.

Skalierbarkeit

Eine weitere Dimension der Wandlungsfähigkeit ist die Skalierbarkeit. In der Literatur wird unter diesem Begriff die technische, räumliche und organisatorische Erweiterbarkeit und Reduzierbarkeit verstanden. Die Skalierbarkeit beschreibt in dieser Arbeit die Fähigkeit eines Systems, eine mengenmäßige Anpassung der produzierten Werkstücke durchführen zu können.[89] Damit kann sie in die Größen der stufenlosen Skalierbarkeit, gestuften Skalierbarkeit oder gar keine Skalierung (nur „an" oder „aus") operationalisiert werden.[90] Die Ergebnisse der Vorstudie bestätigen diese Zuordnungsweise.

Universalität

Unter Universalität wird die Eigenschaft von Maschinenmodulen oder -elementen verstanden, die unterschiedlichste Anforderungen an eine Funktion bezüglich Produkt und Technologie erfüllen[91] und damit einen hohen Grad an Unabhängigkeit aufweisen. Da sich die Dimension Universalität damit auf die Unterschiedlichkeit der zu fertigenden Produkte und damit auf die Fertigungsprozesse und nicht auf die Maschine selbst bezieht, wird sie im Weiteren den Fertigungsprozessen zugeordnet.

Weitere Erkenntnisse zu technischen Aspekten der Wandlungsfähigkeit

Die Voruntersuchung hat neben der Detaillierung und Validierung der technischen Dimensionen der Wandlungsfähigkeit zu Erkenntnissen bei der aktuellen Einschätzung und Verwendung in der Praxis geführt. Es konnte auch gezeigt werden, dass die Wandlungsfähigkeit von den Experten als ein wichtiger Faktor für eine zukünftige Produktion eingeschätzt wird und dass sie in heutigen Maschinen allerdings kaum umgesetzt wird. Dies wurde vor allem aufgrund der niedrigen Einschätzung der Kundenrelevanz bei den Dimensionen der Wandlungsfähigkeit abgeleitet. Die einzige Dimension der Wandlungsfähigkeit, die von den Experten durchgehend als praxisrelevant angesehen wurde, ist die Modularität.[92]

---

89 Vgl. Universität Potsdam, 2012a.
90 Vgl. Hollstein et al., 2011, S. 94.
91 Vgl. Nofen et al., 2005, S. 26.
92 Vgl. Hollstein et al., 2011, S. 94 ff.

Auch die physikalische Umsetzung der Dimensionen der Wandlungsfähigkeit hinkt in der Praxis den Visionen der Forschung und Literatur hinterher. Bei der Mobilität und der Modularität konnten Anstrengungen der Maschinenbauer erkannt werden, da bereits einige Konzepte hierzu vorhanden und in aktuellen Maschinen implementiert sind. Diese sind beispielsweise durch Haken und Ösen für den Transport mittels Hallenkran bzw. Gabelstapler oder durch Module wie Teilelager vor und nach der Bearbeitung, Belademodule, Spanabfuhrsysteme, Messsysteme etc. umgesetzt.

Bezüglich der logischen Implementierung von Konzepten kann ein ähnliches Bild abgeleitet werden. In den 3D-Modellen der Maschinen sind beispielsweise bereits Mobilitätsoptionen vorhanden sowie Steuerungsoptionen für mögliche vorgesehene Module in der zentralen Software hinterlegt, eine durchgehende Kompatibilität zwischen den IT-Systemen und den Maschinen existiert aber noch nicht.

Die Ergebnisse der Vorstudie lassen erkennen, dass es einen großen Unterschied zwischen dem Forschungsstand bzw. der Vision der wandlungsfähigen Fabrik und dem aktuellen Stand ihrer Umsetzung (der Technik) bei den Maschinenherstellern gibt. Es konnten Bemühungen der Anlagenbauer hin zu wandelbaren Maschinen identifiziert werden, doch zeigte sich auch, dass viele Kunden der Maschinenhersteller bisher nur einen geringen Wert auf die Fähigkeit einer Maschine legen, sich hinsichtlich der Dimensionen der Wandlungsfähigkeit verändern zu können. Zusammenfassend zeigt die Studie, dass die Erfassung und die Darstellung der Dimensionen der Wandlungsfähigkeit große Schwierigkeiten darstellen. Dies liegt zum einen an der mangelhaften Operationalisierbarkeit und der hohen betrachteten Abstraktionsebene in der einschlägigen Literatur und zum anderen an unterschiedlichen Begriffsverständnissen in der Praxis.

Aus den Ergebnissen wurde geschlossen, dass die Wandlungsfähigkeit in der Praxis noch nicht ausreichend gelebt und ihr Potential dadurch nicht genutzt wird. Zwar bemühen sich Anlagenbauer um die Entwicklung wandelbarer Maschinen, erfahren von Kundenseite jedoch aktuell noch wenig Nachfrage. Diese Erkenntnis ist hinsichtlich der Forderungen nach wandlungsfähigen Produktionen verwunderlich. Deshalb ist eine genauere Betrachtung der Kundenseite, also der Betreiber von Maschinen im Rahmen einer Produktion, nötig, um deren Verständnis und Ansicht zur Nutzung der Wandlungsfähigkeit zu erfassen.

Zwischenbemerkung

In dem vorherigen Abschnitt wurden die relevanten Grundlagen der Wandlungsfähigkeit dargestellt und anhand von Vorgaben aus der einschlägigen Literatur operationalisiert. Die Relevanz der Themenstellung konnte im Rahmen der durchgeführten Vorstudie bestätigt werden. Für eine Entscheidungsunterstützung im Kontext der wandlungsfähigen Produktion ist demnach die Frage zu beantworten, welche Bereiche in einem produzierenden Unternehmen sich mit dieser Thematik auseinandersetzen und welche Aufgaben diesen zugeordnet sind. Hierzu werden im folgenden Kapitel die betriebswissenschaftlichen Aspekte einer wandlungsfähigen Produktion beleuchtet.

2.2 Betriebswirtschaftslehre und Produktionsmanagement

Kern der Betrachtung dieser Arbeit ist, wie im Bezugsrahmen[93] dargestellt, das Produktionsmanagement, das durch sein Wirken Einfluss auf eine Produktion nehmen kann. Das Wirken des Produktionsmanagements bezieht sich auf die Planung, Steuerung und Kontrolle eines Produktionsablaufs aus denen sich wiederum einzelne Aufgaben ableiten lassen. Diese Aufgaben werden in dem folgenden Abschnitt identifiziert und auf ihre Relevanz im Kontext der Wandlungsfähigkeit untersucht.

2.2.1 Produktionswirtschaft und Produktionsmanagement

Der Begriff des Managements wird in der Literatur auf zwei verschiede Weisen definiert:[94] zum einen Management als Funktion, wobei Management als die Durchführung betrieblicher Aktivitäten verstanden wird, und zum anderen als Institution.[95]

93 Vgl. Abschnitt 1.3.
94 Vgl. u. a. Pfau, 2001, S. 3; Stremme, 2000, S. 25.
95 Vgl. Jung, 2006, S. 171.

Als Institution wird unter Management der Personenkreis verstanden, der eine Vorgesetztenfunktion wahrnimmt und entsprechende Weisungsbefugnisse besitzt.[96] Im Verlauf der Arbeit werden unter dem Begriff des Managements sowohl die Aufgabenerfüllung an sich als auch die mit der Aufgabe verantwortlichen bzw. im Falle einer Delegierung mit der Aufgabe betrauten Personen oder Organisationseinheiten verstanden.[97] Das Produktionsmanagement beschäftigt sich primär mit der zielorientierten Planung[98], Steuerung[99] und Kontrolle[100] einer Produktion, aus denen einzelne Aufgaben[101] abgeleitet werden können, und ist neben der Produktionstheorie[102] sowie der Produktionswirtschaft[103] der Betriebswirtschaftslehre zuzuordnen.[104]

Die Produktionstheorie befasst sich mit der betriebswirtschaftlichen Betrachtung von Produktionssystemen[105] und den wirtschaftlichen Betrachtungen von Produktionsprozessen hinsichtlich der eingesetzten Faktoren und ausgebrachten Güter,[106] siehe Abbildung 7. Dagegen befasst sich die wissenschaftliche Betrachtung des Produktionsmanagements hauptsächlich mit der Unterstützung von Managemententscheidungen hinsichtlich der Produktionssystemgestaltung und des Produktionssystembetriebs.[107]

96 Vgl. Freibichler, 2006, S. 12.

97 Vgl. Härdler, 2007, S. 269.

98 Unter Planung wird die „zielgerichtete Festlegung zukünftigen Handelns" verstanden, wobei bei der Planung, da häufig mehrere Personen beteiligt sind, auch von einem Entscheidungsprozess gesprochen werden kann (vgl. Schneeweiß, 2002, S. 20). Merkmale der Planung sind die Zukunfts bezogenheit, Abstraktion und Rationalität, Prozesscharakter, Gestaltungscharakter und Informationscharakter (vgl. Hentze et al., 2001, S. 192).

99 Steuerung beschreibt das korrigierende Eingreifen in einen Prozess, wenn Abweichungen von einem vorher definierten Ist-Stand erkannt worden sind (vgl. Schneeweiß, 2002, S. 20).

100 „Die Aufgabe der Kontrolle ist es, die angestrebten Ergebnisse mit den tatsächlich realisierten Ergebnissen zu vergleichen" (Jung, 2006, S. 200).

101 Vgl. Domschke und Drexl, 2005, S. 7. Aus den Aufgaben können einzelne Entscheidungen abgeleitet werden, die von einem Entscheidungsträger zu treffen sind.

102 Die Produktionstheorie betrachtet die Zusammenhänge zwischen eingesetzten Produktionsfaktoren bei der Umwandlung von Gütern zu Produkten (vgl. Fandel, 2005, S. 32).

103 Vgl. u. a. Dyckhoff, 2006, S. 8; Dyckhoff und Spengler, 2010, S. 6; Die Produktionswirtschaft behandelt den Zusammenhang und das Zusammenspiel des Leistungssystems und des Managementsystems einer Produktion. Dabei werden alle Sachverhalte und Aufgaben betrachtet, die bei der Durchführung von Produktionsprozessen (Kombination oder Transformation von Sachgütern) zu erkennen sowie unter wirtschaftlichen Gesichtspunkten abzubilden und gegebenenfalls zu lösen sind (vgl. u. a. Nebl, 2011, S. 3; Bea et al., 2002, S. 146 f.; Kern, 1992, S. 1; Dyckhoff, 2006, S. 1; Härdler, 2007, S. 272). Eine wichtige Rolle spielen bei der Produktionswirtschaft auch die Verbindungen zu den Nachbardisziplinen, besonders der Informatik und den Ingenieurwissenschaften (vgl. Dyckhoff und Spengler, 2010, S. 5).

104 Vgl. Härdler, 2007, S. 269.

105 Vgl. u. a. Dyckhoff, 2006, S. 12; Dyckhoff und Spengler, 2010, S. 6; Jacob, 2012, S. 203.

106 Vgl. u. a. Bea et al., 2002, S. 159; Bloech et al., 2004, S. 3.

107 Vgl. Dyckhoff und Spengler, 2010, S. 6.

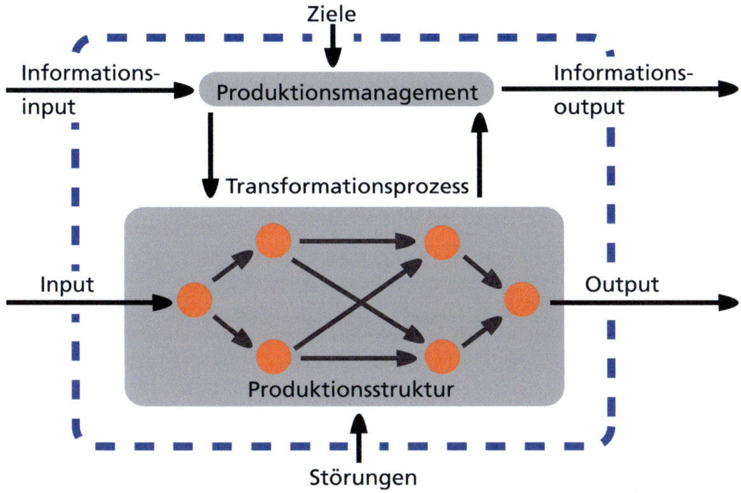

Abbildung 7: Gegenstand der allgemeinen Produktionstheorie (aus Dyckhoff, 2006, S. 8)

Mit dem Begriff Produktionsmanagement lassen sich alle Sachverhalte und Aufgaben im Kontext der Wandlungsfähigkeit bezeichnen, die Auswirkungen auf die Durchführung von Produktionsprozessen haben und unter betriebswirtschaftlichen Aspekten abzubilden und ggf. zu lösen sind.[108] Das Produktionsmanagement[109] kann als das Führungssystem der Produktion[110] bezeichnet werden, dessen Aufgabe darin besteht, den Wertschöpfungsprozess[111] in der Produktion zielkonform zu gestalten,[112] d. h. zu planen, zu steuern und zu kontrollieren sowie die In-

108 Vgl. u. a. Kern, 1992, S. 1; Härdler, 2007, S. 269; Kiener et al., 2009, S. 8.

109 In der Literatur existieren verschiedene Sichtweisen auf das Produktionsmanagement. So wird zwischen strategischem, taktischem und operativem Produktionsmanagement unterschieden (vgl. u. a. Zäpfel, 2000a, S. 2 f.; Zäpfel, 2000b, S. 2 f.; Nebl, 2011, S. 642; Dyckhoff und Spengler, 2010, S. 30 f.), wobei als Unterscheidungskriterium die Tragweite der Entscheidungen, die das Produktionsmanagement treffen muss, verwendet wird (vgl. u. a. Zäpfel, 2000b, S. 2 f.; Kiener et al., 2009, S. 9 f.). Deshalb werden Entscheidungen auch nur nach strategischen (langfristigen und für alle Bereiche eines Unternehmens bedeutende Entscheidungen) und operativen (kurzfristige, im Rahmen bekannter Größen, z. B. Betriebsmittel, zu treffende Entscheidungen) Charakteristika eingeteilt (vgl. Schneeweiß, 2002, S. 22 f.). In dieser Arbeit wird keine Einteilung bezüglich der genannten Größen vorgenommen, da auch Entscheidungen aus dem operativen Bereich für das Unternehmen weitreichende und damit auch strategische Folgen haben können.

110 Vgl. Dyckhoff, 2003, S. 6.

111 Eine Produktion kann als Wertschöpfungsprozess angesehen werden. Hierbei entsteht bei jedem Produktionssystem, das aus einfachen oder komplexen Teilen wertgesteigerte Teile erzeugt, Wertschöpfung (vgl. Westkämper und Warnecke, 2004, S. 1).

112 Vgl. Zäpfel, 2000b, S. 1.

formationsversorgung der Produktion sicherzustellen.[113] Die Hauptaufgabe[114] des Produktionsmanagements ist die Produktionsplanung.[115] Die Planung[116] ist für ein verantwortungsvolles und vernünftiges Gestalten einer Produktion notwendig[117] und wird in der Literatur als die im Vorfeld stattfindende geistige Durchdringung eines realen Sachverhaltes angesehen.[118] Für die Erfüllung seiner Aufgaben benötigt das Produktionsmanagement eine Vielzahl von Informationen, die größtenteils aus der eigenen Unternehmung stammen.

Da es sich hierbei meist um komplexe Aufgaben handelt, hat das Produktionsmanagement einen hohen Informationsbedarf.[119] Kennzahlen, anhand derer der Zielerreichungsgrad der Aufgaben des Produktionsmanagements gemessen werden kann, sind z. B. Minimierung Produktionskosten, Verbesserung der Produktivität, Erhöhung der Deckungsbeiträge, Verkürzung von Durchlauf- oder Produktionszeiten, Steigerung der Ausbringungsmenge, Steigerung des Qualitätsniveaus und der Zuverlässigkeit und Verbesserung der Arbeitsbedingungen und des Umweltschutzes.[120] Gemessen werden hierfür beispielsweise Liefertreue[121], Durchlaufzei-

---

113 Vgl. Dyckhoff, 2003, S. 6.

114 Weitere wichtige Aufgaben sind unter anderem die Lagerhaltung, System- und Maschinensteuerung, Logistik und Wartung sowie die eigentliche Herstellung eines Produktes (vgl. Kletti, 2007, S. 9). Das Produktionsmanagement hat die zentralen Aufgaben, Führungsgrößen des Managements in produktionswirtschaftliche Ziele umzuformulieren, operationalisierte Ziele und Aufgaben zur Durchführung der Produktion mit den Mitarbeitern abzusprechen, Produktionsergebnisse aller Art festzustellen und Maßnahmen bei Abweichungen zu initiieren (vgl. Härdler, 2007, S. 269 f.). Die Aufgaben des Produktionsmanagements werden in den Abschnitten 2.2.2, 2.2.3 und 2.2.4 näher betrachtet.

115 Vgl. u. a. Fandel et al., 2011, S. 5; Nebl, 2011, S. 642; Freibichler, 2006, S. 2; Dyckhoff und Spengler, 2010, S. 29.

116 Unter Planung werden die Festlegung der betrieblichen Ziele und dazu notwendigen Aktivitäten bezeichnet (vgl. Jung, 2006, S. 178).

117 Vgl. Kiener et al., 2009, S. 34.

118 Vgl. ebenda, S. 34.

119 Vgl. u. a. Härdler, 2007, S. 270; Kletti, 2007, S. 9.

120 Vgl. u. a. Bea et al., 2002, S. 147; Kurbel, 2011, S. 159; Fandel, 2011, S. 6.

121 Die Liefertreue ist eine wichtige Größe und wird in vielen Unternehmen häufig als ein »Key Performace Indicator« (KPI) erfasst (vgl. Meltzer-Riddinger, 2007, S. 173). Die Liefertreue beschreibt den Prozentsatz von Bestellungen, die einem Kunden zu einem vereinbarten Termin geliefert worden sind. Dies gilt als erreicht, wenn der bestätigte Liefertermin mit dem Wunschliefertermin des Kunden übereinstimmt und der bestätigte Termin auch dem tatsächlichen Liefertermin entspricht (vgl. u. a. Kiener et al., 2009, S. 17 f.; Nebl, 2011, S. 40; Kurbel, 2011, S. 144 f.).

ten[122], Ausschuss- bzw. Nachbearbeitungsquote[123] und Kapazitätsauslastung[124], die bei den Aufgaben einen hohen Stellenwert haben.[125] Da diese Zielgrößen nicht gleichzeitig erreicht werden können, werden sie priorisiert.

Damit die Komplexität der Betrachtung der Aufgaben des Produktionsmanagements verringert werden kann, wird der Aufgabenbereich des Produktionsmanagements in drei Ebenen eingeteilt. Dazu werden zuerst die durchzuführenden Aufgaben identifiziert und eine Aufgabenliste des Produktionsmanagements erstellt. Dann werden diese Aufgaben auf ihre Bedeutung für die Wandlungsfähigkeit[126] hin untersucht. Anhand einer Filterung durch die Dimensionen der Wandlungsfähigkeit entsteht eine Liste mit für die Wandlungsfähigkeit relevanten Aufgaben, die identifiziert und anschließend auf ihre Bedeutung im Kontext der Wandlungsfähigkeit gefiltert wird.

Für die Strukturierung der Aufgaben des Produktionsmanagements[127] wird im Folgenden eine in der Literatur häufig anzutreffende Struktur verwendet, welche die folgenden Kategorien unterscheidet:[128]

- Produkt- und Programmplanung (Abschnitt 2.2.2)
- Potentialgestaltung (Abschnitt 2.2.3)
- Produktionsprozessgestaltung und -steuerung (Abschnitt 2.2.4)

122 Die Durchlaufzeit ist Bestandteil der Auftragszeit, welche sich aus den Größen der Rüstzeit, Bearbeitungszeit je Stück und der Fertigungslosgröße an jeder Maschine bestimmen lässt (vgl. u. a. Nebl, 2011, S. 345; Wannenwentsch, 2010, S. 564). Zu beachten sind hierbei die Unterbrechungszeiten, die sich fertigungsprozessbedingt (z. B. Aushärten, Abkühlen) oder umweltbedingt (z. B. Ruhezeiten, Störungen) ergeben. Untergliedert werden diese Nebenzeiten in Wartezeit (Arbeitskraft), Stillstandszeit (Betriebsmittel) und Liegezeit (Repetierfaktoren) (vgl. Nebl, 2011, S. 347).

123 Unter Ausschuss- bzw. Nachbearbeitungsteilen werden in der Literatur die Werkstücke bezeichnet, die den zu erreichenden Mindestqualitätsstandards nach einem oder mehreren Fertigungsprozessschritten nicht genügen. Ausschussteile werden nach dem Erkennen des Qualitätsmangels dem Recycling zugeführt. Werkstücke, die nachbearbeitet werden können, haben in der Regel nur geringe oder nicht kritische Qualitätsmängel.

124 Vgl. u. a. Kiener et al., 2009, S. 17 f.; Nebl, 2011, S. 40; Kurbel, 2011, S. 144 f. Damit das in Form von Maschinen gebundene Kapital bestmöglich genutzt werden kann, versuchen Unternehmen die Kapazitäten ihrer Fertigung möglichst auszulasten. Eine zu hohe Kapazitätsauslastung wirkt sich negativ auf die Liefertreue aus, eine zu geringe Auslastung verursacht zu hohe Kosten innerhalb einer Produktion. Dabei muss eine Vielzahl von Variablen berücksichtigt werden, wie beispielsweise gesetzliche Regulierungen, Naturkatastrophen, Wechselkursschwankungen oder Änderungen von Kundenwünschen (vgl. Dudenhöffer und Dudenhöffer, 2012, S. 168).

125 Vgl. u. a. Bea et al., 2002, S. 147; Kurbel, 2011, S. 159; Fandel, 2011, S. 6.

126 Vgl. Abschnitt 2.1.

127 Vgl. Bloech et al., 2004, S. 6.

128 Vgl. Kern, 1992, S. 71.

2.2.2 Produkt- und Programmplanung

Einen wesentlichen Teil zu einem reibungslosen Produktionsablauf trägt die Produkt- und Programmplanung bei, die ihr Hauptaugenmerk auf das eigentliche Produkt[129] und die Gestaltung von Produktionsprogramm und -prozessen[130] (z. B. Qualität, Kosten, Fertigungszeit) legt[131] und die den dispositiven Aufgaben zugeordnet ist.[132] Wichtige Aspekte bei der Auswahl des herzustellenden Produktes sind die Beschreibung der beabsichtigten Funktionen und Merkmale, eine lösungsneutrale Anforderungsformulierung und das Aufstellen eines Kostenrahmens.[133] In Falle eines neuen Produktes, das konstruiert bzw. entwickelt werden muss, ist das Produktionsmanagement für den Kommunikationsprozess, d. h. die Abstimmung der Produktion des Produktes, z. B. der zeit- und kostenbezogenen Planung, mitverantwortlich.[134]

Das Produktionsprogramm wird aus der Zielsetzung des Betriebes abgeleitet und stellt sich aus dessen Produkten (der herzustellenden Menge an Endprodukten, der verkaufbaren Zwischenprodukte etc.) und Dienstleistungen zusammen, welche auf dem Absatzmarkt[135] angeboten werden sollen.[136] Ziele der Produktionsprogrammplanung sind die optimale Gestaltung der Kapazitätsauslastung, Durchlaufzeitminimierung, termingerechte Produktherstellung etc. unter gegebenen Nebenbedingungen.[137]

[129] Der Begriff des Produkts – formal als Kaufobjekt bezeichnet – umfasst konkrete Gegenstände, Dienstleistungen, Personen, Ort, Organisationen sowie Ideen, die ein Markt zur Befriedigung dessen Bedürfnissen benötigt (vgl. Jung, 2006, S. 615).

[130] Produktionsprozesse können anhand ihrer produkt- und marktbezogenen (z. B. Ein- oder Mehrprodukt), produktionsprozessbezogenen (z. B. Auftrags- oder Marktproduktion), fertigungstypbezogenen (z. B. Einzel- oder Massenfertigung) Merkmalen, der Anzahl ihrer Fertigungsstufen (z. B. ein- oder mehrstufig) oder anhand ihrer Organisationsform (z. B. Werkstatt- oder Fließfertigung) unterschieden werden (vgl. Adam, 1998, S. 8).

[131] Vgl. u. a. Kern, 1992, S. 96 ff., S. 102 ff.; Jung, 2006, S. 615 f.; Bea et al., 2002, S. 154; Bloech et al., 2004, S. 125; Luczak und Eversheim, 1999, S. 30.

[132] Unter dispositiver Arbeit werden leitende Tätigkeiten, wie z. B. Arbeitsverteilung, Fertigungsfortschrittsüberwachung oder Betriebsmittelprüfung, d. h. Planen, Steuern und Kontrollieren, verstanden (vgl. u. a. Wildemann, 2009, S. 194; Jung, 2006, S. 8; Fandel, 2005, S. 33; Hentze et al., 2001, S. 42).

[133] Vgl. u. a. Pahl et al., 2007, S. 119; Gössinger und Corsten, 2012, S. 195 f.

[134] Vgl. Pahl et al., 2007, S. 193.

[135] Mit der Absatzplanung wird in einem Unternehmen auch die notwendige (minimale), mittelfristig auf eine prognostizierte Kundennachfrage bezogene, auszubringende Produktionsmenge festgelegt, welche die daraus folgenden Investitionen für die benötigten Betriebsmittel und Ressourcen festlegt (vgl. u. a. Bloech et al., 2004, S. 5; Gronau, 2010, S. 138).

[136] Vgl. u. a. Bloech et al., 2004, S. 4 f.; Kurbel, 2011, S. 100; Fandel et al., 2011, S. 109 f.; Jung, 2006, S. 626; Fandel, 2005, S. 15, S. 32; Jacob, 2012, S. 206 ff.

[137] Vgl. Kurbel, 2011, S. 101. Bei der Frage, welches Fertigungsverfahren zum Einsatz kommt,

Veränderungsmöglichkeiten hinsichtlich der Planung der Produktionsprozesse[138] lassen sich über Stellgrößen beeinflussen, mit denen man sich den Vorgaben des Produktionsprogrammes anzunähern kann. Gestaltungsmöglichkeiten hinsichtlich der Aufgaben innerhalb der Produkt- und Programmplanung sind im Wesentlichen:[139]

- Qualitäts- und Substanzgestaltung
- Standardisierung
- Produktfeld- und Sortimentsplanung
- Absatzplanung
- Strategiebestimmung je Produktfeld
- Make-or-Buy
- Standortplanung der Produktion
- generelle Layoutplanung (innerbetriebliche Standortplanung)
- Organisation des Produktionsablaufes
- Festlegung der Sortimentsbreite und Ausbringungsmengen
- Verhältnis der Faktoreinsatzmengen
- Kapazität und Auslastung einzelner Produktionsstufen
- Festlegung der einzelnen Produktionsstationen (Arbeitsplätze) in den Produktionsstufen
- Mechanisierung und Automatisierung der Produktionsstationen
- Zuordnung von Personen zu den Arbeitsplätzen
- Bildung von Gruppen und Abteilungen
- Festlegung der Fertigungsreihenfolge

wird seitens der Betriebswirtschaft häufig eine bestmögliche Lösung unter verschiedenen Zielgrößen gefordert, in der Praxis wird sich in der Regel mit der technischen Machbarkeit zufriedengegeben (vgl. u. a. Kurbel, 2011, S. 100; Fandel et al., 2011, S. 96 ff., S. 242 ff.).

138 Im Allgemeinen wird im Rahmen der Produktherstellung von Primär- und Sekundärprozessen gesprochen (vgl. Nebl, 2011, S. 421). Primärprozesse beschreiben das Bearbeiten in der Fertigung und das Fügen in der Montage (vgl. Nebl, 2011, S. 421), Sekundärprozesse die Bereiche Transport, Lagerung, Handhabung und Qualitätskontrolle. Auch Sonderfunktionen des eigentlichen Fertigungsprozesses, wie beispielsweise Erwärmen oder Anpassen, sind Sekundärprozesse (vgl. Nebl, 2011, S. 421).

139 Vgl. Bea et al., 2002, S. 154; Kern, 1992, S. 112, S. 118, S. 125 ff., S. 130 ff., S. 134 ff., S. 137 ff.; Bloech et al., 2004, S. 117; Kurbel, 2011, S. 144 f.; Hentze et al., 2001, S. 198.

- Bestands- und Bedarfsplanung[140]
- auftragsunabhängige Ressourcengrobplanung[141]

2.2.3 Potentialgestaltung

Hauptaufgabe der Potentialgestaltung ist das Bereitstellen von benötigten Produktionsfaktoren[142] (z. B. Personal, Maschinen, Material und Energie) für die geplante Produktion.[143] Hierfür werden im Sinne von Teilbereichsplanungen für jede Einzelaufgabe Träger (Betriebsmittel) und Ressourcen (Werkstoffe) identifiziert, beschafft, koordiniert, verwaltet, gepflegt und entwickelt, um sie bereitstellen und sinnvoll nutzen zu können. Für die Bereitstellung von Produktionsfaktoren werden unterschiedliche Kenntnisse und individuelle Methoden benötigt und verwendet.[144] Innerhalb der Potentialgestaltung sind im Rahmen dieser Arbeit die Bereiche der Anlagen- und Materialwirtschaft relevant. Daher werden sie im Folgenden detailliert vorgestellt.

Anlagenwirtschaft

Ziel der Anlagenwirtschaft ist die Bereitstellung der benötigten qualitativen und quantitativen Kapazitäten für eine Produktion und die Planung, Steuerung und Kontrolle des Lebenszyklus aller Betriebsmittel[145] einer Produktion.[146] Zur Anlagenwirtschaft gehören die Beschaffung[147] und Bereitstellung der notwendigen Betriebsmittel.[148]

[140] Vgl. Luczak und Eversheim, 1999, S. 30.
[141] Vgl. ebenda, S. 30.
[142] Produktionsfaktoren sind vorrangig Arbeitskräfte und Betriebsmittel sowie Betriebsstoffe, welche die Kapazität einer Produktion determinieren (vgl. u. a. Nebl, 2011, S. 113; Fandel, 2005, S. 33 f.). Mit Hilfe von Werkstoffen wirken sich diese auf den Input und Throughput eines produzierenden Unternehmens aus (vgl. Nebl, 2011, S. 113).
[143] Vgl. u. a. Kern, 1992, S. 148 f.; Domschke und Scholl, 2005, S. 2; Nebl, 2011, S. 113; Hentze et al., 2001, S. 41 f.; Fandel, 2005, S. 18 f.
[144] Vgl. Kern, 1992, S. 152.
[145] Betriebsmittel sind unter anderem Maschinen und maschinelle Anlagen, Werkzeuge und Vorrichtungen, Transport- und Fördermittel, Mess- und Prüfmittel (vgl. Nebl, 2011, S. 152 ff.). Sie wirken mit den Potentialfaktoren Arbeit und Werkstoffe auf Arbeitsobjekte zielgerichtet ein, um Produkte zu erzeugen (vgl. Nebl, 2011, S. 150).
[146] Vgl. Nebl, 2011, S. 180.
[147] Der Anlagenkauf ist rechtlich an das Werksvertragsrecht gebunden, welches im § 631 ff. Bürgerliches Gesetzbuch (BGB) geregelt ist (vgl. Hofmann et al., 2012, S. 42). Die Unterschiede zu dem gewöhnlichen Kaufvertragsrecht sind unter anderem das Ersetzen der Mängelrüge und unverzüglichen Prüfung des Kaufobjektes durch die Abnahme, Nachbesserungen beim Fehlen oder Fehlerhaftigkeit zugesicherter Eigenschaften und die längere Gültigkeit von Verjährungsfristen (vgl. Arnolds et al, 2010, S. 429).
[148] Vgl. Hentze, et al., 2001, S. 198, S. 200.

Die Beschaffung und Bereitstellung von Anlagen ist eine komplexe Aufgabenstellung. Aufgrund der Anzahl und Vielfalt der Elemente der Anlagenwirtschaft und deren Beziehungen existiert eine Unsicherheit bezüglich der Veränderung der Maschinen im Lauf der Zeit.[149] Gründe hierfür sind die große Anzahl an Maschinenvarianten, hohe Dynamik, hohe Variabilität und Unsicherheit in den Entwicklungstendenzen.[150] Ein wesentliches Merkmal der Anlagenbeschaffung ist, dass es sich um eine sehr kapitalintensive Entscheidung handelt. Die Anlagenwirtschaft umfasst die im Folgenden näher erläuterten Themen:[151]

- Anlagenbeschaffung (Art, Menge, Finanzierungsmethode)
- Anlagenausmusterung (Funktionsuntüchtigkeit, Qualitätsverlust, Unterhalt)
- Anlagenunterhaltung (Instanthaltung, Wartung, Reparatur)
- Energieversorgung (Eigenerzeugung, Fremdbezug, Sicherstellung, Bevorratung)
- Anlagenverwaltung (Informationserfassung, -aufbereitung, -speicherung)

Die Anlagenbeschaffung umfasst alle relevanten Begebenheiten, die für den Kauf einer Maschine für die Produktion nötig sind. Der Kauf von (Produktions-)Anlagen ist eine notwendige Bedingung zur Aufrechterhaltung und Sicherstellung einer gleichbleibenden Qualität einer Produktion über mehrere Zeitperioden hinweg.[152] Sie stellt den technischen, qualitativen und kapazitiven Zustand einer Produktion sicher.[153]

In der Literatur wird zwischen dem Erstkauf, dem modifizierten Wiederholungskauf und dem unmodifizierten Wiederholungskauf unterschieden.[154] Der Entscheidungsprozess besteht aus der Grundsatzentscheidung und der eigentlichen Kaufentscheidung.[155] Die Grundsatzentscheidung beinhaltet die Absatzmarktforschung und Investitionsrechnungen, mit denen die Art der Anlagenbeschaffung bzw. Investition[156] festgelegt wird. Darauf aufbauend wird die eigentliche Kauf-

149 Vgl. Mildenberger, 1998, S. 72.
150 Vgl. Nebl, 2011, S. 191.
151 Vgl. Kern, 1992, S. 205 ff.
152 Vgl. Nebl, 2011, S. 182. Die Anlagenbeschaffung wird in der Literatur daher oft gemeinsam mit der Personalakquisition zusammen betrachtet.
153 Vgl. Nebl, 2011, S. 182.
154 Vgl. ebenda, S. 426.
155 Vgl. ebenda, S. 426.
156 Auf Finanzierungsangelegenheiten der Anlagenbeschaffung, wie bspw. die Kreditnahme und die Betrachtung von Leasing- oder Mietverträgen, wird hier nicht tiefer eingegangen. Eine eingehende Behandlung dieses Themas findet sich in Arnolds (vgl. Arnolds et al., 2010, S. 430 ff.).

entscheidung gefällt, welche Maschine bei welchem Lieferanten in Auftrag gegeben wird.[157] In der Regel geht der Anlagenbeschaffung daher eine Spezifikation der benötigten Leistungsfähigkeit einer Maschine zur Durchführung eines Fertigungsprozesses für ein oder mehrere Produkte voraus. Diese Spezifikation wird in der Literatur auch Mindestanforderung genannt.

Der entgegengesetzte Vorgang zur Anlagenbeschaffung ist die Anlagenausmusterung. Hierbei steht der Zeitpunkt der Außerbetriebnahme einer Maschine im Vordergrund. Häufig sind hier Änderungen im Produktspektrum, zu hohe Kosten oder der Defekt einer Maschine Auslöser für Ausmusterungsentscheidungen.

Damit eine Maschine über einen Zeitraum hinweg eine möglichst konstante Fertigungsqualität erbringen kann, ist es zielführend, Investitionen in Wartung und Instandhaltung zu tätigen. Diese Aufgabe, die auch die Reparatur einer defekten Maschine beinhaltet, wird Anlagenunterhaltung genannt. Für eine vorbeugende Wartung und Instanthaltung ist die Datenerfassung auf Maschinenebene (z. B. Baujahr, Einsatzorte, Prozessparameter) über einen längeren Zeitraum zu Gestaltung von Instandhaltungsmaßnahmen notwendig.[158]

Für die Anlagenunterhaltung sind viele Daten über Betriebsmittel und Werkzeug notwendig:[159]

- aktueller Zustand der Anlage
- Messgröße für die Verschleißmessung (ggf. Rückmeldung aus der Abteilung für Produktqualität)
- Zeitpunkt der letzten Wartung bzw. Inspektion
- Anschaffungsdatum
- Hersteller
- Leistungskenngrößen und Anschlussmaße
- Zubehör

[157] Vgl. Nebl, 2011, S. 426.
[158] Vgl. u. a. Gronau, 2010, S. 175; Kiener et al., 2009, S. 62.
[159] Vgl. Kern, 1992, S. 212 f,

- geplante Nutzungsdauer
- Buch- und Versicherungswerte
- Abschreibungsinformationen
- Reparaturhistorie (z. B. Schmierplan)
- Art des Produktionseinsatzes und -umgebung

Mit der Anlagenunterhaltung direkt verbunden ist die Energieversorgung, welche die zur Fertigung benötigte Energiemenge bereitstellt. Die Versorgung einer Maschine mit Medien, wie beispielsweise mit Kühl- oder Schmierstoffen, fällt in den Bereich der Materialwirtschaft. Als letzter Punkt der Anlagenwirtschaft ist die Anlagenverwaltung zu nennen.[160] Sie übernimmt die Informationserfassung und -verarbeitung auf der betriebswirtschaftlichen Ebene über einen längeren Zeitraum.[161]

Materialwirtschaft

Die Materialwirtschaft wird auch Produktionsbedarfsplanung oder Sekundärbedarfsermittlung genannt[162] und ist eng mit der Lagerbestandsführung verbunden.[163] Diese ist im Kontext der Produktion für die Bereitstellung der für eine Produktion benötigten Werk- und Betriebsstoffe[164] verantwortlich.[165] Zusätzlich werden in einer Produktion auch Betriebsstoffe, wie z. B. Kühlschmierstoffe, verwendet.[166]

Die Kernaufgabe der Materialwirtschaft ist demnach die Bereitstellung der Werk- und Betriebsstoffe für eine Produktion in der passenden Menge und Qualität am

160 Vgl. Gronau, 2010, S. 169 f.; Nebl, 2011, S. 180.
161 Vgl. Gronau, 2010, S. 175.
162 Vgl. Luczak und Eversheim, 1999, S. 30.
163 Vgl. u. a. Kurbel, 2011, S. 105; Gronau, 2010, S. 143.
164 Werkstoffe sind Repetierfaktoren der Produktion und müssen zu Beginn jeder Produktion bereitgestellt werden (vgl. u. a. Nebl, 2011, S. 235; Heinen 1983 S. 247; Vahrenkamp, 2008, S. 1). Zu diesen gehören beispielsweise Rohstoffe (z. B. Eisen in Blöcken, Holz), Halbzeuge (z. B. Bleche, Profilstähle), Halbfabrikate (z. B. vorgefertigte Teile) und Normteile (z. B. Schrauben, Bolzen) (vgl. u. a. Nebl, 2011, S. 236; Vahrenkamp, 2008, S. 1 f.). Werkstoffe sind „alle Rohstoffe, Halb und Fertigfabrikate, (...) die als Ausgangs- und Grundstoffe für die Herstellung von Erzeugnissen zu dienen bestimmt sind, mithin nach der Vornahme von Form- oder Substanzänderungen oder nach dem Einbau in die Fertigerzeugnisse Bestandteile der neuen Produkte werden" (vgl. Gutenberg, 1983, S. 122).
165 Vgl. Kern, 1992, S. 217.
166 Vgl. u. a. Kern, 1992, S. 218; Vahrenkamp, 2008, S. 1.

richtigen Ort zur richtigen Zeit. Diese Beschreibung lässt erkennen, dass die Aufgabe der Materialwirtschaft einen technischen und einen ökonomischen Charakter besitzt,[167] technisch aufgrund der Forderung nach Qualität und möglichst zeitgenauer Bereitstellung sowie ökonomisch aufgrund der aus wirtschaftlicher Sicht niedrig zu haltenden Lagerkosten (Kapitalbindung, Raum-, Transport-, Prüf- und Wartungskosten).[168] Lager werden benötigt, um Werkstoffe produktionsnah aufbewahren und innerhalb kurzer Zeit der Produktion zu Verfügung stellen zu können.[169]

Die wichtigsten Bereiche der Materialwirtschaft sind also die Materialbedarfsermittlung, Materialbeschaffung und -bereitstellung, Lagerhaltung sowie interne Transportverwaltung.[170] Aufgrund ihrer Relevanz für die Produktion werden diese Aufgaben im Folgenden detailliert beschrieben. Der Unterpunkt interne Transportverwaltung wird wegen seines geringen Auswirkungsgrades auf Maschine und Produkt nicht weiter betrachtet.

Materialbedarfsermittlung

Die Ermittlung des Materialbedarfes ist eine zentrale Aufgabe der Materialwirtschaft. Auf Basis von Informationen aus verschiedenen Bereichen eines Unternehmens werden die einzelnen Bedarfe für eine Produktion möglichst genau kalkuliert. Das Ziel ist die Bereitstellung des Materials für eine Produktion, aufgeteilt nach Primär- (Bedarf des Absatzmarktes an Produkten), Sekundär- (Bedarf der Produktion an Werkstoffen) und Tertiärbedarfen (Bedarf der Produktion an Betriebsstoffen).[171] Die Sekundär- und der Tertiärbedarfe lassen sich aus den vorgegebenen Produktionsprogrammen errechnen.[172]

---

167 Vgl. Kern, 1992, S. 218 f.

168 Vgl. ebenda, S. 218 f., S. 220.

169 Da das zu frühe Eintreffen von Werkstoffen kostengünstiger ist als das Warten der Produktion, werden diese häufig – für möglichst kurze Zeit – gelagert. Da die Werkstoffe an jeden Arbeitsplatz der Produktion geliefert werden müssen, kann die Materialwirtschaft neben der Lagerverwaltung auch die Transportverwaltung umfassen und wird in der Literatur auch als integrierte Materialwirtschaft bezeichnet (vgl. Kern, 1992, S. 219).

170 Vgl. Kern, 1992, S. 219.

171 Vgl. ebenda, S. 221.

172 Vgl. ebenda, S. 137 ff. Um diese Bedarfe ermitteln zu können, werden häufig ABC-Analysen (Mit Hilfe der ABC-Analyse können Objekte nach ihrer Relevanz geordnet und klassifiziert werden (vgl. Erlach, 2010, S. 131) verwendet, da sich nicht bei allen Werkstoffen die exakte Bedarfsermittlung lohnt (vgl. Kern, 1992, S. 222). Bei den Ermittlungsmethoden wird zwischen programmgesteuerten (deterministischen), verbrauchsgesteuerten (stochastischen) und Schätzmethoden unterschieden (vgl. u. a. Kern, 1992, S. 222; Wannenwentsch, 2010, S. 560). Bei den programmgesteuerten Verfahren werden die Bedarfe anhand der vorliegenden

Materialbeschaffung und -bereitstellung

Die Beschaffung und Bereitstellung von Werkstoffen für die Produktion wird, auf Basis der ermittelten Materialbedarfe, in der Regel vorzeitig durchgeführt, um einen Stillstand der Produktion zu vermeiden. Dieses Vorgehen, Werkstoffe möglichst frühzeitig zu beschaffen, bildet einen Zielkonflikt mit den möglichst zu vermeidenden Lagerkosten.[173] Für die Festlegung von Bestellmengen werden Informationen über die aktuelle und geplante Produktion benötigt.[174] Die Informationen, die den Primär- und Sekundärbedarf betreffen, können aus der Produkt- und Programmplanung abgeleitet werden.[175]

Das Ziel der Bestellmengenplanung ist die Minimierung der variablen und fixen Lagerkosten.[176] Um Bestellmengen planen zu können,[177] ist es wichtig, die disponierbaren Lagerbestände[178] und Informationen über die geplante Produktion zu kennen.[179] Aus diesem Grund ist im Rahmen der Materialbeschaffung und -bereit-

Stücklisten oder Rezepturen der entsprechenden Produktionspläne ermittelt (vgl. Kern, 1992, S. 222). Die verbrauchsgesteuerten Verfahren berechnen den zukünftigen Materialbedarf anhand der vorausgegangenen Perioden mittels Zeitreihenanalysen (vgl. Kern, 1992, S. 225).

173 Vgl. Kern, 1992, S. 227.

174 Vgl. u. a. Kern, 1992, S. 221; Reith-Ahlemeier, 2002, S. 5.

175 Verwendung findet in diesem Zusammenhang beispielsweise die ABC-Analyse (vgl. u. a. Kern, 1992, S. 222; Erlach, 2010, S. 131) oder die Auflösung (der Stückliste) in einem Gozintographen (vgl. u. a. Kern, 1992, S. 224 f.; Tempelmeier, 2006, S. 102).

176 Vgl. u. a. Reith-Ahlemeier, 2002, S. 4; Tempelmeier, 2006, S. 11.

177 In der Praxis finden zwei Arten der Mengenplanung Anwendung, die verbrauchsgesteuerte und die bedarfsgesteuerte (vgl. u. a. Kern, 1992, S. 222; Kurbel, 2011, S. 109; Gronau, 2010, S. 143 f.). Im Gegensatz zur bedarfsgesteuerten Mengenplanung, bei der anhand von Stücklisten der zu fertigenden Produkte der Materialbedarf exakt bestimmt wird, muss bei der verbrauchsorientierten Mengenplanung die zu bestellende Materialmenge geschätzt werden. Da hierbei die Teile einzeln disponiert werden, ist es nötig, den Zusammenhang zwischen den Teilen zu betrachten und für jedes Teil gesondert zu lösen. Bei der verbrauchsorientierten Mengenplanung sind die Bruttobedarfsermittlung (entspricht der Anzahl zu fertigender Produkte), die Nettobedarfsermittlung (zu bestellendes Material, wenn Lagerbestand unzureichend für den Bruttobedarf ist, gegebenenfalls Zurechnung von Bedarfen durch Ausschuss), die Losgrößenplanung (ist der Nettobedarf bekannt, so können Bestellmengen in Lose eingeteilt werden, im Fall des Fremdbezuges entfallen die Sekundärbedarfsermittlung und die Vorlaufverschiebung), die Sekundärbedarfsermittlung (diese werden durch die Stücklistenauflösung bestimmt) und die Vorlaufverschiebung (Berechnung der benötigten Zeit für die Eigenherstellung der benötigten Ressourcen) zu betrachten (vgl. u. a. Kurbel, 2011, S. 115 ff.; Mertens, 2009, S. 133). Im Rahmen der Mengenplanung fällt die Aufgabe der Bestellmengen bzw. Losgrößenrechnung in den Bereich der Lagerbestandsführung (vgl. Jacob, 2012, S. 208).

178 Bestandsarten können beispielsweise in den physischer Lagerbestand (tatsächlicher Bestand eines Lagers), den Werkstattbestand (Lagerbestand in der Fertigung), den reservierter Bestand (erwarteter Lagerabgang), den Bestellbestand (erwartete Lagerzugänge), den Sicherheitsbestand (Mindestmenge eines Teils auf Lager, um auf unvorhergesehene Ereignisse reagieren zu können) und den Meldebestand (dient der Initiierung einer Bestellung, damit ein Teilebestand nicht unter den Sicherheitsbestand fällt) unterteilt werden (vgl. Kurbel, 2011, S. 105 f.).

179 Vgl. Reith-Ahlemeier, 2002, S. 5.

stellung die Auswahl der passenden Bereitstellungs- und Beschaffungsart[180] ein wichtiger Aspekt.

Lagerhaltung

„Das Lagersystem setzt sich aus Lagermitteln zusammen, die zum Abstellen und Aufbewahren von Material, Erzeugnissen und anderen Gegenständen dienen. Sie werden für Lagervorgänge genutzt. Je nach Typ des Lagers dienen sie zur Überbrückung einer Zeitdauer oder zur Änderung der Struktur der Zusammensetzung von Lagergütern zwischen Zu- und Abgang."[181] Um die Versorgungssicherheit und Unterbrechungsfreiheit einer Produktion gewährleisten zu können, ist eine produktionsnahe Lagerung von Werkstoffen notwendig. Diese Aufgabe wird Lagerhaltung genannt und dient in erster Linie der Versorgungssicherheit einer Produktion; ihr kommen dabei unter Berücksichtigung der Kapitalbindung u.a. die Funktionen der Sicherung, Koordination, Puffer- und Sortimentsbildung zu.[182] In dieser Weise dient die Lagerhaltung den variablen Lieferrhythmen und den schwankenden Abnahmen bei kurzfristigen Produktionsumstellungen oder Betriebsmittelausfällen.[183]

2.2.4 Prozessgestaltung und -steuerung

Die Prozessgestaltung und -steuerung verbindet die verschiedenen Betriebsmittel einer Produktion in räumlicher und zeitlicher Abfolge,[184] für deren effizienten Einsatz eine Koordination erforderlich ist. Der Prozessgestaltung und -steuerung sind unter anderem die Folgenden Aufgaben zuzuordnen:[185]

- Planung des Materialflusses
- Zuordnung innerbetrieblicher Standorte

[180] Bereitstellungs- und Beschaffungsarten sind beispielsweise die Einzelbeschaffung im Bedarfsfall (nur bei kleinen Mengen sinnvoll; Spezialmaterial; Gefahr des nicht rechtzeitigen Wareneingangs), die verbrauchssynchrone Anlieferung (Just-in-Time (JiT), Just-in-Sequence (JiS)), der Kauf auf Abruf (Kauf größerer Mengen zur Realisierung von Rabatten, ohne diese auf einmal abnehmen zu müssen) oder die Bereitstellung aus vorhandenen Lagerbeständen (vgl. Kern, 1992, S. 227 f.).

[181] Vgl. Nebl, 2011, S. 389.

[182] Vgl. Kern, 1992, S. 232 f.

[183] Vgl. ebenda, S. 233.

[184] Vgl. ebenda, S. 255 f.

[185] Vgl. u. a. Kern, 1992, S. 255 ff.; Günther et al., 2006, S. 152.

- Raum- und Transportgestaltung
- Materialflussgestaltung
- Arbeits- und Auftragsplanung
- Losgrößenplanung
- Vorgabezeitermittlung
- Termin- und Reihenfolgeplanung
- Prozess- und Systemstruktur
- Qualitätsmanagement

Planung des Materialflusses

Nach VDI-Definition ist der „Materialfluss[186] [...] die Verkettung aller Vorgänge beim Gewinnen, Be- oder Verarbeiten sowie bei der Verteilung von Gütern innerhalb festgelegter Bereiche".[187] Der Bereich der Materialflussplanung befasst sich damit direkt mit den zugehörigen Standortbestimmungen, den zugehörigen Streckenplanungen und den aus deren Kombination entstehenden (Zwischen-)Lagern.[188] Diese Punkte werden hauptsächlich unter den Aspekten Kosten und Zeit betrachtet.[189]

Zuordnung innerbetrieblicher Standorte

In den Zusammenhang der innbetrieblichen Standortplanung fällt die Aufgabe der Layoutplanung.[190] Das Hauptaugenmerk der Layoutplanung[191] liegt auf der Anordnung von Potentialfaktoren, beispielsweise von Maschinen innerhalb von

186 Ein Materialfluss kann generell in den außerbetrieblichen Transport (→Standortplanung), den werksinternen Transport (→ Generalbebauungsplan), den Materialfluss innerhalb von Werkstätten (→Maschinenanordnungsplanung) und Materialbewegungen an einem Arbeitsplatz (→Arbeitsplatzgestaltung) eingeteilt werden (vgl. u. a. VDI-Richtlinie 3300; Kern, 1992, S. 258).

187 Vgl. u. a. VDI-Richtlinie 2411; Kern, 1992, S. 258.

188 Vgl. Kern, 1992, S. 258 f.

189 Vgl. u. a. Kern, 1992, S. 259, S. 262; Arnold und Furmanns, 2009, S. 234.

190 Vgl. u. a. Kern, 1992, S. 265; Arnold und Furmanns, 2009, S. 289.

191 Bei einer Layoutplanung finden beispielsweise die Prinzipien der kürzesten Verkehrswege, der Ausnutzung natürlichen Gefälles, der zentralen Anordnung verkehrsreicher Abteilungen, der räumlichen Geschlossenheit zusammenhängender Bereiche, der Raumfreiheit zur Erweiterungsoption, der räumlichen Isolierung von Gefahrenquellen, der Flexibilität und der Energieversorgung Verwendung (vgl. u. a. Kern, 1992, S. 265; Arnold und Furmanns, 2009, S. 289).

Gebäuden. Hierbei ist besonders auf Energiezufuhr sowie Wärmeabfuhr und Abfallentsorgung zu achten.

Raum- und Transportgestaltung

Die Raumgestaltung beschäftigt sich mit der Kapselung von Betriebsmitteln von ihrer Umwelt, um diese vor äußeren und gegenseitigen Einflüssen, wie beispielsweise Vibrationen oder Abwärme, zu schützen.[192] Die Transportgestaltung[193] konzentriert sich auf den Aufbau von Transporteinrichtungen und -strecken.[194]

Materialflussgestaltung

Die Materialflussgestaltung plant die Arten und Wege des Transports von Werkstücken und Betriebsmitteln innerhalb einer Wertschöpfungskette mit dem Ziel der Kosten- und Durchlaufzeitminimierung. Dass die Durchlaufzeit[195] meist ein Vielfaches der eigentlichen Fertigungszeit beträgt, hängt, wenn die Fertigungsorganisation keine Fließfertigung ist, maßgeblich von den Rüst- und Liegezeiten ab.[196] Hier findet sich das sogenannte Dilemma der Ablaufplanung.[197]

192 In der Praxis werden bei großen Unternehmen die Gebäude funktionsgerecht um die jeweilige Produktion aufgebaut (vgl. Kern, 1992, S. 271), bei kleineren Betrieben geschieht dies, wenn überhaupt nur bei Produktionsneuplanungen oder Erweiterungen. Anforderungen an Gebäude sind vielfältig und berücksichtigen Umwelteinflüsse, Belange der Produktion, innerbetrieblichen Transport und gesetzlichen Vorschriften (vgl. Kern, 1992, S. 271). Darüber hinaus sind auch wirtschaftliche und arbeitstechnische Ansprüche zu berücksichtigen, beispielsweise bezüglich Klimatisierung, Dämmung sowie Unterhalts- und Baukosten (vgl. Kern, 1992, S. 272).

193 „Transport bezeichnet den gesamten Weg eines Produktes vom Beginn der logistischen Wertschöpfungskette bis hin zum Kunden" (Chopra und Meindl, 2007, S. 272). „Das Transportsystem setzt sich aus Transportmitteln und eventuell notwendigen Trägereinrichtungen (Transporthilfsmitteln) zusammen, die vorwiegend der Ortsveränderung von Gütern (Werkstoffen) dienen. Die Transportmittel führen die Transportvorgänge durch" (Nebl, 2011, S. 385).

194 Bei der Transportgestaltung berücksichtigte Größen sind beispielsweise die Art der Transportgüter, die Art der Transportstrecke, die Intensität des Transportes, die Art des Fördermittels, die benötigten Transporthilfsmittel und die Transportsteuerung (vgl. Kern, 1992, S. 272 f.).

195 Die Zeitspanne zwischen der ersten Materialbereitstellung und der Fertigstellung des Produkts oder der Übergabe an den Vertrieb wird in der Literatur als Durchlaufzeit bezeichnet (vgl. Kern, 1992, S. 278).

196 Vgl. Kern, 1992, S. 278 f.

197 Vgl. u. a. Wannenwentsch, 2010, S. 568; Gutenberg, 1983, S. 216 ff.; Kern, 1992, S. 281. Das Dilemma besagt, dass es in der Prozessgestaltung und -steuerung sich gegenseitig ausschließende Zielsetzungen hinsichtlich der Optimierung der Produktionskenngrößen gibt. Eine Zielsetzung im Produktionsablauf ist beispielsweise das Interesse, die Kapitalbindung gering zu halten, was sich in Anstrengungen zur Minimierung der Durchlaufzeit äußert (vgl. Kern, 1992, S. 280). Dem entgegen steht die Forderung nach einer maximalen Ausnutzung der Potentialfaktoren, woraus sich als Zielsetzung die Maximierung der Kapazitätsauslastung ableitet (vgl. Kern, 1992, S. 280). Aufgrund von weiteren gegensätzlichen Zielsetzungen in der Produktion wird in der Literatur

Arbeits- und Auftragsplanung

Die Kernbereiche der Arbeits- und Auftragsplanung sind die Bestimmung der Arbeitsgänge und Arbeitsfolgen sowie die Festlegung der Vorgabezeiten[198] auf Basis von Geometriedaten, Stücklisten der Produkte und der je Periode zu produzierenden Mengen.[199] Dies wird in der Literatur auch als die Arbeitsplanerstellung bezeichnet.[200] Bei den Arbeitsgängen sind Informationen wie Maschinenart, Lohngruppen und Kostenstellen relevant.[201] Die sich anschließende Aufgabe der Arbeitsfolgenplanung beschäftigt sich mit der Reihenfolge der einzelnen Arbeits- bzw. Fertigungsoperationen. Einzelne davon sind bereits technisch vorgegeben, wie bspw. erst bohren, dann Gewinde fräsen, andere sind in ihrer Reihenfolge frei wählbar, z. B. bohren und fräsen. Hierfür sind die richtigen Werkzeuge auszuwählen und bereitzustellen.[202] Diese Aufgabe beschränkt sich jeweils auf einen bestimmten Arbeitsplatz.[203] Die Festlegung der Vorgabezeiten hängt maßgeblich davon ab, wie automatisiert der Arbeitsplatz ist, und ist damit primär von technischen Parametern abhängig.[204] Dabei ist zwischen den Rüstzeiten (Vorbereitung des Arbeitsplatzes) und Ausführungszeiten (eigentliche Auftragsabwicklung) zu unterscheiden.

Die Auftragsplanung geschieht in einem nachgelagerten Schritt, da diese auf den Ergebnissen der Arbeitsplanung aufbaut.[205] Sobald Bedarfe nach einem Produkt bestehen, werden Betriebsaufträge erstellt, welche die Herstellung des Produktes anstoßen. In einem ersten Schritt werden in der Auftragsplanung die Stammdaten aus der Arbeitsplanung herangezogen und durch die auftragsbezogenen Daten ergänzt, um den Produktionsauftrag zu quantifizieren und zeitlich zu fixieren.[206] Aus diesen Informationen werden die Fertigungslose gebildet sowie die zeitlichen Abläufe in der Produktion unter Berücksichtigung laufender Fertigun-

auch von einem Trilemma oder Polylemma gesprochen (vgl. Balve und Aupperle, 2001, S. 138).

198 Vgl. u. a. Kern, 1992, S. 286 f.; Günther et al., 2006, S. 154 f.; Grabner, 2012, S. 5.

199 Vgl. u. a. Günther et al., 2006, S. 152; Grabner, 2012, S. 189.

200 In der Arbeitsplanerstellung finden sich beispielsweise die Aufgaben der Ausgangsteilbestimmung, der Arbeitsvorgangsfolgebestimmung, der Fertigungsmittelauswahl, der Vorgabezeitermittlung und der Bestimmung der Lohngruppe (vgl. u. a. Günther et al., 2006, S. 152; Kurbel, 2011, S. 157).

201 Vgl. Kern, 1992, S. 286.

202 Vgl. Diesch, 1999, S. 38.

203 Vgl. Kern, 1992, S. 286.

204 Vgl. ebenda, S. 287.

205 Vgl. ebenda, S. 290.

206 Vgl. Kern, 1992, S. 290.

gen festgelegt. Die Bildung der Fertigungslosgrößen ist ein Teil der Arbeits- und Auftragsplanung.[207]

Losgrößenplanung

„Unter einem Fertigungslos wird eine bestimmte Anzahl konstruktiv oder technologisch ähnlicher (oder gleicher) Einzelteile (also unfertige Erzeugnisse) verstanden, die gemeinsam in einem Auftrag bei einmaliger Gewährleistung der Rüstzeit pro Arbeitsgang bzw. Arbeitsplatz gefertigt werden."[208]

Vorgabezeitermittlung

Für die Terminplanung sind die Vorgabezeiten[209] für die einzelnen Produktionsschritte die Eingangsgrößen. Diese ermitteln sich aus den Größen der Grundzeit, Erholungszeit und Verteilzeit[210] für die Bereiche des Rüstens und des Fertigens.[211]

Termin- und Reihenfolgeplanung

Die Ergebnisse der Arbeitsplanung bilden den Bedingungsrahmen für die Terminplanung. Ausgehend von allen möglichen Maschinen- und Arbeitsplatzbelegungen gibt es eine Vielzahl von Betrachtungsmöglichkeiten.[212] Die Terminplanung wird aufgrund häufiger Änderungen, wie beispielsweise durch Kapazitätsausfälle (schadens- oder krankheitsbedingt) oder kurzfristige Auftragsänderungen, immer wieder überarbeitet. Eine Terminplanung ist demnach eine im „Zeitverlauf zu vollziehende Konfrontation auftragsbezogener Belastungsdaten mit potentialfaktorbezogenen Kapazitätsdaten."[213] Deshalb wird, besonders bei einer variantenreichen Produktion, die Terminplanung in eine Grobplanung[214] und eine Fein-

207 Vgl. Kern, 1992, S. 287.
208 Nebl, 2011, S. 345.
209 Methoden zur Erhebung der Vorgabezeit sind beispielsweise die Maschinendatenerfassung (Erfassung von Zeiten an einer Maschine), das Zeitaufnahmeverfahren (arbeitsplatzbezogen), Erfassungssysteme für vorbestimmte Zeiten (Kleinstzeitverfahren, Griffzeit, Bewegungszeit; bspw. MTM-Verfahren) oder Multimomentverfahren (Stichprobenbetrachtungen) (vgl. Kern, 1992, S. 294 ff.).
210 Vgl. REFA, 1985, Teil 2, 225 und 211.
211 Vgl. Kern, 1992, S. 292 f.
212 Vgl. ebenda, S. 302.
213 Kern, 1992, S. 302.
214 Eine Termingrobplanung ist eher langfristiger bis mittelfristiger Natur und kann bei Unternehmen

planung[215] unterteilt.[216] Die Termingrobplanung wird in der Literatur weiterhin in die Bereiche der Durchlaufterminierung und Kapazitätsterminierung aufgeteilt.[217]

Die Reihenfolgeplanung geschieht simultan zu der Terminfeinplanung, da jede Änderung in der Reihenfolge einer Abarbeitung sich direkt auf die Terminplanung auswirkt. Die Reihenfolgeplanung ist neben der gleichzeitigen Terminplanung auch deshalb sinnvoll, da hierbei die terminunabhängige Betrachtung der Rüstzeit und der Losgrößen eine zentrale Rolle spielt. Damit eine möglichst optimale produktionswirtschaftliche Anordnung der zu fertigenden Produkte auf einem Arbeitsplatz erreicht werden kann, muss die Produktion in Bezug zu einer Zielgröße[218] optimiert werden.[219] Da diese Zielgrößen nicht alle gleichzeitig verfolgt werden können, gibt es Prioritätsregeln, die das Dilemma der Ablaufplanung zu minimieren versuchen.[220]

---

mit einer weitreichenden Produkt- und Programmplanung über mehrere Jahre in der Zukunft liegen. Deshalb bildet die Termingrobplanung Ecktermine für die Produktion, bezogen auf Kostenstellen und Maschinengruppen, ohne die Produktion dabei im Einzelnen zu betrachten (vgl. Kern, 1992, S. 304). Die Durchlaufterminierung beschreibt die in einer Produktion zu fertigenden Aufträge ohne Betrachtung von Kapazitätsrestriktionen (vgl. u. a. Kern, 1992, S. 304 f.; Wannenwentsch, 2010, S. 560). Kann die geforderte Kapazität (ein Arbeitsplatz, also ein Ort, an dem ein Prozessschritt durchgeführt wird, wird in der Literatur auch als eine Kapazität bezeichnet (vgl. Gronau 2010, S. 134)) nicht bereitgestellt werden, muss in einem nächsten Schritt die Kapazitätsterminierung durch das Vor- oder Rückverlagern einzelner Teilaufgaben der zu planenden Fertigung die zeitgerechte Durchführbarkeit sicherstellen (vgl. Kern, 1992, S. 305). Unter Berücksichtigung von Fertigungsprioritäten oder Optimierungsverfahren (Ressource-Allokation, Manpower-Scheduling etc.) erfolgt dann der Kapazitätsausgleich (vgl. Kern, 1992, S. 305). Einem Arbeitsplatz sind in der Regel Prozesshilfsmittel, also Maschinen und Werkzeuge, sowie Personen zugeordnet. Um die Kapazität eines Arbeitsplatzes zu bestimmen, wird zunächst von organisatorischer Seite her das Schichtmodell bestimmt, welches die nutzbare Zeit eines Arbeitsplatzes festlegt. Abzüglich der Pausen und Störungszeiten kann die Kapazität, beispielsweise für die Produktion, berechnet werden. Auf diese Weise können auch Engpässe in der Produktion frühzeitig erkannt werden (vgl. Gronau, 2010, S. 159).

215 Die Terminfeinplanung ist ein praktisch eigenständiger Planungsprozess (vgl. Kern, 1992, S. 306) und wird in der Literatur auch als Betriebsmittelbelegungsplanung oder Kapazitätsterminierung bezeichnet (vgl. Kurbel, 2011, S. 158). Der betrachtete Zeithorizont liegt bei wenigen Tagen bis zu wenigen Stunden, da auch auf Ausfälle reagiert werden muss (vgl. u. a. Kern, 1992, S. 306; Steinrücke, 2006, S. 8). Damit verfließen die Grenzen zwischen der Terminfeinplanung und der Produktionssteuerung, auf deren Rückmeldungen die Terminfeinplanung angestoßen wird.

216 Vgl. Kern, 1992, S. 304.

217 Vgl. ebenda, S. 304.

218 Zielgrößen sind beispielsweise die Minimierung der Gesamtdurchlaufzeit, die Maximierung der Kapazitätsauslastung, die Minimierung von Terminüberschreitungen bzw. Maximierung der Liefertreue, die Minimierung der Kapitalbindung in der Fertigung oder die Minimierung der Umrüstkosten bei aufeinander folgenden Fertigungsaufträgen.

219 Vgl. u. a. Kurbel, 2011, S. 159; Steinrücke, 2006, S. 9; Wannenwentsch, 2010, S. 569.

220 In der Literatur werden hierfür Prioritätsregeln, wie beispielsweise first come – first served (FCFS), kürzeste Operationszeit (KOZ) oder kürzeste Restbearbeitungszeit als relevant betrachtet (vgl. u. a. Kern, 1992, S. 308; Kurbel, 2011, S. 159 f.; Zäpfel, 2000a, S. 217 ff.; Mertens, 2009, S. 156; Wannenwentsch, 2010, S. 570). Anwendung finden diese Regeln teilweise auch gleichzeitig, selbst wenn diese unterschiedliche Ziele haben, wobei die Relevanz der Liefertreue in der Regel als gravierender eingeschätzt wird als beispielsweise eine schlechtere Betriebsmittelauslastung (vgl. Kern, 1992, S. 308 f.).

Prozess- und Systemstruktur

Die Prozess- und Systemstruktur, die einen Teil der Prozessgestaltung und -steuerung darstellt, besteht u. a. aus der Prozessvorbereitung, IT-Systemkonzeption, Auftragsführung, Prozessüberwachung und Erfolgsüberwachung.[221]

Als Prozessvorbereitung wird in der Praxis üblicherweise die Arbeits-, Fertigungs- oder Produktionsvorbereitung bezeichnet.[222] Das Ziel dieser operativen (Planungs-)Aufgabe ist, alle Aufträge zwischen den Potentialfaktoren aus Sicht des Fließprinzips zu terminieren. Die zentralen Aufgabenstellungen[223] der Prozessvorbereitung sind die Planung und Koordination von Produktionsprozessen.[224]

Die im Rahmen der Planung und Steuerung einer Produktion durchzuführenden Tätigkeiten aller dabei zum Einsatz kommenden Hilfsmittel und deren Verbindungen bilden die Produktionsplanung und das Produktionssteuerungssystem.[225] Mit Hilfe dieser IT-Systemstruktur, die meist stufenweise aufgebaut ist,[226] wird versucht, die Komplexität der Produktionsplanung beherrschbar zu machen. Auf IT-Systeme in der Produktion wird in Abschnitt 2.4.1 eingegangen.

Die Umsetzung der geplanten Aufträge bedarf im Weiteren der Auftragsführung. Die informationstechnische Zusammenführung findet im sogenannten Leitstand statt, von dem aus die Auftragsfreigabe, Terminfeinplanung, Ausgabe der Arbeitsanweisungen und Unterlagen, Arbeitsgangsteuerung und Auftragsüberwachung gesteuert wird.[227] Die Freigaben eines Auftrags zur Produktion setzt die Verfüg-

---

221 vgl. Kern, 1992, S. 314 ff.

222 vgl. ebenda, S. 314.

223 Bezogen auf Kundenaufträge werden innerbetriebliche Aufträge erstellt, aus denen durch Zusammenfassung kleiner Aufträge und Aufteilen großer Aufträge Serien gebildet werden (vgl. Kern, 1992, S. 317). Weitere Schritte der Prozessvorbereitung sind die Arbeitsplanung und Vorgabezeitermittlung sowie ebenfalls die Terminplanung. Anschließend folgen die Materialdisposition und die Ausgabe von Arbeitsanweisungen (vgl. Kern, 1992, S. 317). In der Regel fällt die Aufgabe der Prozessüberwachung und -steuerung ebenfalls in diesen Bereich, da Planabweichungen hier einfacher festgestellt werden können (vgl. Kern, 1992, S. 318). Die Prozessteuerung bezeichnet die Fertigungslenkung und Arbeitsführung, welche die gebliebenen Spielräume einer Produktion in Abhängigkeit der Planungsintensität bestmöglich auszunutzen versucht (vgl. Kern, 1992, S. 319).

224 Vgl. Kern, 1992, S. 317.

225 Vgl. ebenda, S. 320.

226 Vgl. Balve und Aupperle, 2001, S. 137 f.

227 Vgl. u. a. Kern, 1992, S. 346 f.; Kurbel, 2011, S. 155.

barkeit des benötigten Materials voraus; dies kann durch die Verfügbarkeitsprüfung sichergestellt werden.[228]

Die Prozessüberwachung bildet die informationstechnische Basis für die Prozesssteuerung.[229] Die Information über Abweichungen zwischen den geplanten Soll- und operativen Istwerten, bspw. der Auslastungskontrolle, kann Schwachstellen und Engpässe einer Produktion aufdecken.[230] Heutzutage geschieht die Prozessüberwachung in der Regel durch eine (stichprobenartige) Qualitätsprüfung oder Auswertung von Daten aus Betriebsdatenerfassungs- (BDE) bzw. Maschinendatenerfassungssysteme (MDE).[231]

Die Erfolgsüberwachung bezieht sich auf das betriebliche Rechnungswesen. Die Hauptaufgabe ist das Erfassen der innerbetrieblichen Werteströme, um errechnen zu können, welchen Wert eine Produktion generiert.[232] Die Erfolgsüberwachung ist insofern relevant, da hier eine Rückmeldung an das Management geschieht, wie rentabel eine Produktion ist und wie Prioritätsregeln ausgestaltet werden sollen.[233]

Qualitätsmanagement

Im Qualitätsmanagement werden alle Tätigkeiten zum Leiten und Lenken einer Organisation bezüglich der Produktqualität aufeinander abgestimmt.[234] Unter Qualität wird die Gesamtheit von Eigenschaften und Merkmalen eines Produktes bzw. einer Tätigkeit,[235] die sich auf deren Eignung zur Erfüllung gegebener Erfordernisse bezieht, verstanden.[236] Auch aus Qualitätssicht ist ein Produkt das Ergebnis eines Prozesses.[237] Die Beschaffenheit eines Produktes ist die Gesamtheit

228 Vgl. u. a. Vahrenkamp und Siepermann, 2007, S. 153; Kurbel, 2011, S. 156; Gronau, 2010, S. 160.
229 Vgl. Kern, 1992, S. 348.
230 Vgl. ebenda, S. 349.
231 Vgl. u. a. Kern, 1992, S. 349 ff.; Schuh und Lassen, 2006, S. 196, S. 199, S. 223.
232 Vgl. Kern, 1992, S. 356.
233 Durch die Einteilung in Kostenstellen können auch kapitalintensive Arbeitsbereiche erkannt und gezielt verbessert werden..
234 Vgl. DIN EN ISO 9000, 2005
235 Es gibt vier Produktkategorien, die Dienstleistungen (z. B. Transport), die Software (z. B. Rechnerprogramm), die Hardware (z. B. mechanisches Motorenteil) und verfahrenstechnische Produkte (z. B. Schmiermittel) (vgl. DIN EN ISO 9000, 2005).
236 Vgl. u. a. DIN 55350, Teil 11; Westkämper und Warnecke, 2004, S.11.
237 Vgl. DIN EN ISO 9000, 2005.

seiner inhärenten Merkmale und Merkmalswerte.[238] Ein Merkmal ist dabei eine kennzeichnende Eigenschaft[239] oder eine Eigenschaft zum Erkennen oder Unterscheiden,[240] und ein Merkmalswert ist ein dem Zustand zugeordneter qualitativer oder quantitativer Wert.

Aufgaben des Produktionsmanagements aus der Produkt- und Programmplanung

- Make-or-Buy
- Strategieformulierung zu Schaffung und Erhaltung der Wettbewerbsposition
- Verwertungsbezüge industrieller Produkte
- Qualitäts- und Substanzgestaltung
- Standardisierung
- Produktfeld- und Sortimentplanung
- Absatzplanung
- Festlegung von Produktmengen (Primärbedarf)
- Standortplanung
- Verfahrensplanung
- Festlegung des Produktionsablaufs
- Faktoreinsatzmengenplanung
- Kapazitätsplanung
- Bestimmung des Automatisierungs- und Mechanisierungsgrads
- Festlegung der Fertigungsreihenfolge

Tabelle 2: Identifizierte Aufgaben aus der Produkt- und Programmplanung

Die früher übliche Trennung zwischen Fertigung und Qualitätssicherung ist aus wettbewerbswirtschaftlicher Sicht heutzutage nicht mehr praktikabel,[241] da die Prüfungsvorgänge aus Kostengründen in der Fertigung integriert sind.[242] Zum Einsatz können hierfür sowohl Enterprise-Ressource-Planning- (ERP) oder Manufacturing-Execution-Systeme (MES)[243] als auch spezialisierte Qualitätsmanage-

[238] Bei den Merkmalswerten kann zwischen den inhärenten (der Einheit innewohnenden) Werten (z. B. Geometrie, Gewicht) und zugeordneten (z. B. Typbezeichnung) unterschieden werden. Ein Qualitätsmerkmal ist demnach ein inhärentes Merkmal eines Produktes oder Prozesses (vgl. DIN EN ISO 9000, 2005).

[239] Vgl. DIN EN ISO 9000, 2005.

[240] Vgl. u. a. DGQ 2004; DGQ-Band 11–04.

[241] Vgl. u. a. Spath et al., 2001, S. 10; Steinhilper, 2009, S. 287.

[242] Vgl. Gronau, 2010, S. 164.

[243] Begrifflich korrekt ist an dieser Stelle ME-System zu schreiben, da das S in der Abkürzung MES bereits für System steht. In der Literatur und dem allgemeinen Sprachgebrauch hat sich jedoch der Begriff des MES-Systems durchgesetzt, welcher auch in dieser Arbeit Anwendung findet.

mentsysteme[244], die eine langfristige Verbesserung der Unternehmensleistung ermöglichen, kommen.[245]

Aufgaben aus der Potentialgestaltung

- Durchlaufterminierung (Grob- und Feinplanung)
- Kapazitätsterminierung (Grob- und Feinplanung)
- Losgrößenplanung (Grob- und Feinplanung)
- Generelle Layoutplanung
- Arbeitsgestaltung
- Arbeitsplanerstellung
- Arbeitsplatzgestaltung
- Personalbeschaffung und -bereitstellung (Stellenbedarfsplanung)
- Personalweiterbildung
- Personalverwaltung
- Personalentlohnung
- Anlagenbeschaffung und -bereitstellung
- Anlageninstanthaltung
- Anlagenunterhaltung
- Anlagenverwaltung
- Energieversorgung
- Eigenherstellung benötigter Energie
- Energiefremdbezug
- Festlegung von Qualität und Quantität der Werkstoffe bzw. Repetierfaktoren (Sekundär- und Tertiärbedarf)
- Festlegung von Qualität und Quantität der Betriebsstoffe (Werkzeuge)
- Eigenherstellung von Betriebsmitteln
- Nutzorte der Werkstoffe bzw. Repetierfaktoren
- Zeitpunkt der Nutzung von Werkstoffen bzw. Repetierfaktoren
- Nutzorte der Betriebsstoffe
- Festlegung der Beschaffungsart
- Bestimmung der Lagerhaltungsstrategie
- Aufbauorganisation (Produktion)
- Ablauforganisation (Prozess)
- Bildung einer Organisationsstruktur

Tabelle 3: Identifizierte Aufgaben aus der Potentialgestaltung

244 Vgl. Ament, 2003, S. 9 f.

245 Informationen, die in diesen Systemen vorgehalten werden, sind beispielsweise die Seriennummern, die Merkmalsbeschreibungen, die verwendeten Prüfmittelgruppen, Stichproben- und Prüftabellen sowie Fehlerursachen und -orte (vgl. u. a. Hermann und Gembrys, 2008, S. 33; Gronau, 2010, S. 168).

Aus den vorherigen Abschnitten, welche die Produkt- und Programmplanung, die Potentialgestaltung und die Prozessgestaltung und -steuerung betrachtet haben, lassen sich Aufgaben des Produktionsmanagements in industriellen Unternehmen ableiten. In Tabelle 2 bis 4 sind diese aufgelistet.

Aufgaben aus Prozessgestalung und -steuerung

- Optimierung der Layoutplanung (innerbetriebliche Standortplanung)
- Außerbetriebliche Materialflussplanung und Logistik
- Werksbezogene Materialflussbeziehungen und Logistik
- Werkstattbezogene Materialflussbeziehungen und Logistik
- Arbeitsplatzbezogene Materialflussbeziehungen und Logistik
- Festlegung von Transportstrecken
- Bestimmung von Transportintensität und -rhythmus
- Definition geeigneter Förder- und Hilfsmittel
- Steuerung des Gütertransports
- Festlegung von Arbeitsgängen
- Festlegung von Arbeitsfolgen
- Ermittlung und Bestimmung der Vorgabezeiten
- Bildung allgemeiner Fertigungslosgrößen
- Bei Eigenfertigung Ermittlung der Vorlaufverschiebung
- Termin- und Reihenfolgeplanung
- Prozessvorbereitung
- Prozessteuerung und Auftragsführung
- Prozess- und Erfolgsüberwachung
- Anforderungserstellung und Nutzung von (IT-)Systemkonzepten
- Qualitätsmanagement
- Instandhaltung
- Durchlaufzeitterminierung und -überwachung
- Verfügbarkeitsprüfung
- Qualitätsprüfung
- Auslastungskontrolle
- Terminkontrolle
- Auslösen des Fertigungsprozesses bzw. Auftragsfreigabe
- Ausgabe der Arbeitsanweisungen
- Arbeitsanlaitung und Unterlagen für die Fertigung
- Terminfeinplanung und Maschinenbelegung
- Auftragssteuerung und Festlegung der Prioritäten (Push, Pull, FiFo, KoZ, ...)

Tabelle 4: Identifizierte Aufgaben aus der Prozessgestaltung und -steuerung

Zwischenbemerkung

In der vorliegenden Arbeit werden das Produktionsmanagement und die ihm zugeordnete Aufgaben betrachtet. Im vorangegangenen Abschnitt wurden diese Aufgaben durch eine Literaturrecherche identifiziert und dargestellt. Damit das Ziel der Arbeit, das Produktionsmanagement im Kontext der Wandlungsfähigkeit zu unterstützen, erreicht werden kann, wurden zunächst die einzelnen Aufgaben des Produktionsmanagements betrachtet. In einem nächsten Schritt werden die für den Kontext der Wandlungsfähigkeit relevanten Aufgaben in Abschnitt 2.3 identifiziert.

2.3 Aufgaben des Produktionsmanagements in der wandlungsfähigen Produktion

Aus der detaillierten Betrachtung des Produktionsmanagements konnten wichtige Erkenntnisse bezüglich deren Aufgaben abgeleitet werden. Die identifizierten Aufgeben sind in Tabelle 2, Tabelle 3 und Tabelle 4 dargestellt. In diesem Abschnitt werden die identifizierten Aufgaben anhand ihres Bezuges zur Wandlungsfähigkeit bewertet und gefiltert. Auf diese Weise kann die Sicht des Produktionsmanagements auf die Wandlungsfähigkeit einer Produktion dargestellt werden,[246] da diese Aufgaben bei der Informationsversorgung besonders berücksichtigt werden. Zur Feststellung der Relevanz der Aufgaben im Kontext der Wandlungsfähigkeit werden die folgenden Kriterien verwendet:

- sie ist eine unstrukturierte Aufgabe
- sie ist eine nicht einmalige Aufgabe
- sie betrifft die Flexibilität der Prozesse
- sie betrifft die Wandelbarkeit technischer Infrastrukturen
- sie beinhaltet maschinenbezogene Daten

Wichtig für eine Entscheidungsunterstützung ist, dass es sich um eine unstrukturierte Aufgabe handeln muss. Würden strukturierte Aufgaben vorliegen, fiele

[246] Hierbei muss beachtet werden, dass sich die Sicht auf eine Produktion vom jeweiligen Blickwinkel des Aufgabenträgers herleitet (vgl. Dyckhoff, 2003, S. 120).

die Entscheidungsunterstützung in den Bereich des Operations Research. Das Kriterium nicht einmalige Aufgabe bezieht sich darauf, dass die Aufgabe wiederholt im Unternehmen betrachtet wird, da sich sonst günstiger Hilfe von außen, bspw. durch Beratungen, eingeholt werden könnte. Durch die Punkte Flexibilität der Prozesse und Wandelbarkeit technischer Infrastrukturen (vgl. Abschnitt 2.1) werden die Kriterien der Wandlungsfähigkeit abgeprüft. Die Kriterien der Wandlungsfähigkeit wurden anhand der in Abschnitt 2.1 dargestellten Dimensionen der Mobilität, Modularität, Neutralität und Skalierbarkeit und die Flexibilität der Prozesse anhand der Universalität operationalisiert. Der letzte Punkt, die maschinenbezogene Daten, stellt sicher, dass die Aufgaben einen Bezug zu Produktionsmaschinen haben. Aus der Filterung der Aufgaben des Produktionsmanagements anhand der oben genannten Kriterien können die für die Wandlungsfähigkeit relevanten Aufgaben abgeleitet werden, siehe Abbildung 8.

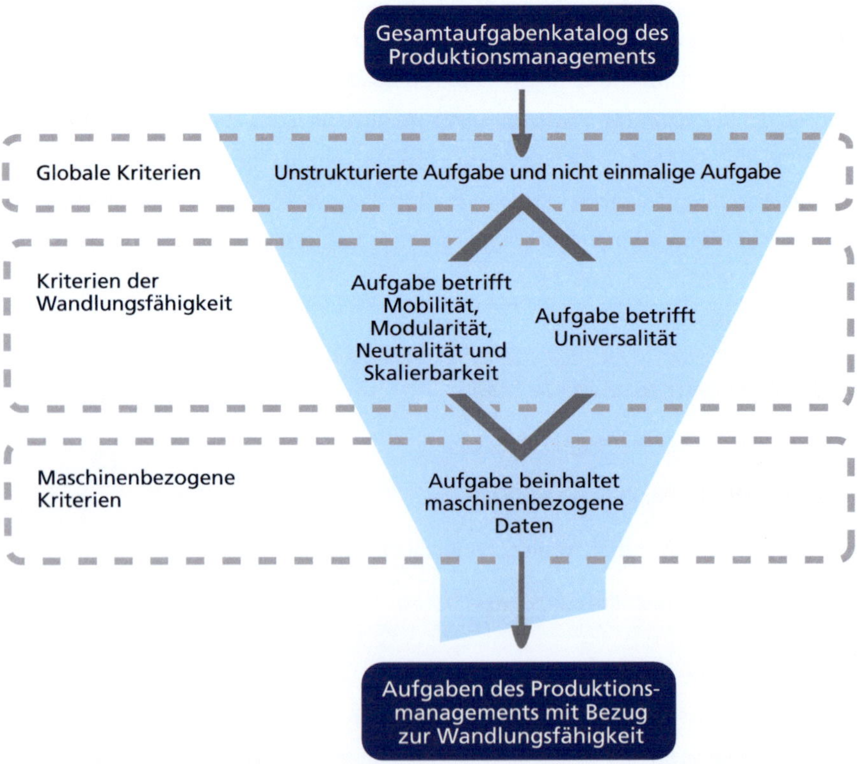

Abbildung 8: Filterung der Aufgaben des Produktionsmanagements

In Tabelle 2 bis 4 sind alle Aufgaben des Produktionsmanagements aufgelistet, welche durch die Literaturrecherche identifiziert werden konnten, Tabelle 5 stellt die gefilterten Aufgaben dar, die anhand der in Abbildung 8 genannten Kriterien ausgewählt worden sind.

Aufgaben des Produktionsmanagements mit Wandlungsfähigkeitsbezug
- Make-or-Buy
- Festlegung der Fertigungsreihenfolge
- Losgrößenplanung (Grob- und Feinplanung)
- Anlagenbeschaffung und Bereitstellung
- Festlegen von Arbeitsfolgen
- Termin- und Reihenfolgeplanung
- Serienbildung
- Planung benötigter Investitionen

Tabelle 5: Gefilterte Aufgaben des Produktionsmanagements

Da einige der in Tabelle 5 identifizierten Aufgaben untereinander eine hohe Ähnlichkeit aufweisen, werden diese zusammengefasst werden. Diese Aufgaben sind:

- Losgrößenplanung und Serienbildung
- Anlagenbeschaffung und -bereitstellung sowie Planung benötigter Investitionen in Maschinen
- Termin- und Reihenfolgeplanung sowie Festlegen von Arbeitsfolgen

Die Aufgaben werden dann unter den folgenden Begriffen weitergeführt. Damit ergeben sich die gefilterten und zusammengeführten Aufgaben, die im weiteren Verlauf betrachtet werden, wie folgt:

- Make-or-Buy
- Prozessoptimierung[247]
- Anlagenbeschaffung und -bereitstellung
- Termin- und Reihenfolgeplanung

[247] Die Losgrößenplanung und Serienbildung werden unter dem Oberbegriff Prozessoptimierung weitergeführt, da sich diese aufgrund der gegenseitigen Abhängigkeit direkt bedingen.

Aus den Aufgaben lässt sich der Informationsbedarf des Produktionsmanagements im Kontext der Wandlungsfähigkeit ableiten und diese dienen daher als Ausgangspunkt für die empirische Studie. In dieser wurden Experten, die in produzierenden Unternehmen im Bereich des Produktionsmanagements tätig sind, bezüglich ihrer Aufgaben und dem daraus resultierenden Informationsbedarf befragt. Durch diese Vorgehensweise wurde eine Zwischenevaluation durchgeführt. Es konnte geprüft werden, ob die identifizierten Aufgaben tatsächlich eine praktische Relevanz und Vollständigkeit auf dem Themenbereich Wandlungsfähigkeit aufzeigen. Der empirische Teil wird in Abschnitt 4 behandelt; dort werden diese Aufgaben anschließend weiter detailliert.

Zwischenbemerkung

In dem vorherigen Abschnitt wurden die identifizierten Aufgaben des Produktionsmanagements anhand der Relevanz im Kontext der Wandlungsfähigkeit gefiltert, damit diese im weiteren Verlauf fokussiert betrachtet werden können und ein Konzept für die Unterstützung von Entscheidungen erarbeitet werden kann. Damit wurde die erste Teilforschungsfrage dieser Arbeit beantwortet. Im Folgenden wird untersucht welche Aufgaben hinsichtlich ihrer für eine Entscheidungsunterstützung benötigten Informationen weiter zu detaillieren sind. Die identifizierten Aufgaben werden häufig durch operative Systeme unterstützt. Deshalb werden im folgenden Abschnitt diese Systeme, sowie die Daten die zur Erledigung der Aufgaben genauer betrachtet.

2.4 Informationsmanagement und IT-Systeme im Kontext der wandlungsfähigen Produktion

Viele der identifizierten Aufgaben werden heutzutage bereits durch etablierte IT-Systeme unterstützt. Daher werden im Folgenden ein Überblick über aktuell relevante IT-Systeme gegeben und die Lücken in der Informationsversorgung aufgezeigt. Zum Schließen der identifizierten Lücken werden bestehende Konzepte aus dem Business Intelligence und Data Warehousing aufgegriffen und erweitert. Daher werden im Folgenden die deskriptiven Grundlagen im Data Warehousing und Informationsmanagement betrachtet.

Das Informationsmanagement (IM) hat dabei die Aufgabe, die Ressource Information bestmöglich einzusetzen,[248] und kann anhand gängiger Konzepte in die Bereiche Management der Informationswirtschaft, der Informationssysteme, der Informations- und Kommunikationstechniken sowie der übergreifenden Führungsaufgaben unterschieden werden.[249]

Den Unternehmen mangelt es in der Regel nicht an Daten, sondern an der Problemstellung, wie aus diesen Daten Informationen und Wissen werden können.[250] Um Unterstützung für eine Entscheidung bereitstellen zu können, werden zunächst die Begriffe der Daten, der Informationen und des Wissens anhand der Informationspyramide, siehe Abbildung 9, erläutert.[251]

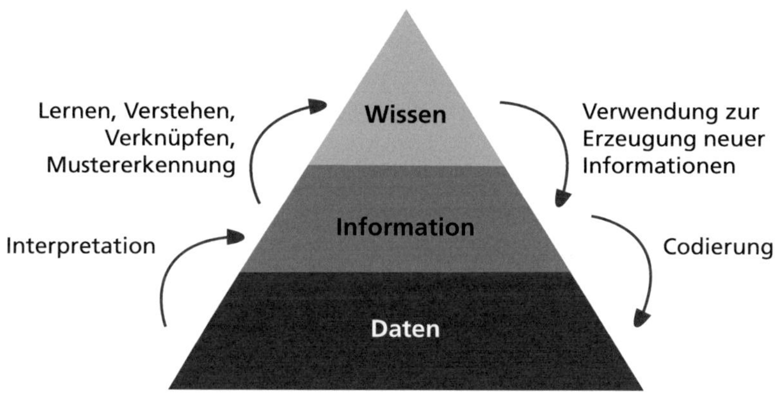

Abbildung 9: Informationspyramide (aus Krcmar, 2010, S. 15; Fink, 2005, S. 67)

Die Basis des Wissens bilden die Daten, welche in verschiedenen Formen an verschiedenen Orten vorliegen. Daten[252] können wie folgt definiert werden: „Daten sind Zeichen oder kontinuierliche Funktionen, die aufgrund von bekannten oder

248 Vgl. Krcmar, 2010, S. 1.

249 Eine tiefergehende Literaturanalyse zum Informationsmanagement, speziell für den Produktionsbereich, findet sich in Koch (vgl. Koch, 2013, S. 9 ff.).

250 Vgl. u. a. Krcmar, 2010, S. 15; Malik, 2000, S. 350.

251 Vgl. Fink et al., 2005, S. 67.

252 Demnach wird unter Daten eine Abfolge von Zeichen verstanden, über deren Bedeutung weitestgehend Konsens besteht und die durch Interpretation mit einem bestimmten Kontext zu Informationen werden (vgl. u. a. Stahlknecht und Hasenkamp, 2005, S. 10; Fink et al., 2005, S. 67).

unterstellten Abmachungen oder vorrangig zum Zwecke der Verarbeitung Informationen darstellen."[253]

Informationen sind die Grundlage für das Wissen über Sachverhalte, Ereignisse, Prozesse oder Ideen und im betriebswirtschaftlichen Sinne zweck- bzw. zielorientiertes Wissen.[254] Sie sind ein immaterielles Gut, das dazu dient, „zweckorientiertes Wissen zu bilden. [...] Der Zweck von Wissen besteht in der Vorbereitung und Durchführung von Handlungen und Entscheidungen".[255] Durch die Verknüpfung verschiedenartiger Informationen werden diese Informationen[256] für den Menschen zu Wissen, welches die jeweilige zu treffende Entscheidung bestimmt. Das aus Informationen gewonnene Wissen ist somit subjektiver Natur, da jede Person aufgrund individueller Erfahrung oder ihres Wissensstandes Informationen unterschiedlich interpretieren kann. Aus diesem Grund müssen Informationen als Basis für eine Entscheidungsunterstützung an den jeweiligen Entscheidungsträger herangebracht werden.[257] Die geeignetste Art und Weise, einen Entscheidungsprozess zu gestalten, bestimmt der Entscheidungsträger selbst, da er die Informationen verstehen, interpretieren und ggf. weiterverarbeiten muss.[258]

Um Informationen in einer geeigneten Form zu dem jeweiligen Entscheidungsträger bringen zu können, ist die Ausgestaltung der zugrundeliegenden Informations- und Kommunikationssysteme von großer Bedeutung.[259] Über die benötigten Informationen gestaltet das Informationsmanagement die Strukturen der Informations- und Kommunikationssysteme, wobei sich aus diesen die Anforderungen an die technische Infrastruktur ableiten lassen.[260] Aus diesem Grund wird das Informationsmanagement in der Literatur in drei Ebenen unterteilt,[261] die in Abbildung 10 dargestellt sind.

253 Vgl. DIN 44300.
254 Vgl. u. a. Stahlknecht und Hasenkamp, 2005, S. 9; Krcmar, 2010, S. 19; Wittmann, 1959, S. 14.
255 Vgl. Voß und Gutenschwager, 2001, S. 24.
256 Damit können Informationen als eine Kenntnis von Sachverhalten bezeichnet werden (vgl. Fink et al., 2005, S. 67), welche heutzutage einen wichtigen Produktionsfaktor darstellen (vgl. Jung, 2006, S. 207).
257 Vgl. Fink et al., 2005, S. 67.
258 Vgl. ebenda, S. 69.
259 Vgl. ebenda, S. 69.
260 Vgl. ebenda, S. 69.
261 Vgl. Wollnik, 1988, S. 38.

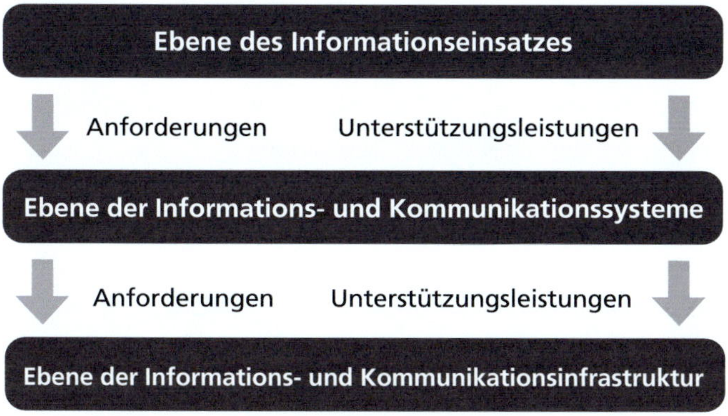

Abbildung 10: Ebenen des Informationsmanagements (aus Fink, 2005, S. 70, in Anlehnung an Wollnik, 1988, S. 38)

Die obere Ebene beschreibt den Informationseinsatz, d. h. die Verwendung von Informationen zu einer Entscheidungsfindung. Dieser Ebene werden Aufgabengebiete zugeordnet, die einen direkten Zusammenhang mit den verwendeten Informationen haben, wie beispielsweide Informationsbedarfsanalysen, Informationsplanung oder Informationsbereitstellung.[262] Auf Basis dieser Aufgabengebiete ergeben sich Anforderungen an die untergeordneten Ebenen der Informations- und Kommunikationssysteme sowie der Informations- und Kommunikationsinfrastruktur. Die Ebene der Informations- und Kommunikationssysteme (IKS) beinhaltet die Wahl des IKS-Systems, der IKS-Entwicklung, des Datenmanagements, der Schulungen sowie die verwendeten Datenbanksysteme.[263] Die untere Ebene des Informationsmanagements beschreibt das Rechner- und Netzwerkmanagement.[264]

Der Informationseinsatz auf der oberen Ebene umfasst die Beschaffung, Verarbeitung und Bereitstellung von Informationen für die Willensbildung des Entscheidungsträgers. In der Literatur wird unter dem Informationseinsatz ein zweistufiger Prozess verstanden, der die Bereiche der Informationsbedarfsanalyse und Informationsbeschaffung einschließlich einer geeigneten Dokumentation beinhaltet.[265] Das Bereitstellen dieser Informationen zur richtigen Zeit am richtigen

[262] Vgl. Fink et al., 2005, S. 69.
[263] Vgl. ebenda, S. 71.
[264] Vgl. ebenda, S. 71.
[265] Vgl. ebenda, S. 73.

Ort zu gegebenen Kosten ist dabei ein wichtiger Punkt, der in der Literatur als Informationslogistik bezeichnet wird.[266] Unter Informationslogistik werden beispielsweise auch die Vorgänge der Planung, Steuerung, Durchführung und Kontrolle der Gesamtheit der Datenflüsse[267] verstanden.[268]

Um die für eine Entscheidung relevanten Daten beschaffen zu können, muss im Vorfeld bekannt sein, welche Informationen für den Entscheidungsträger von Bedeutung sind. In der Literatur wird unter Informationsbedarf die Art, Menge, und Beschaffenheit von Informationen verstanden, die eine Gruppe oder einer Person zur Erfüllung einer Aufgabe benötigt,[269] und es kann zwischen drei verschiedenen Arten des Informationsbedarfs unterschieden werden:[270]

- objektiver Informationsbedarf
- subjektiver Informationsbedarf
- nachgefragter Informationsbedarf

Der objektive Informationsbedarf ist als Art, Menge und Beschaffenheit von Informationen definiert, die eine Gruppe oder eine Person zur Erfüllung einer Aufgabe benötigt. Aus einer solchen Aufgabe ist der Informationsbedarf in der Regel eindeutig konstruierbar, d. h. objektive Informationsbedarfe lassen sich nur aus strukturierten Aufgabenstellungen ableiten.

Der subjektive Informationsbedarf beschreibt diejenigen Informationen, die aus Sicht des Entscheidungsträgers für eine Entscheidung bei unstrukturierten Aufgaben relevant sind. Diese sind ebenfalls nach Art, Menge und Beschaffenheit charakterisiert.

Für eine fundierte Entscheidung spielt der nachgefragte Informationsbedarf (Informationsstand des Entscheiders) eine Rolle. Ausschlaggebend für die Qualität einer Entscheidung ist nicht die Fülle des Informationsangebotes, sondern die des Informationsstandes des Entscheiders.[271] Aus diesem Grund ist es unter Umstän-

266 Vgl. u. a. Fink et al., 2005, S. 73; Krcmar, 2010, S. 58.
267 Hierbei werden nur Datenflüsse betrachtet, welche der Entscheidungsunterstützung dienen.
268 Vgl. Winter et al., 2008, S. 2.
269 Vgl. u. a. Krcmar, 2010, S. 64; Picot, 1988, S. 236.
270 Vgl. Fink et al., 2005, S. 74.
271 Vgl. ebenda, S. 75.

den nicht sinnvoll, dem Entscheidungsträger alle oder (zu) viele Informationen zur Verfügung zu stellen.[272]

Informationsbeschaffung

Im Anschluss an die Erhebung des Informationsbedarfes für den Entscheidungsträger kommt der zweite Schritt, die Informationsbeschaffung. Damit Informationen beschafft werden können, ist es sinnvoll, zuerst die Quellen der Informationen bzw. Daten zu identifizieren. Dem Erkennen und Erheben der Daten folgt das Sammeln und Erfassen der Daten, um diese zu Informationen weiterzuverarbeiten.[273] Kenntnisse werden über den Ort (intern/extern) der jeweiligen Informationsquelle und die Art des Zugangs (Wissen eines Mitarbeiters oder Datenbank) benötigt. Das Ziel ist darin zu sehen, dass einem internen Informationsnachfrager das interne Informationsangebot über die betrieblichen Informationssysteme bereitgestellt wird.[274] Es wird davon ausgegangen, dass interne Informationsquellen zugänglich und jederzeit verfügbar sind, ebenso dass keine oder nur vernachlässigbar geringe Kosten bei einer Datenextraktion entstehen.

2.4.1 Informationssysteme in der Produktion

Informationssysteme sind heutzutage aus produzierenden Unternehmen nicht mehr wegzudenken, da sie einen Großteil des täglichen Arbeitsablaufes prägen. Im Umfeld einer Produktion kommen häufig computergestützte Informationssysteme[275] zum Einsatz.[276] Eine wichtige Klasse sind hierbei die Enterprise-Ressource-Planning-Systeme (ERP), da sie betriebswirtschaftlich relevante Daten erfassen und bearbeiten können[277] sowie Manufacturing-Execution-Systeme (MES), welche einzelne Produktionsprozesse steuern.[278] Im Rahmen der Produkt- oder Produkti-

[272] Für den Fall, dass der Informationsbedarf für mehrere Personen oder Gruppen erhoben werden soll, beispielsweise bei wiederkehrenden oder geografisch verschiedenen Entscheidungen, ist es unter Umständen nicht wirtschaftlich, alle Informationsbedarfe einzeln zu erarbeiten, weshalb häufig eine Priorisierung der Informationen vorgenommen wird (vgl. Fink et al., 2005, S. 75).

[273] Vgl. Krcmar, 2010, S. 74.

[274] Vgl. ebenda S. 74.

[275] Im weiteren Verlauf der Arbeit wird hierfür der Begriff Informationssystem verwendet.

[276] Vgl. Kurbel, 2011, S. 399.

[277] Vgl. Ferstl und Sinz, 2006, S. 225; Leon, 2008, S. 14.

[278] Vgl. Louis, 2009, S. 7 ff.

onsplanung kommen zur Unterstützung der Produktentwickler und Produktionsplaner Computer-aided X (CAx) Systeme zum Einsatz.[279] Im folgenden Kapitel wird ein Blick auf betriebswirtschaftliche und technische Informationssysteme geworfen, die im Bereich der Produktion verwendet werden.

2.4.2 Betriebswirtschaftlich orientierte Informationssysteme

ERP-Systeme

Historisch stammen ERP-Systeme aus den Material-Requirements-Planning-Systemen (MRP), die in den 60er Jahren unter der Prämisse der Unterstützung der Planung, Steuerung und Kontrolle hinsichtlich des Sekundärbedarfs (Material) entstanden sind.[280] Der Begriff MRP war im angelsächsischen Raum gebräuchlich, während im deutschsprachigen Raum solche Informationssysteme als Produktionsplanungs- und -steuerungssysteme (PPS) (zentrales Informationssystem eines produzierenden Unternehmens) bezeichnet worden sind.[281] Aus diesen Konzepten entstanden durch die Anreicherung mit Termin- und Kapazitätsgrößen, wie beispielsweise Beschaffung (Einkauf), Zeitwirtschaft, Planung und Steuerung der Fertigung, die MRP2- (nun auch Manufacturing-Ressource-Planning genannt) Systeme.[282]

Aus der Forderung, dass neben der Produktion auch weitere Bereiche von diesen Informationen Gebrauch machen können und sich ein Unternehmen damit einen Wettbewerbsvorteil verschaffen kann, entstanden die ERP-Systeme mit dem Ziel einer abteilungsübergreifenden Datenhaltung zur Verbesserung der Planung, Steuerung und Kontrolle betriebswirtschaftlicher Funktionen.[283] Durch die stetige Weiterentwicklung der PPS-Systeme haben diese teilweise Funktionalitäten und Komponenten von ERP-Systemen übernommen und ERP-Systeme können Teile der PPS-Systeme darstellen.[284]

279 Vgl. Vajna et al., S. 14 f.
280 Vgl. ebenda, S. 11, S. 99 f.
281 Vgl. Kurbel, 2005, S. 1.
282 Vgl. u. a. Wight, 1984, S. 53 f.; Kurbel, 2003, S. 110; Kurbel, 2011, S. 130; Gronau, 2004, S. 12; Kletti, 2005, S. 6; Luczak und Meyer, 2005, S. 59.
283 Vgl. Kurbel, 2005, S. 3.
284 Vgl. Kurbel, 2011, S. 12, S. 232; Moderne PPS-Systeme, neben dem MRP-System sind dies beispielsweise Kanban-Systeme - ein Kanban-System ist ein nicht computergestütztes Just-in-Time-Produktionskontrollsystem (vgl. u. a. Sugimori et al., 1977, S. 553 ff.; Günther und Tempelmeier, 2012, S. 346 f.) -, belastungsorientierte Auftragsfreigabesysteme (BOA), be-

Produktionsplanungs- und -steuerungssysteme

Die Produktionsplanung und -steuerung (PPS) befasst sich mit der Lösung von Problemstellungen, wie beispielsweise der Prozessoptimierung und der Auftragsterminierung.[285] Auf Basis strukturierter Aufgabenstellungen können diese trotz der stetig steigenden Komplexität und Abhängigkeiten in einer Produktion berechnet werden. Dennoch gibt es heutzutage eine Vielzahl von Problemstellungen, die nicht durch ein mathematisches Verfahren vollständig gelöst werden können.[286] Solche Fragestellungen sind häufig unstrukturierter Natur.[287] Zeitgleich ist zu bedenken, dass das Produktionsmanagement aufkommende Fragen auch unter Kostengesichtspunkten zu lösen hat. Allerdings werden diese Kosten heutzutage nicht durchgehend erfasst oder fortgeschrieben,[288] was einen Unsicherheitsfaktor bei einer Entscheidungsfindung mit sich bringt. Deshalb verwendet die Produktionsplanung und -steuerung häufig sogenannte Ersatzziele, beispielsweise Zeit- oder Mengenziele.[289] Die Kosten sind dennoch einer der größten Treiber bei Entscheidungen rund um die Produktion und werden in der Literatur als entscheidungsrelevante Kosten bezeichnet.[290]

Die in einem ERP-System enthaltenen Daten beinhalten hauptsächlich Stammdaten aus der Materialwirtschaft und Informationen bezüglich der zu beziehenden Ressourcen und Dienstleistungen.[291] Stammdaten beinhalten sich selten ändernde (allgemeine) Informationen, beispielsweise Informationen über Kunden, Produkte, Preise, Skontobildung.[292] Fertigungsbezogene Stammdaten sind beispielsweise

standsgeregelte Durchflussteuerungssysteme (BGD), Optimized-Production-Technologiesysteme (OPT) und Fortschrittszahlensysteme (FZS) (vgl. Wannenwentsch, 2010, S. 497).

285 Vgl. Kurbel, 2011, S. 21.

286 Vgl. ebenda, S. 21.

287 Solche Fragestellungen sind beispielsweise die Produktwahl, die Standortwahl, die Organisation der Geschäftsprozesse oder die Umweltverträglichkeit des Unternehmens (vgl. Kurbel, 2011, S. 22 f.). Innerbetrieblich sind Fragen bezüglich der Layoutplanung, der Mengenplanung und Kapazitätsdimensionierung sowie Termin- und Reihenfolgeplanung zu beachten (vgl. Kurbel, 2011, S. 23).

288 Vgl. Kurbel, 2011, S. 27.

289 Vgl. Kurbel, 2011, S. 27. Solche Ziele sind beispielsweise die Erreichung von kurzen Durchlaufzeiten, hoher Termintreue oder niedrigen Lagerbeständen (vgl. Wiendahl, 1987, S. 19, S. 87 ff.).

290 Entscheidungsrelevante Kosten sind beispielsweise die Vorbereitung der Produktionsanlagen, der Stillstand von Produktionsanlagen, die Lagerung von Materialien, die Nichteinhaltung von Lieferterminen oder die Vermeidung von Terminüberschneidungen (vgl. Kurbel, 2011, S. 26).

291 Vgl. Gronau, 2004, S. 35.

292 Vgl. Gronau, 2010, S. 105.

Ressourcen, Fertigungsprozesse und Produkte eines Werkes.[293] Für die Produktion relevante Stammdaten sind beispielsweise Materialstammdaten und Stücklisten, Maschinendaten, Ressourceninformationen und Arbeitspläne.[294] Neben den Stammdaten werden auch Bestandsdaten, Bedarfsdaten und Bewegungsdaten abgebildet, um die einzelnen Bedarfe steuern und kontrollieren zu können.[295] Abbildung 11 zeigt die in einem ERP-System abgelegten Grunddaten.

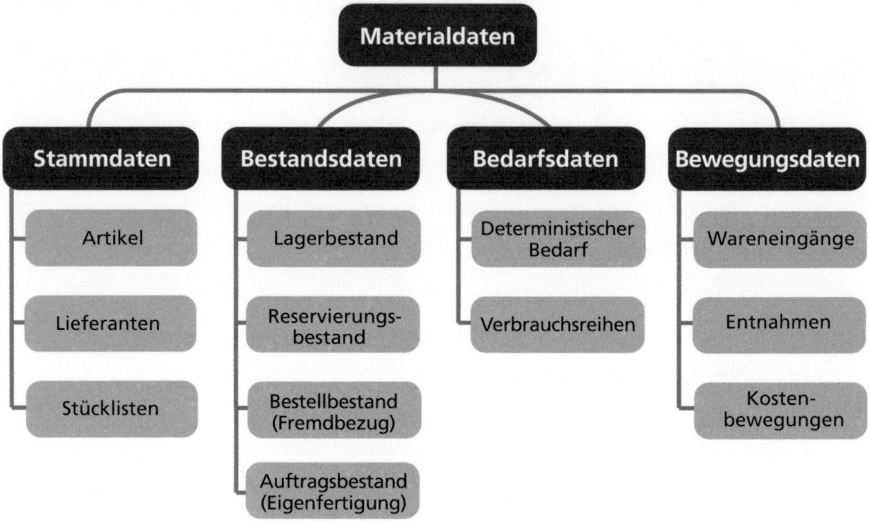

Abbildung 11: Grunddaten der Materialwirtschaft (aus Grupp, 1997, S. 63)

Die Stammdaten beinhalten Daten über Artikel, dazugehörige Lieferanten und deren Stücklisten. Der Bereich Artikel umfasst fachübergreifende Informationen, die von den Bereichen Einkauf, Bestandsführung, Disposition oder Rechnungsprüfung gemeinsam genutzt werden.[296] Hier werden Daten[297] wie beispielsweise

[293] Vgl. Gronau, 2010, S. 126.

[294] Vgl. Loos, 1999, S. 230.

[295] Vgl. Gronau, 2004, S. 35.

[296] Vgl. ebenda, S. 36.

[297] Detailliert enthalten die Teilestammdaten in ERP-Systemen beispielsweise Teilenummern, Variantenkennzeichen, Teilebezeichnungen, Teilebeschreibungen, Teilearten (z. B. Endprodukt, Baugruppe, Hilfsstoff), Maßeinheit (z. B. Stück, Kilogramm, Meter), Formkennung, Zeichnungsnummer, Werkstoff, Dispositionsart (z. B. Eigenfertigung, verbrauchsgesteuert), Wiederbeschaffungszeit, Ausschussfaktor für mengenmäßigen Ausschuss, Ausschussfaktor für rüstabhängigen Ausschuss, Gültigkeitsdatum, ab dem ein Teilenummernsatz gilt, Gültigkeitsdatum, bis zu dem ein Teilenummernsatz gilt, Datum der letzten Änderung, Datum der Erstanlage und zuständiger Sachbearbeiter als Attribute (vgl. u. a. Kurbel, 2011, S. 59; Gronau, 2010, S. 106 ff.).

Materialidentifikationsnummern oder -bezeichnungen abgelegt. In ERP-Systemen werden wichtige Daten, die größtenteils betriebswirtschaftlicher Natur sind, vorgehalten. Diese beinhalten die oben genannten zeit- und kostenbezogenen Informationen über Produkte, die in einer Unternehmung gefertigt werden.

Ein ERP-System kann auch Aufgaben im Rahmen der Fertigungsplanung übernehmen. Da der Auftragseingang und die Erstellung eines Fertigungsauftrages in der Regel von einem ERP-System unterstützt werden und da es Daten an andere im Unternehmen eingesetzte Informationssysteme weitergibt, wird es in vielen Unternehmen auch als das führende System bezeichnet. Der Fertigungsleitstand[298] übernimmt anschließend die Feinplanung, Auftragsfreigabe, Fertigungsüberwachung und gibt Rückmeldungen an das ERP-System weiter.[299] Damit sind in dem System alle Informationen zu dem Auftrag, zur Terminierung und zum Ressourcenbedarf abgebildet.[300]

Aufgrund der Fokussierung von Unternehmen auf Kernkompetenzen und der sich damit reduzierenden Eigenfertigungstiefe ergibt sich eine zunehmende Vernetzung in Form von Lieferketten.[301] Da sich ERP-Systeme auf die Unterstützung unternehmensinterner Aufgaben konzentrieren,[302] ist eine Abbildung der komplexen Lieferanten-Abnehmer-Beziehung nicht möglich. Um diese Lücke zu schließen, wurden Supply-Chain-Management- (SCM) Systeme entwickelt, welche integriert und prozessorientiert die Planung, Steuerung und Kontrolle der Güter-, Informations- und Geldflüsse entlang der Wertschöpfungskette vom Rohstofflieferant bis zum Endabnehmer gestalten.[303] Die Abbildung der Produktionsplanung und -steuerung

298 Ein Fertigungsleitstand übernimmt zentral die Steuerung der aktuellen Produktion, häufig basierend aus den Vorgaben von PPS- oder ERP-Systemen.

299 Vgl. Vahrenkamp, 2008, S. 211 f.

300 Vgl. Gronau, 2004, S. 105.

301 Vgl. Kurbel, 2005 S. 3.

302 Da sie modular aufgebaut sind, können mit Hilfe von ERP-Systemen heutzutage vielseitige betriebswirtschaftliche Prozesse unterstützt werden, bspw. in den Bereichen Materialwirtschaft, Produktionsplanung, Verkauf und Vertrieb, Instandhaltung, Servicemanagement, Qualitätsmanagement, Finanzbuchhaltung, Kostenrechnung und Controlling, Anlagenbuchhaltung, Personalwirtschaft und Projektorganisation (vgl. u. a. Tschandl und Ortner, 2005, S. 25; Gronau, 2010, S. 5; Kurbel, 2011, S. 233). Die Bezeichnungen der Module des ERP-Systems, die diese Funktionalitäten bereitstellen, können je nach Hersteller und aktuellen Markttrends variieren oder unternehmensspezifisch angepasst werden (vgl. Kurbel, 2011, S. 233). Auf dem Markt existieren beispielsweise ca. 130 unterschiedliche ERP-/PPS-Systeme von mehr als 1000 Systemanbietern (vgl. Roesgen und Schmidt, 2006, S. 331 f.).

303 Vgl. u. a. Kuhn und Hellingrath, 2002, S. 10; Arnold et al., 2008, S. 459.

im Rahmen des Supply-Chain-Managements wurde mit der Zeit deutlich komplexer und stieß an die Grenzen der Berechenbarkeit.[304] Aus der Möglichkeit der Nutzung leistungsfähiger Informationstechnologie entstanden weitere Informationssysteme, die heute unter dem Begriff Advanced-Planning-and-Scheduling-Systeme (APS) gefunden werden können.[305]

2.4.3 Technisch orientierte Informationssysteme

Bei den technisch orientierten Informationssystemen sind die Manufacturing-Execution-Systeme (MES), die Betriebsdaten- (BDE) und die Maschinendatenerfassung (MDE) sowie die CAx-Systeme bekannte Vertreter. Einen Überblick über das Zusammenspiel dieser technischen Informationssysteme und den betriebswirtschaftlichen Informationssystemen mit dem Produktentstehungsprozess gibt Abbildung 12. Im Planungsbereich werden für die Produktentwicklung und die Prozessplanung typischerweise CAE-, CAID-, CAD- und CAP-Systeme verwendet, in der Fertigung kommen in der Regel CAM-, CAQ- und BDE-Systeme zum Einsatz.[306] Für die direkte Fertigungssteuerung werden häufig MES- und MDE-Systeme genutzt.[307]

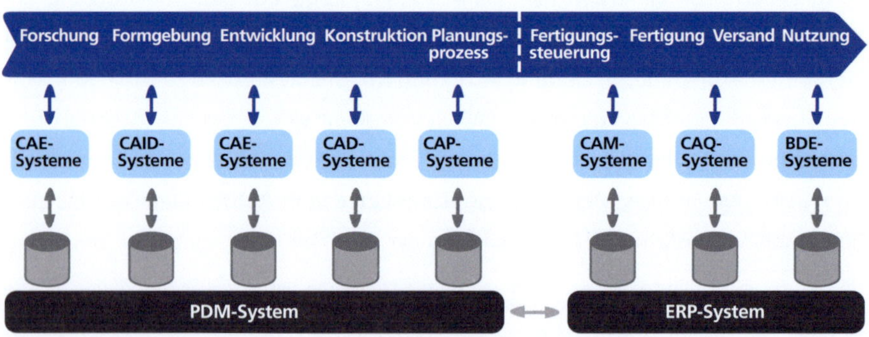

Abbildung 12: Zusammenhang zwischen den IT-Systemen in einer Produktion (aus Vajna, 2009, S. 11)

Im Rahmen dieser Arbeit sind die Planungs- und Fertigungsdurchführungssysteme von Interesse, weshalb auf diese kurz eingegangen wird. Aus den Produktentwick-

[304] Vgl. Kurbel, 2005, S. 4.
[305] Vgl. u. a. Kurbel, 2011, S. 13; Günther und Tempelmeier, 2012, S. 359 ff.
[306] Vgl. u. a. Kurbel, 2011, S. 402; Vajna, 2009, S. 11.
[307] Vgl. u. a. Kletti, 2007, S. 13; Kurbel, 2011, S. 386 f.

lungssystemen sind die Daten des jeweiligen Produkts relevant, die im Rahmen der Wandlungsfähigkeit von Fertigungsmaschinen als konstant betrachtet werden.

Computer-Aided-Planning-Systeme

Computer-Aided-Planning-Systeme (CAP) umfassen die computergestützte Arbeitsplanung sowie die Fertigungsplanung und die verwendeten Daten[308] von Standarderzeugnisstrukturen sowie Auftragsspezifikationen.[309] CAP-Systeme verbinden einzelne Bauteile unter Berücksichtigung von Füge- und Montagefolgen sowie der benötigten Betriebsmitteln zu Produkten.

Auf dieser Grundlage können mit einem CAP-System Arbeitspläne[310] oder NC-Programme für die zu verwendenden Betriebsmittel erstellt werden.[311] In der Literatur wird zwischen verschiedenen Arbeitsplänen unterschieden, den konventionellen Arbeitsplänen, die in Papierform in die Fertigung gelangen, den NC-Programmen, die automatisierten Fertigungseinrichtungen Arbeitsanweisungen in Form von Datensätzen in die Fertigung übertragen, oder den Programmen für Industrieroboter.[312]

In einem CAP-System können, wie in einem ERP-System, Informationen über die Arbeitspläne und deren Abwicklung vorgehalten werden, was zu Redundanzen führen kann, wenn keine Schnittstelle zwischen den Systemen existiert.[313] Daher ist es sinnvoll, in diesem Fall auf einer gemeinsamen Datenbasis aufzubauen oder Schnittstellen für die Primärbedarfsplanung oder Vorkalkulation einzurichten, um z. B. Fehler bei der Generierung oder Terminierung von Fertigungsaufträgen zu vermeiden.[314]

---

308 Als Grundlage werden beispielsweise Konstruktionsmerkmale, Materialeigenschaften, Stücklisten, Toleranzen oder Betriebsmittelstammdaten verwendet (vgl. u. a. Kurbel, 2011, S. 405; Hehenberger, 2011, S. 121).

309 Vgl. u. a. Kurbel, 2011, S. 405; Hehenberger, 2011, S. 121.

310 Das CAP unterstützt verschiedene Arten von Arbeitsplänen (vgl. u. a. Mertens, 2009, S. 38; Wiendahl, 1997, S. 226 ff.; Kurbel, 2011, S. 406), wie beispielsweise die Wiederholplanung, Anpassungsplanung, Variantenplanung und Neuplanung. Der Änderungsumfang ist bei der Wiederholplanung, also beim Ändern der Mengen und Zeitpunkte, am geringsten und bei einer vollständigen Neuplanung, also der Produktänderung durch Kundenspezifikationen, am höchsten.

311 Vgl. u. a. Kurbel, 2011, S. 405; Hehenberger, 2011, S. 121.

312 Vgl. Kurbel, 2011, S. 405 f.

313 Vgl. ebenda S. 406 f.

314 Vgl. ebenda, S. 407.

Computer-Aided-Manufacturing-Systeme

Die Computer-Aided-Manufacturing-Systeme (CAM) unterstützen den Produktionsprozess unmittelbar[315] und behandeln sowohl die technische als auch betriebswirtschaftliche Informationsverarbeitung.[316] Aus diesem Grund wird CAM in der Literatur auch im weiteren Sinne und im engeren Sinne definiert. Die umfassendere Definition beginnt mit der Auftragsfreigabe von der betriebswirtschaftlichen Seite und mit der NC-Steuerung auf der technischen Seite.[317] Im engeren Sinne wird CAM als technische Abwicklung der Produktion verstanden.[318] Dieser Teil des CAM beinhaltet Produktionsmaschinen (NC-, CNC- und DNC-Maschinen)[319], Roboter, fahrerlose Transportsysteme, Handhabungs- und Lagersysteme sowie flexible Fertigungssysteme.[320]

Aufgrund der von CAM unterstützten Bereiche, z. B. Lagerhaltung, Maschinen und Transportmittel, ist eine enge Verbindung mit einem ERP-System sinnvoll, da z. B. die Lagerstrukturierung, d. h. geplante Entnahmen bei der Produktion, Anzahl Plätze je Materialart etc., für die Planung im Bereich der Materialwirtschaft wichtige Informationen enthält.[321]

Computer-Aided Quality

Die Qualitätssicherung in einem Unternehmen kann von Computer-Aided-Quality-Systemen (CAQ) unterstützt werden. CAQ wird hierbei als eine phasenübergreifende Aktivität verstanden, welche den gesamten computergestützten

315 Eine Vielzahl komplexer Produktionsprozesse lassen sich heutzutage an Computern simulieren, bevor Investitionen in Maschinen, Werkzeuge, Vorrichtungen etc. getätigt werden (vgl. Schneider, 2013, S. 26).

316 Vgl. Kurbel, 2011, S. 408.

317 Vgl. u. a. Scheer, 1997, S. 268; Hehenberger, 2011, S. 122.

318 Vgl. u. a. Kurbel, 2011, S. 408; Hehenberger, 2011, S. 122 f.

319 NC steht für »Numerical Control«, also numerische Steuerung und bezeichnet ein Gerät zur Steuerung von Werkzeugmaschinen. CNC steht für »Computerized Numerical Control« und bedeutet computergestützte numerische Steuerung, hierbei unterstützt die computergesteuerte Auswertung von Drehwinkeln und Steuersignalen die Fertigung. DNC ist die Abkürzung von »Direct Numerical Control« und bezeichnet die Möglichkeit, ein Maschinenprogramm auf einem Büro-PC anwenden und simulieren zu können (vgl. Hehenberger, 2011, S. 79 f.).

320 Vgl. u. a. Kurbel, 2011, S. 408; Hehenberger, 2011, S. 121.

321 Vgl. Kurbel, 2011, S. 411. Auch die Maschinen und Transportmittel sowie deren mittel- und langfristige Zuteilung sind für die Kapazitätsplanung relevant, da mit diesen Informationen Terminierungen von Kundenaufträgen oder eine kurzfristige Umdisponierung für kundenspezifische Anforderungen mit größerer Sicherheit geplant werden können (vgl. Kurbel, 2011, S. 411).

Bereich umfasst.[322] CAQ-Systeme werden häufig für Fehler-Möglichkeits- und Eintritts-Analyse (FMEA) verwendet; für diese Arbeit sind diese Systeme nur hinsichtlich der Prüfung von Bauteilen, beispielsweise bezüglich der Einhaltung von Fertigungstoleranzen, relevant.[323]

Manufacturing-Execution-Systeme

Die Anforderungen an MES-Systeme wurden bereits in den frühen achtziger Jahre formuliert und fanden die ersten Aufgabenstellungen in der Sammlung von produktionsnahen Daten.[324] Die Problemstellung bestand darin, dass die Unternehmensführung für Auswertungen unabhängige Systeme zur Datensammlung einsetzte.[325] Mit der Einführung der MRP2- und ERP-Systeme (vgl. Abschnitt 2.4.2) bestand weiterhin eine Lücke zwischen der Produktion selbst und den betriebswirtschaftlichen Prozessen des Managements, die es durch die MES-Systeme für eine Realisierung des Integrationsgedankens der ERP-Systeme zu schließen galt.[326]

Definiert werden kann ein MES-System nach dem Verständnis der MESA International (Manufacturing Enterprise Solution Association)[327] und APICS (American Production and Inventory Control Society, heute The Educational Society for Resource Management genannt)[328] wie folgt: „Ein Manufacturing-Execution-System[329] ist ein Informationssystem für die Fertigung, das ERP-, CAx- und technische Steuerungssysteme um die Feinplanung, Steuerung und Überwachung der Fertigungsressourcen und der Fertigungsaufträge ergänzt."[330]

Für die Koordination einer Produktion ist es notwendig, den aktuellen Zustand der Produktion zu kennen.[331] Dieser Umstand setzt voraus, dass eine regelmäßige

322 Vgl. u. a. Kurbel, 2011, S. 412 f.; Pfeiffer, 2001, S. 166.
323 Vgl. Pfeiffer, 2001, S. 169.
324 Vgl. Kletti, 2007, S. 13.
325 Vgl. ebenda, S. 13 f.
326 Vgl. Kurbel, 2011, S. 355.
327 Vgl. www.mesa.org.
328 Vgl. www.apics.org.
329 In der VDI-Richtlinie 5600 sind acht Aufgabenbereiche beschrieben, die ein MES-System unterstützen sollte, die Feinplanung und -steuerung, das Betriebsmittelmanagement, das Materialmanagement, das Personalmanagement, die Datenerfassung, die Leistungsanalyse, das Qualitätsmanagement und das Informationsmanagement (vgl. u. a. VDI, 2007, Richtlinie 5600; Kurbel, 2011, S. 358; Kletti, 2006, S. 22).
330 Kurbel, 2011, S. 357.
331 Bevor MES-Systeme Einzug in die Produktionen hielten, wurden die Fertigungen mit Hilfe

Rückmeldung aus dem Umfeld der Produktion stattfindet. Diese relativ einfache Forderung stößt in der Praxis heutzutage allerdings immer noch auf Schwierigkeiten in der Umsetzung.[332] Damit Daten aus einer Produktion erfasst und dargestellt werden können, kommen Betriebsdatenerfassungs- (BDE) und Maschinendatenerfassungssysteme (MDE), die in der Regel Bestandteil von MES-Systemen sind, zum Einsatz. Ziel der MES-Entwicklung ist es, dezentral anfallende Daten in einer zentralen Produktionsdatenbank zu speichern, damit eine Fertigung als Gesamtbild dargestellt werden kann und Entscheidungen in der Prozessoptimierung in Echtzeit und ortsungebunden unterstützt werden können,[333] bisher ist dieser Ansatz allerdings nur für einzelne Anlagen umgesetzt.

Ein BDE-System erfasst Betriebsdaten, wie beispielsweise produzierte Mengen, benötigte Zeiten, Zustände der Betriebsmittel, Lagerbewegungen und Qualitätsmerkmale.[334] Geschieht eine Datenerfassung direkt an den Maschinen, so fällt dies in den Aufgabenbereich der MDE-Systeme.[335] Diese Daten werden durch die direkt an der Maschine verbaute Sensorik erfasst und zeichnen den jeweiligen durchgeführten Fertigungsprozessschritt auf.[336] Für die Produktions- und Programmplanung sind diese Informationen von essentieller Bedeutung. Qualitätsdaten, wie

von Leitständen gesteuert und kontrolliert (vgl. Kurbel, 2011, S. 361). Eine Ausprägung dieser Leitstände war beispielsweise die Plantafel, auf der alle relevanten Betriebsmittel geordnet abgebildet sind (vgl. Kurbel, 2011, S. 361). Das Ziel war schon damals die Informationszusammenführung an einem Ort zur Erhöhung der Transparenz zur Entscheidungsfindung an einem zentralen Ort. Die bedeutenden Nachteile der Plantafeln lagen allerdings auf der Hand. Je nach Größe der Produktion in einem Unternehmen wurden Plantafeln relativ groß und konnten Größen von 15 Quadratmetern erreichen. Auch eine Umdisponierung in der Fertigung musste von Hand nachgeholt werden, was sich als Nachteil auf die Aktualität und die Richtigkeit der Plantafel auswirken konnte. An Auswertungen oder Simulation alternativer Prozesswege war nicht zu denken (vgl. Kurbel, 2011, S. 361 f.).

332 Vgl. u. a. Kurbel, 2011, S. 386; Deisenroth, 2013, S. 21.

333 Vgl. u. a. Deisenroth, 2013, S. 20; Tosse, 2011, S. 40.

334 BDE-Daten sind beispielsweise Auftragsdaten (Start-/Endtermine von Arbeitsgängen, Bearbeitungszustände, gefertigte Stückzahlen etc.), Maschinen- und Betriebsmitteldaten (Lauf-/Stillstandszeiten, Auslastungsgrade, Störungen etc.), Fertigungshilfsmitteldaten (Werkzeugdaten, Vorrichtungen, Maschinenprogramme etc.), Lager- und Materialdaten (Zu-/Abgänge, Bestände, Reservierungen etc.), Prozessdaten (prozessabhängig, werden für die Qualitätsmessung benötigt) oder Qualitätsdaten (Prüf-/Messwerte, Fehlerkennziffern, Ausschussgründe etc.) (vgl. u. a. Kurbel, 2011, S. 386; Kletti, 2007, S. 121 ff.; Loos, 1999, S. 246 f.).

335 Vgl. Kurbel, 2011, S. 387. Da heutzutage vermehrt automatisierte Erfassungstechnologien zum Einsatz kommen, werden die Begriffe der MDE und BDE häufig als Einheit verwendet (vgl. Kurbel, 2011, S. 387). Betriebsdaten werden in der Regel zweckgebunden erhoben und ausgewertet (vgl. Kurbel, 2011, S. 388).

336 An der Maschine direkt auslesbare Größen sind beispielsweise Zählimpulse, Taktungen, Betriebssignale, die Gewichtsbestimmung über Waagen, Kommunikation mit der Anlagensteuerung (SPS), Prozesskommunikation per Object Linking and Embedding for Process Control (OPC) (vgl. Kurbel, 2011, S. 394).

beispielsweise Materialbeschaffenheit, Temperaturen und Toleranzen,[337] belegen, wie sicher ein Prozess in seiner aktuellen Konfiguration ein Produkt fertigen kann. Die Ausschussquoten und die störungsbedingten Stillstandzeiten sind wichtige Merkmale, die bei einer Produktions- und Programmplanung zu berücksichtigen sind.[338]

Für Planungsaufgaben sind die Daten aus BDE-Systemen von hoher Bedeutung, da sie für kommende Entscheidungen eine Grundlage bilden können. Daher müssen diese Informationen verfügbar, plausibel und vorverdichtet sein.[339] Aus diesem Grund ist eine Ankopplung der BDE-/MDE-/MES-Systeme an das ERP-System eine wichtige Voraussetzung. Auch von technischen Systemen werden diese Daten genutzt, da beispielsweise CAQ-, CAP- oder CAM-Systeme diese Daten für die Steuerung automatisierte Transportsysteme oder automatisierte Materialbereitstellung verwenden.[340] Für die CAQ-Systeme spielen die BDE-Daten eine grundlegende Rolle, da nur dann eine lückenlose Rückverfolgung und Qualitätssicherung möglich ist. BDE- und MDE-Daten können daher von einer Vielzahl verschiedener Quellsysteme[341] stammen.

Betriebswirtschaftlich orientierte Informationssysteme bauen häufig auf den technisch orientierten Systemen auf, weil diese Daten über Produkte, z. B. Stücklisten,[342] für ihre Aufgaben benötigen. In den achtziger Jahren entstand das umfassende Konzept des Computer-integrated Manufacturing (CIM), dessen Zielsetzung eine Integration betriebswirtschaftlicher und technischer Aufgabenstellungen darstellte. Heutzutage ist der Ansatz des CIM noch nicht realisiert, doch die Anzahl der Anwendungssysteme nimmt weiter zu und ein integrierter Gesamtansatz ist derzeit nicht zu erkennen.

337 Vgl. Kurbel, 2011, S. 398.

338 Vgl. ebenda, S. 398.

339 Vgl. Loos, 1999, S. 247.

340 Vgl. Kurbel, 2011, S. 391.

341 Zum Einsatz kommende Technologien für die BDE- und MDE-Systeme sind beispielsweise Strichcodes (Barcodes), Markierungsbelege, Kunststoffkarten, Chipkarten oder RFID-Tags (vgl. Kurbel, 2011, S. 393).

342 Stücklisten beschreiben die Zusammensetzungen von Enderzeugnissen (vgl. u. a. Gronau, 2004, S. 36; Gronau, 2010, S. 73 f.). Diese Informationen bilden die Grundlage für die Produktionsplanung und -steuerung und werden für die Kalkulation und innerbetriebliche Materialdisposition (Sekundärbedarfsermittlung) verwendet (vgl. u. a. Gronau, 1999, S. 61; Gronau, 2010, S. 126 f.; Zahn, 1996, S. 327 f.; Schneeweiß, 2002, S. 203 f.; Corsten, 2004a, S. 399 f.).

Zwischenbemerkung

Aus den computergestützten Informationssystemen eines Unternehmens können fast alle wichtigen Daten über Produkte, Prozesse und Maschinen gewonnen werden. Diese Daten könnten den entsprechenden Entscheidungsträgern zugänglich gemacht sowie entsprechend aufbereitet werden und auf diese Weise einen Beitrag zur Verbesserung der Entscheidungsunterstützung bieten.

2.4.4 Managementunterstützungssysteme

Für die Bereitstellung und Nutzung von Informationen und Wissen kommen die Management-Support-Systeme (MSS) zum Einsatz. Hierunter werden Systeme zusammengefasst, welche das Management von Standardentscheidungen bis zu Einzelentscheidungen unterstützen können.[343] Diese unterscheiden sich im Grad der Unterstützung, von (automatisch) generierten Reports (Management-Informations-Systeme) bis zur Durchführung von (teil-)automatisierten Entscheidungsprozessen, welche Methoden und Modelle (Decision-Support-Systeme) und wissensbasierte Expertensysteme für eine automatische Lösungsgenerierung benötigen.[344]

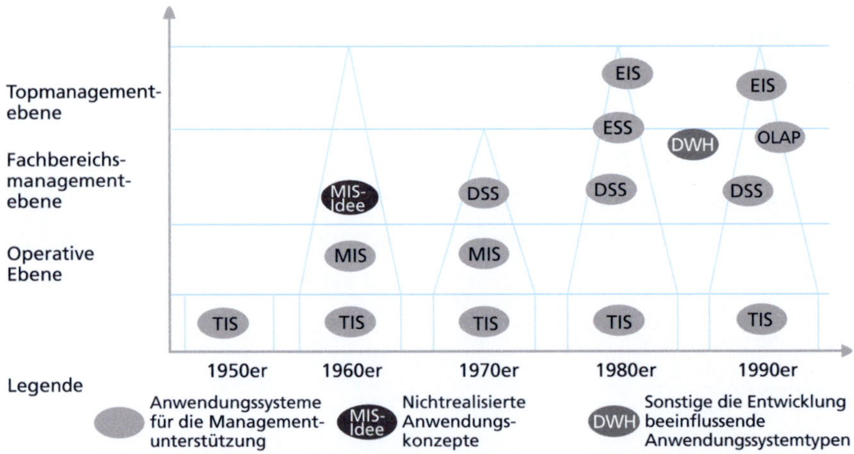

Abbildung 13: Zeitliche Entwicklung von Management-Support-Systeme (aus Stroh, 2010, S. 15 nach Knackstedt, 2006, S. 75 ff.)

[343] Vgl. u. a. Fink et al., 2005, S. 82; Kemper et al., 2010, S. 1. Hierunter fallen die Management-Information-Systeme (MIS), Decision-Support-Systeme (DSS) und Executive-Information-Systeme (EIS) (vgl. u. a. Chamoni und Gluchowski, 2006, S. 6 ff.; Winter et al., 2008, S. 5 ff.).

[344] Vgl. u. a. Chamoni und Gluchowski, 2006, S. 6 f.; Fink et al., 2005, S. 81.

Abbildung 13 zeigt die historische Entwicklung der Management-Support-Systeme aufgeteilt nach den Management-Hierarchieebenen eines Unternehmens, zu dessen Unterstützung sie konzipiert worden sind.

Die Basis für eine Managementunterstützung bilden seit den fünfziger Jahren des letzten Jahrhunderts transaktionsorientierte Informationssysteme (TIS), welche auf der operativen Ebene die Geschäftsprozesse unterstützen. Anfang der sechziger Jahre entwickelte sich die Idee, Daten aus den transaktionsorientierten Informationssystemen zur Kontrolle durch das Management zu extrahieren und aufzubereiten. Aus dieser Idee entstanden die Managementinformationssysteme, welche die unteren Fachbereichsmanagementebenen mit generierten Berichten über Gegebenheiten im Unternehmen informieren. Für die Unterstützung höherer Managementebenen waren diese Berichte (noch) nicht geeignet, da die bereitgestellten Informationen keine ausreichende Grundlage für zu treffenden Entscheidungen darstellten.[345] In den siebziger Jahren entwickelten sich die Decision-Support-Systeme, die sich von den MIS differenzierten und die Spezialberichte und -auswertungen ermöglichten und damit den Entscheidungs- und Planungsprozess effektiver unterstützen konnten.[346] Abbildung 14 illustriert die Bestandteile eines typischen Managementunterstützungssystems.

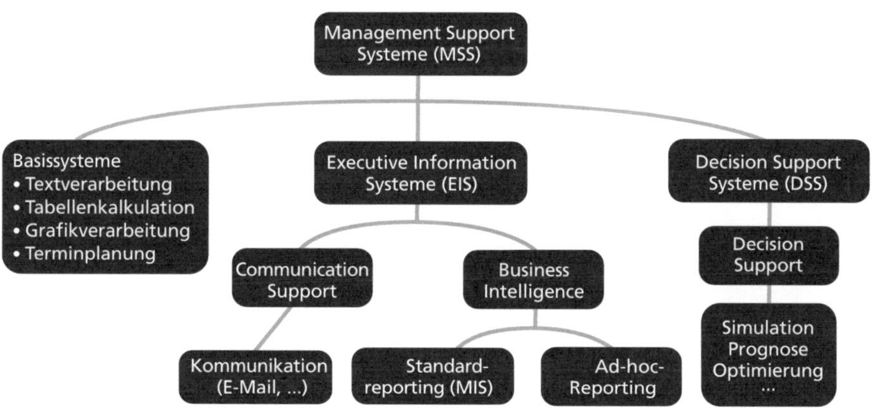

Abbildung 14: Komponenten der Managementunterstützungssysteme (aus Chamoni und Gluchowski, 2006, S. 9)

345 Vgl. u. a. Ackoff, 1967, S.147 ff.; Chamoni und Gluchowski, 2006, S. 7; Knackstedt, 2006, S. 76 ff.
346 Vgl. Chamoni und Gluchowski, 2006, S. 7.

In den achtziger Jahren wurden die Entscheidungsunterstützungssysteme weiterentwickelt; diese waren in der Lage, mit Hilfe von EIS und ESS die oberen Managementebenen eines Unternehmens zu unterstützen. Diese Entwicklung führte allerdings zu den jeweils an die entsprechenden Managementebenen angepassten und spezialisierten Systemen mit unterschiedlicher Datenaktualität und -qualität.[347] Für Entscheidungen aus den oberen Managementebenen, welche zunehmend verknüpfte Information aus verschiedenen Ebenen und Bereichen eines Unternehmens benötigten, barg dies Schwierigkeiten. Daraufhin wurde versucht, Daten zusammengefasst vorzuhalten, um Analysen zur individuellen, spezialisierten Entscheidungsunterstützung zu ermöglichen. Anfang der achtziger Jahre wurde hierfür der Ansatz für ein Data Warehouse (DWH) definiert.[348] Darauf basierend wurde das eigentliche Data Warehouse entwickelt, welches in der Regel für Analysen und Planungsaufgaben Verwendung findet.[349] Ein wichtiges Merkmal eines DWH ist seine physikalische Trennung von den operativen Systemen.[350] In einem DWH können sowohl Geschäfts-[351] als auch Metadaten[352] gespeichert werden.[353] Mit Hilfe von Extraktions-, Transformations-, und Ladeprozessen (ETL)[354] können Quelldaten aus unterschiedlichen IT-Systemen in einem DWH zusammengefasst und mit Hilfe eines einzelnen Systems analysiert werden.[355] Die wesentlichen Eigenschaften eines DWH sind:[356]

- Subjektorientierung (fachbezogen); dies bedeutet, dass Daten, die in einem Data Warehouse abgelegt werden, einen Bezug zu der Themenstellung haben, die ausgewertet werden soll, beispielsweise bestimmte Produkte oder Kundengruppen.[357]

347 Vgl. Knackstedt, 2006, S. 77.
348 Vgl. Inmon, 2002, S. 31.
349 Vgl. Devlin und Murphy, 1988, S. 60 ff.
350 Vgl. u. a. Gronau, 2010, S. 237; Kemper et al., 2010, S. 25.
351 Geschäftsdaten bilden die Grundlage für die zu verwendenden Informationen, welche durch Ableitung und Konsolidierung entstehen.
352 In der Datenverarbeitung werden unter Metadaten allgemein alle Arten von Informationen verstanden, die für die Analyse, den Entwurf, die Konstruktion und die Nutzung eines Informationssystems erforderlich sind (vgl. Kemper et al., 2010, S. 47).
353 Vgl. u. a. Gomez et al., 2006, S. 7 f.; Gronau, 2010, S. 238.
354 ETL-Prozesse übernehmen die Filterung, Harmonisierung, Aggregation und Anreicherung von Daten aus operativen Systemen, um aus diesen managementrelevante Informationen zu generieren, die in einem DWH abgelegt werden können (vgl. Kemper et al., 2010, S. 26 f.).
355 Vgl. u. a. Prändl, 2003, S. 236; Kemper et al., 2010, S. 25. Einem Data Warehouse kommen damit Sammel-, Integrations-, Distributions- und Qualitätssicherungsfunktionen zu (vgl. Kemper et al., 2010, S. 39).
356 Vgl. u. a. Inmon, 2002, S. 31; Kemper et al., 2010, S. 19 ff.
357 Vgl. Chamoni und Gluchowski, 2006, S. 13.

- Integration (vereinheitliche Datenstruktur); Ziel der vereinheitlichten Datenstrukturen ist ein konsistenter Datenbestand der Daten aus einer Vielzahl von heterogenen Systemen aufnehmen kann.[358]

- Nicht-Volatilität (dauerhaft, nicht flüchtig); damit sinnvolle Analysen gefahren werden können, ist es wichtig, dass historische Daten ebenso wie aktuelle gesichert und vorgehalten werden. Nur auf diese Weise ist ein Vergleich verschiedener Entscheidungen oder der Erfolg von Kampagnen sichtbar.

- Zeitbezug; ermöglicht, verschiedene Daten über Dimension miteinander zu verknüpfen, um Zusammenhänge erkennen zu können.

Die Daten können relational[359] in einem DWH abgelegt werden, um verschiedenste Verknüpfungen zu ermöglichen.[360] Für Analysezwecke hat sich der Ansatz von sogenannten fachbezogenen und multidimensional modellierten Data Marts, anstelle der Verwendung des direkten Zugriffs auf ein zentrales DWH, durchgesetzt.[361] Auf diese Weise sollten den jeweiligen Fachbereichen eines Unternehmens nur die Informationen vorliegen und zugänglich gemacht werden, die auch für die jeweilige Entscheidung benötigt werden. Durch die Verwendung der multidimensionalen Modellierung können verschiedene Fakten oder Daten über die Dimension Zeit miteinander in Verbindung gebracht werden.[362] Da der Betrieb eines DWH deutlich mehr als nur eine integrierte Datenhaltung umfasst, hat sich in der Literatur der Begriff des Data Warehousing durchgesetzt. Dies beinhaltet zusätzlich zur Datenhaltung sämtliche Prozesse, die für einen Betrieb benötigt werden, beispielsweise die ETL-Prozesse.[363] Der Ansatz des Data Warehousing kann über verschiedene Architekturen realisiert werden.[364] Eine wichtige Architektur ist die Verwendung von Data Marts,[365] die auf einem zentralen Data Warehouse aufbau-

[358] Vgl. Chamoni und Gluchowski, 2006, S.13.

[359] Relationen werden in Form zweidimensionaler Tabellen abgebildet, die einen eindeutigen Namen besitzen. Die Spalten der Tabelle beinhalten Attributswerte. Die Zeilen sind eindeutig über Primärschlüsselausprägungen identifizierbar und repräsentieren zusammengehörige Werte für eine Entität oder Beziehung (vgl. Kemper et al., 2010, S. 61).

[360] Vgl. Kemper et al., 2010, S. 61 f.

[361] Vgl. Sen und Sinha, 2005, S. 80.

[362] Vgl. Kemper et al., 2010, S. 66.

[363] Vgl. Bauer und Günzel, 2004, S. 75 ff.

[364] Vgl. Kemper et al., 2010, S. 21 ff.

[365] „Data Marts sind kleinere Datenpools für eine Klasse von Applikationen, die üblicherweise für einen eingeschränkten Benutzerkreis aufgebaut werden. Ihre Daten werden in aller Regel

en. Diese Gestaltungsart ist besonders bei unabhängigen Funktionalbereichen mit unterschiedlichen Informationsbedarfen interessant. Die Entscheidung, ein Data Warehouse als Grundlage der Datenhaltung in dieser Arbeit zu wählen, folgt aus den Faktoren der hohen Datenheterogenität, der Fokussierung der Leistungsfähigkeit operativer Systeme auf die Produktion[366] sowie der zentralen Aufgabe, diese Entscheidungsträgern zugänglich zu machen.

Damit auf einem DWH Analysen durchgeführt werden können, ist es sinnvoll, die Daten entsprechend aufzubereiten und multidimensional zu modellieren. Eine häufig Verwendung findende Modellierungsvariante ist das Star-Schema. Ein Star-Schema, dessen Name sich aus seinem sternförmigen Aussehen ableitet, besteht aus einer Faktentabelle und mehreren Dimensionstabellen.[367] Fakten sind messbare numerische Kennzahlen, die aus zusammenhängenden Daten abgeleitet werden können.[368] Dimensionen sind voneinander abgegrenzte Größen, welche die Fakten aus unterschiedlichen Sichten beschreiben können.[369] Innerhalb der Dimensionen können Hierarchien existieren, in welche sie weiter unterteilt werden können.[370] Gegenüber anderen Modellierungsarten bietet eine Darstellung der Daten mittels eines Star-Schemas mehrere Vorteile:[371]

- einfache und intuitive Darstellung
- geringe Anzahl von Join-Operationen
- geringe Anzahl physischer Data-Warehouse-Tabellen
- geringer Aufwand bei der Wartung

Da die Daten damit multidimensional modelliert werden können und die Performanz eine eher untergeordnete Rolle spielt, wird das Star-Schema als Modellierung verwendet, da der Fokus dieser Arbeit auf der Machbarkeit liegt.

mit Hilfe weiterer Transformationsprozesse aus dem Core Data Warehouse extrahiert" (Kemper et al., 2010, S. 26).

366 Vgl. Dill, 2013, S. 10. Dies Bedeutet, dass operative Systeme bei Analysenvorgängen nicht belastet werden sollen.

367 Vgl. Kemper et al., 2010, S. 66.

368 Vgl. ebenda, S. 66.

369 Vgl. ebenda, S. 66.

370 Vgl. ebenda, S. 66.

371 Vgl. ebenda, S. 69.

Business Intelligence

Der Begriff Business Intelligence (BI) wurde durch die Gartner Group geprägt[372] und diente zunächst als Sammelbegriff für verschiedenste analytische Applikationen, welche auf Daten zugreifen, die in Data-Warehouse-Strukturen abgelegt sind.[373] Business Intelligence kann demnach wie folgt definiert werden: „Business Intelligence is the process of transforming data into information and, through discovery, into knowledge."[374]

Unter dem Begriff Business Intelligence wird in dieser Arbeit ein integrierter, IT-basierter und unternehmensspezifischer Ansatz für das Sammeln und Aufbereiten entscheidungsrelevanter Informationen zur Unterstützung von Entscheidungsprozessen des Managements verstanden.[375] In dieser Arbeit wird ein etablierter BI-Ordnungsrahmen verwendet,[376] der entsprechend Abbildung 15 dargestellt und in drei Bereiche eingeteilt werden kann, den Informationszugriff, die Informationsgenerierung und -distribution sowie die Datenbereitstellung. Die Basis für die Datenbereitstellung in einem DWH bilden die operativen Quellsysteme, welche Daten aus verschiedenen Fachbereichen eines Unternehmens isoliert voneinander vorhalten. Aufbauend auf einem DWH oder Data Mart können nachgelagerte Analyse- und Wissenssysteme aus den Daten managementrelevante Informationen generieren und diese über verschiede Portale Entscheidungsträgern zur Verfügung stellen.

Trotz starker Integrationsbemühungen und moderner Technik ist hierbei zu beachten, dass die in einem DWH abgelegten Daten das zu betrachtende Unternehmen nicht vollständig abbilden. Für ein möglichst umfassendes Abbild eines Unternehmens ist eine enge Zusammenarbeit zwischen der IT-Abteilung und den jeweiligen Fachabteilungen notwendig. In solchen Fällen besteht die Gefahr, dass sich abteilungsspezifische Insellösungen auf Basis unterschiedlicher BI-Definitionen oder Sichten etablieren, welche eine spätere Aggregation der Daten für Analysen auf höheren Ebenen erschweren.

---

372 Vgl. u. a. Krcmar, 2010, S. 91; Anandarajan et al., 2004, S. 18 f.; Kemper et al., 2010, S. 2.
373 Vgl. Winter et al., 2008, S. 43 f.
374 Behme, 1996, S. 37.
375 Vgl. Kemper et al., 2010, S. 9.
376 Vgl. ebenda, S. 10 f.

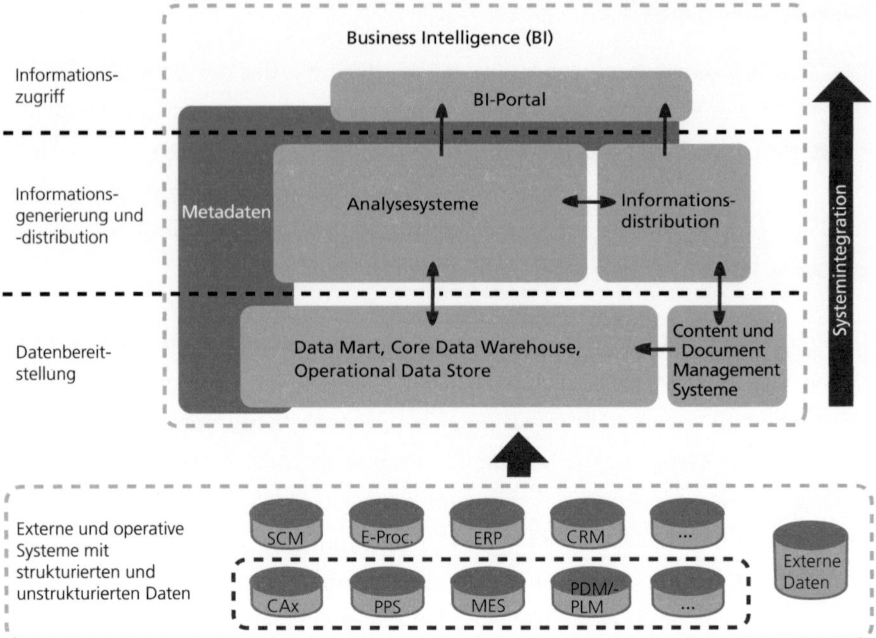

Abbildung 15: BI-Ordnungsrahmen (aus Kemper et al., 2010, S.11)

Entwicklung eines Data Warehouses

Da in dieser Arbeit das Konzept des Data Warehouses aufgegriffen wird, wird im Folgenden kurz auf die Entwicklung dieser eingegangen. Bei der Entwicklung von Data-Warehouse-Systemen wird in der Literatur ein Vorgehensmodell vorgeschlagen, das sich in die Bestandteile der Anforderungserhebung, Design und Realisierung unterteilen lässt.[377] Häufig wird das Design weiter in die semantische und logische Modellierung eingeteilt.[378] Die Anforderungen beschreiben in Textform den Informationsbedarf des Data-Warehouse-Anwenders.[379] Das semantische Modell beschreibt das Data Warehouse in einer verständlichen Diagrammsprache (z. B. ERM, ADAPT),[380] während das logische Modell in einer entwicklungsspezifischen Sprache (z. B. Star-Schema) abzubilden ist. Der letzte Punkt in dem Vorgehensmodell ist die Implementierung.

---

[377] Vgl. Keppel et al., 2001, S. 82 f.
[378] Vgl. Todok, 2000, S. 116.
[379] Diese sind in Kapitel 2.3 und 6 beschrieben.
[380] Vgl. Gabriel et al., 2009, S. 81 f.

Für die Modellierung von mehrdimensionalen Strukturen eignet sich die Modellierungsnotation Application Design for Analytical Processing Technologies (ADAPT) besonders,[381] da sie im Gegensatz zu traditionellen Modellierungsmethoden die Verarbeitungslogik in Beziehung zu vielfältigen multidimensionalen Datenstrukturen modelliert werden kann[382]. Bei der Modellierung mit ADAPT werden beispielsweise Cubes[383], Dimensionen, Level und Attribute verwendet[384]. Die Realisierung geschieht mit einem Business-Intelligence-Werkzeug, welches im folgenden Abschnitt ausgewählt wird.

381 Vgl. Köppen et al., 2012, S. 50.
382 Vgl. u. a. Todok, 2000, S. 133; Hahne, 2006, S. 186 f.; Gabriel, 2009, S. 82 f.
383 Cubes sind Würfel, die unterschiedliche Sichtweisen auf eine Analyse ermöglichen (vgl. Bange, 2006, S. 96).
384 Vgl. Köppen et al., 2012, S. 50 f.

3. Forschungsdesign

Als Grundlage für die Forschungsvorgehensweise dieser Arbeit dienen die Empfehlungen der gestaltungsorientierten Wirtschaftsinformatik.[385] Eine mögliche Methode einer Datenerhebung bilden hierbei die Experteninterviews. Diese Vorgehensweise wird gewählt, da das Ziel der vorliegenden Arbeit explorativer und innovativer Natur ist, welches nicht oder nur schwer durch eine anderes Forschungsdesign beantwortet werden kann.[386] Auf das Forschungsdesign und die angewendeten Methoden wird in den folgenden Abschnitten kurz eingegangen.

3.1 Vorgehensweise der Forschung

Der Ablauf der Forschung ist mehrstufig und gliedert sich, siehe Abschnitt 1.4, in die Recherche von Aufgaben des Produktionsmanagements sowie deren Filterung im Kontext der Wandlungsfähigkeit. Die gefilterten Aufgaben sind in einer Interviewreihe mit Experten aus dem Produktionsmanagement verifiziert und erweitert worden. Aus den Erkenntnissen wurden Anwendungsfälle abgeleitet, für die im Rahmen dieser Arbeit ein Konzept zur Entscheidungsunterstützung erarbeitet wird. Damit das Konzept validiert werden konnte, sind anhand eines Use-Case[387] mit einem Anlagenbauer relevante Daten von Maschinen abgeleitet worden, mit denen ein Prototyp aufgebaut werden konnte. Für die Validierung selbst wurden mit Mitarbeitern und der Geschäftsführung des Anlagenbauers zwei Workshops durchgeführt, bei denen anhand des Prototyps die Verwendung des Konzepts diskutiert wurde. Die jeweils verwendeten Forschungsmethoden sind in Abbildung 16 aufgezeigt, die sich am Gang der Arbeit, vgl. Abbildung 2, orientiert.

3.2 Verwendete Forschungsmethoden

Für die Beantwortung der Forschungsfrage wurden nach der gestaltungsorientierten Wirtschaftsinformatik die Erhebungsmethode des Experteninterviews

[385] Vgl. Österle et al., 2010, S. 1 ff.; siehe Abschnitt 1.3.

[386] Des Weiteren wird eine aktive Forschungsrolle eingenommen, die hier bedeutet, dass sich der Interviewer als Wissenschaftler zu erkennen gibt und in den Erhebungsvorgang, beispielsweise durch Rückfragen oder lenkende Einschübe eingreift (vgl. Atteslander, 2006, S. 70 ff.).

[387] Bei dem Anwendungsfall (engl. Use-Case) mit dem Anlagenbauer wird versucht, ein fachliches Ziel mit Hilfe des maschinenorientierten Data Warehouse zu erarbeiten und zu erreichen.

und zur Validierung die des Workshops gewählt. Das Interview ist eine verabredete Zusammenkunft[388] und stellt eine Möglichkeit dar, Informationen aus einem gewünschten Umfeld zu erlangen. Die Verwendung von Interviews zur Datenerhebung ist zum einen mit der großen Vielfalt der Anforderungen und dem sehr eingegrenzten Fachgebiet, welches betrachtet wird, und zum anderen mit dem explorativen Charakter dieser Arbeit begründet. Aufgrund dieses Charakters wurden offene und semistrukturierte Interviews[389] als Erhebungsmethode gewählt.[390] Die semi-strukturierte Interviewmethode bietet den Vorteil, dass sich die Interviewführenden besser auf die Situation und Sichtweise des Befragten einlassen und auf besondere Gegebenheiten reagieren und nachfragen können.[391] Eine solche Erhebung ist mit quantitativen Verfahren nicht möglich.

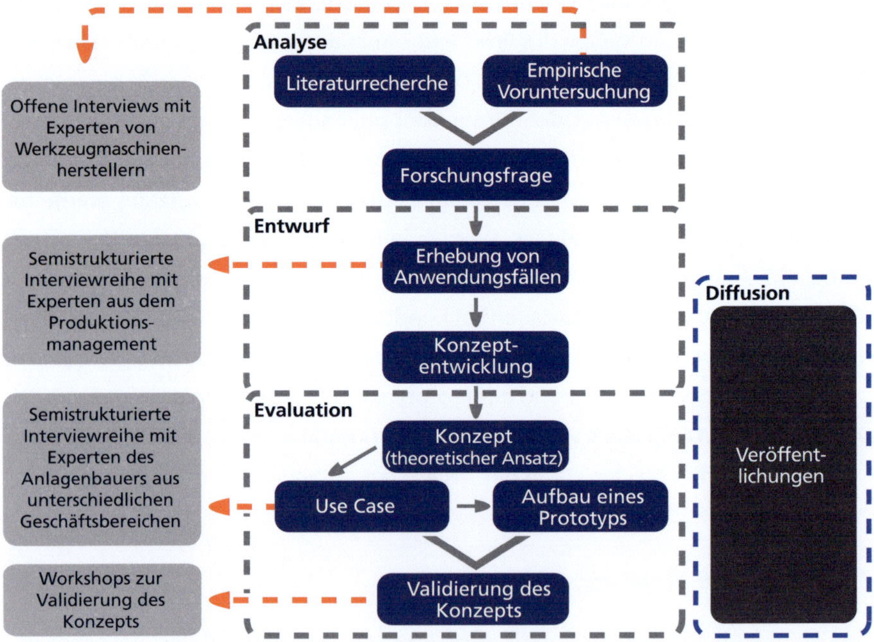

Abbildung 16: Verwendete Forschungsmethoden

388 Vgl. Lamnek, 1995, S. 35.

389 Die Interviews wurden mitgeschrieben bzw. mitgeschnitten und transkribiert. Die Transkriptionen liegen dem Autor vor.

390 Vgl. u. a. Kromrey, 2002, S. 367 f.; Atteslander, 2006, S. 121 f., S. 124 f.; Dieckmann, 2010, S. 437.

391 In der gestaltungsorientierten Wirtschaftsinformatik sind Experteninterviews und Workshops als Forschungsmethodik akzeptiert (vgl. Österle et al., 2010, S. 5).

Experten sind Personen mit speziellen Kenntnissen in einem Bereich. Es kann davon ausgegangen werden, dass das Wissen der Experten durch Befragung den Interviewführenden zugänglich wird. Dies ist eine einfache Methode, den aktuellen Stand der Technik, beispielsweise der Informationsbeschaffung in Fabrikbetrieben, herauszufinden. Experten im Sinne dieser Arbeit sind Personen mit speziellen Kenntnissen[392] im Produktionsmanagement. Die Sicherstellung der Kenntnisse der Experten und ihre Zugehörigkeit zu dem gewünschten Gebiet werden mit ihrer organisatorischen Einordnungen im jeweiligen Unternehmen begründet. Ist in einem Unternehmen eine Person mit einer Aufgabe im Produktionsmanagement betraut, wird davon ausgegangen, dass es sich um einen Experten in diesem Fachgebiet handelt. Mit Hilfe des Experteninterviews werden die Sicht- und Vorgehensweisen der Befragten in Bezug auf deren Aufgaben erhoben.

Die Interviews der Vorstudie mit Experten verschiedener Werkzeugmaschinenhersteller fanden im Zeitraum März bis Mai 2011 statt, bei denen ein einzelnes Interview eine Dauer von 15 bis 30 Minuten umfasste.[393]

Die Interviewreihe mit Experten aus dem Produktionsmanagement (vgl. Kapitel 4) wurde im Zeitraum April bis August 2012 durchgeführt. Die Interviews dauerten durchschnittlich zwei Stunden.[394] Die befragten Experten gehörten dem Produktionsmanagement, einem produktionsnahen Bereiche oder der Geschäftsführung an und waren mit unterschiedlichen Aufgabenstellungen betraut. Dadurch wird gewährleistet, dass eine möglichst ganzheitliche Sicht auf die Produktion wiedergegeben werden kann. Aus Datenschutzgründen werden die Experten anonymisiert,[395] mit einer fortlaufenden Nummer charakterisiert und in Tabelle 6 kurz anhand ihrer Tätigkeiten sowie der Größe ihrer Unternehmung dargestellt.

Die Interviewreihe mit Experten des Anlagenbauers (vgl. Kapitel 6) fand im Zeitraum September bis November 2012 statt und die Interviews dauerten durch-

392 Vgl. Lamnek, 1995, S. 92 f., S. 95.
393 Vgl. Abschnitt 2.1; Hollstein et al., 2011, S. 94.
394 In diesem Zusammenhang kann wird in der Literatur auch von Tiefeninterviews gesprochen.
395 Vgl. Bundesdatenschutzgesetz, Paragraph 40; siehe auch: http://www.gesetze-im-internet.de/bdsg_1990/__40.html. Nach diesem Paragraphen sind personenbezogene Daten, sofern sie für die Darstellung von Forschungsergebnissen nicht unerlässlich sind, anonymisiert darzustellen.

schnittlich drei Stunden. Die interviewten Experten, in Tabelle 7 ebenfalls anonymisiert dargestellt, deckten die Unternehmensbereiche ab, die in die Herstellung einer Maschine involviert sind.

Bezeichnung	Bezeichnung
Experte 1	Produktionsplanung
Experte 2	Produktionsplanung
Experte 3	Geschäftsführung
Experte 4	Produktionsleitung
Experte 5	IT-Leitung
Experte 6	Produktionsmanagement
Experte 7	Produktionssteuerung
Experte 8	Leiter Fertigung
Experte 9	Produktionsplanung

Tabelle 6: Einordnung der Experten aus dem Produktionsmanagement

Bezeichnung	Tätigkeitsfeld
Experte 1	Enwicklung
Experte 2	Konstruktion
Experte 3	Montage und Betrieb
Experte 4	Service
Experte 5	Vertrieb

Tabelle 7: Einordnung der Experten des Anlagenbauers

Für die Validierung des Prototyps fanden zwei moderierte Workshops[396], die sich über einen halben Tag erstreckten, mit den Experten und der Geschäftsführung des Anlagenbauers statt. Ziel der moderierten Workshops war, unter Demonstration des Prototyps die Verwendbarkeit des entwickelten Konzeptes zu evaluieren.

[396] Ein Workshop ist ein moderiertes Arbeitstreffen, bei dem die anwesenden Personen gemeinsam und aktiv ein vorher bekanntes Ziel erreichen oder bestimmte Problemstellung lösen sollen (vgl. u. a. Universität Lüneburg, 2013; Universität Oldenburg, 2013).

4. Informationsbedarfsanalyse in der wandlungsfähigen Fabrik

In diesem Kapitel werden die Aufgaben des Produktionsmanagements im Kontext der Wandlungsfähigkeit, die in Abschnitt 2.3 hergeleitet wurden, hinsichtlich des Informationsbedarfs zur Entscheidungsunterstützung untersucht. Dies erfolgt in einem dreistufigen Verfahren: In einem ersten Schritt wird der Informationsbedarf auf Basis einer Literaturrecherche erhoben. Hierbei hat es sich gezeigt, dass der Informationsbedarf in der Literatur vielfach auf einer sehr generischen Ebene dargestellt wird. Deshalb wird in einem zweiten Schritt mit Hilfe von Experteninterviews der Informationsbedarf aus Sicht von Aufgabenträgern detailliert erfasst. Hierbei können die in der Literatur identifizierten Informationsbedarfe konkretisiert und zusätzliche Informationsbedarfe identifiziert werden. In einem dritten Schritt werden die identifizierten Informationsbedarfe strukturiert zusammengeführt.

4.1 Der Anwendungsfall Anlagenbeschaffung und -bereitstellung

Der Anwendungsfall der Anlagenbeschaffung und -bereitstellung bezeichnet den Kauf und die Bereitstellung einer oder mehrerer (Werkzeug-)Maschinen. In den Interviews wurde dieser Anwendungsfall von fast allen Experten als relevant bezeichnet. Im weiteren Verlauf wird auf den Informationsbedarf für den Maschinenkauf fokussiert, da die Bereitstellung einer Maschine in der Regel strukturiert abläuft, d. h. keine unstrukturierten Entscheidungen getroffen werden. Der Fokus wird auf die Informationen über die Maschine gesetzt, die in einem solchen Anwendungsfall benötigt werden. Um die Themenstellung und Inhalte des Anwendungsfalls verdeutlichen zu können, werden zunächst die Erkenntnisse bezüglich der benötigten Informationen aus der Literatur dargestellt.

4.1.1 Literatur zur Anlagenbeschaffung und -bereitstellung

Die Beschaffung einer neuen Anlage wird angestoßen, wenn kapazitive Veränderungen aufgrund einer Änderung der Bedarfslage notwendig sind, Produktionsprozesse rationalisiert werden oder der Lebenszyklus einer alten Anlage abgelaufen ist.[397] Da bei der Beschaffung einer neuen Maschine für viele Jahre Ausrichtung und Wirtschaftlichkeit einer Fertigung festgelegt werden, gehören die Entscheidungen über eine Anlagenbeschaffung und -bereitstellung zu den wichtigen in produzierenden Unternehmen.[398] Neben den kurzzeitigen Anforderungen, beispielsweise für die Einhaltung der Durchlaufzeit oder Liefertermine, sind auch langfristige Marktbeobachtungen bezüglich technologischer Neuerungen zu berücksichtigen.[399]

Auf Basis eines aktuell zu fertigenden Produktes werden technologische und qualitative Mindestanforderungen an eine zu beschaffende Maschine gestellt.[400] Neben diesen produktionsbezogenen existieren auch betriebswirtschaftliche Anforderungen, wie beispielsweise minimale Anschaffungs- und Betriebskosten (Peripherie- und Verschleißteilbetrachtung).[401] Da die technologischen und qualitativen Anforderungen aufgrund der hohen Individualität nur schwer zu erfassen sind, werden im Weiteren nicht einzelne Maschinenparameter verglichen, sondern es wird von der Eignung der Maschine im Allgemeinen gesprochen. Damit ist gemeint, dass eine zu beschaffende Anlage die Mindestanforderungen für die Fertigung eines Produktes erfüllt.[402]

Eine Maschine ausschließlich nach den Kriterien der Mindestanforderungen und Kosten zu beschaffen, hat in der Regel nur bei einfachen Geräten, wie beispielsweise Standbohrmaschinen oder Trennschleifern, Erfolg. Der Kauf einer komplexen Maschine erfordert eine individuelle detaillierte Betrachtung der Merkmale. Da diese nur schwer zu erfassen sind, gibt es in der Literatur zu dem Thema der Maschinenbeschaffung nur wenige Informationen. Das liegt zum einen an der hohen Komplexität dieser Fragestellung, zum anderen daran, dass jeder Produktionsmanager individuelle Vorgehensweisen hat bzw. andere Produkt- und Prozessbedingungen betrachtet.

[397] Vgl. u. a. Nebl, 2011, S. 10; Kiener et al., 2009, S. 60.
[398] Vgl. Lindenau, 2006, S. 7.
[399] Vgl. ebenda, S. 8.
[400] Vgl. Zäh, 2006, S. 183.
[401] Vgl. ebenda, S. 185 f.
[402] Vgl. Zäh, 2006, S. 183. Besitzt eine Maschine die Fähigkeit zur Realisierung eines Fertigungsprozesses oder mehrerer Prozessschritte für weitere Produkte, wird von Wandlungsfähigkeit gesprochen.

In der Literatur wird bei der Anlagenbeschaffung und -bereitstellung zwischen Einzelbeschaffungen und Anlagensystemen, bspw. einer hochspezialisierten Fließfertigungslinie, unterschieden.[403] Diese Arbeit beschränkt sich auf die Einzelbeschaffung, da sich die Beschaffung von Anlagensystemen oft durch eine vereinfachte Mehrfachbetrachtung der Einzelbeschaffung ableiten lässt.

Es existieren beispielsweise einfache Modelle, welche die Maschinenbeschaffung in Unterkategorien unterteilen,[404] und Studien zur Anlagenbeschaffung, in welcher der Bezug von Arbeitsstoffen und Grundanforderungen von Maschinen untersucht werden.[405] Bezogen auf das Produkt Maschine und zusätzlich dazu buchbare Dienstleistungen sind demnach aus Sicht eines Maschinenkäufers wichtige Merkmale. Diese im Anschluss kurz erläuterten Dienstleistungen sind:[406]

- Anbindung an Unternehmens IT
- Anbindung des Werkzeugs
- Bedienfreundlichkeit
- Funktion, Qualität und Zuverlässigkeit
- Gefahranalyse, Schutzeinrichtungen, CE-Kennzeichen
- Kosten, Instandhaltbarkeit
- Leistungsfähigkeit
- Parametrisierbarkeit, Prozesseignung
- Spezialsoftware
- Umweltleistung: Schadstoffabgabe, Energieverbrauch
- Dienstleistung: Entsorgung, Inbetriebnahme, Projektabwicklung, Schulung, Wartung

403 Vgl. u. a. Voigt, 2008, S. 503; Becker, 1996, S. 39 f.
404 Vgl. Baumgartner, 2003, S. 11.
405 Vgl. u. a. Krämer et al., 2004, S. 142; Kief und Roschiwal, 2007, S.84.
406 Vgl. u. a. Krämer et al., 2004, S. 141 f.; Baumgartner, 2003, S. 11; Kief und Roschiwal, 2007, S. 84; Weck und Brecher, 2006, S. 175.

Anbindung an die Unternehmens-IT

Um eine moderne Werkzeugmaschine effektiv in der Produktion nutzen zu können, beispielsweise über Digital Numeric Control (DNC)[407], ist eine direkte Anbindung an das Netzwerk einer Produktion unabdingbar. Das Problem ist, dass Werkzeugmaschinen eine langfristige Anschaffung darstellen und durchaus zwanzig Jahre oder länger im Einsatz sind. Die Entwicklung der Netzwerke hat hingegen in den letzten Jahren eine rapide Entwicklung erlebt und leidet aufgrund der Komplexität, welche durch immer neue Funktionen von Maschinen mit beeinflusst wird, an der Inkompatibilität unterschiedlicher Software- bzw. Systemversionen. Da der Rechner einer Werkzeugmaschine sowie die Softwareupdates sehr teuer sind, wird oft mit großem Aufwand eine Integration älterer Systeme in moderne Netzwerke angestrebt. Angebunden werden kann eine Werkzeugmaschine über eine Vielzahl von Schnittstellen, von analogen über digitale Feldbusse und Aktor- bzw. Sensorbusse bis zur direkten Anbindung an ein lokales Netzwerk.[408] Der Markt fordert heutzutage Anlagen mit ständig steigender Funktionalität, um beispielsweise von einzelnen Zulieferern unabhängig zu sein,[409] werden offene Schnittstellen für die Anbindung gefordert. Eine offene Schnittstelle hat die folgenden Ausprägungen der Offenheit:[410]

- innere Offenheit (Zugang zu interner Software)
- äußere Offenheit (Schnittstellen)

Die innere Offenheit, auch herstellerspezifische Offenheit genannt, hat die folgenden Ausprägungen:[411]

- offene Softwareschnittstellen
- Zugriff auf Prozess- und Steuerdaten
- konfigurierbare Software
- modulare Hardware

407 Vgl. Fußnote 319.
408 Vgl. Weck und Brecher, 2006, S. 175.
409 Vgl. ebenda, S. 182.
410 Vgl. ebenda, S. 183.
411 Vgl. ebenda, S. 184.

Die äußere, anwenderorientierte Offenheit kann wie folgt operationalisiert werden:[412]

- standardisierte Kommunikation
- adaptierbare Benutzerschnittstelle
- harmonisierte Programmierung
- einheitliche Antriebsschnittstelle

Die dabei verfolgten Ziele sind die Austauschbarkeit, Portierbarkeit und Interoperabilität der Systeme. Heutzutage gibt es bereits eine Reihe offener Schnittstellen und bei einigen Herstellern auch die Möglichkeit, über eine Funktionsbibliothek kundenspezifische Software einzubinden.[413] Wichtige Funktionen, die durch eine Anbindung ermöglicht werden, sind beispielsweise die Maschinendatenerfassung (MDE) und die Betriebsdatenerfassung (BDE), mit denen Schwachstellenanalysen durchgeführt werden können.[414] Auch die maschinenferne Verwaltung von NC-Programmen, beispielsweise für den DNC-Betrieb, kann durch eine Anbindung ermöglicht werden.

Anbindung des Werkzeugs

Die Anbindung des Werkzeugs an eine Werkzeugmaschine ist ein schwieriges Unterfangen, da die Referenzpunkte zur Eichung und Kontrolle des Messsystems nicht immer angegeben sind und die Werkstücke dann gegebenenfalls manuell nachbearbeitet werden müssen. Dieser Mehraufwand kann mehrere Stunden pro Werkzeug betragen.[415] Um diesen Mehraufwand zu verringern, müssten seitens der Werkzeughersteller einheitliche Modelle verwendet werden. Da solche Werkzeugmodelle aufgrund von Betriebsgeheimissen in der Regel nicht herausgegeben werden, fehlt hier oft die direkte Unterstützung. Werden jedoch ähnliche Werkzeuge auf den gleichen Halterungen und den gleichen Maschinen eingesetzt, kann auf Basis historisierter Daten die Arbeit für die Anpassung der Werkzeuge an die Werkzeugmaschine verringert werden. Voraussetzung hierfür sind Kenntnisse über die jeweiligen Referenzpunkte, maximalen Verfahrwege und Anschlagpunkte.[416]

---

412 Vgl. Weck und Brecher, 2006, S. 184.
413 Vgl. ebenda, S. 184.
414 Vgl. ebenda, S. 176.
415 Diese Erkenntnis stammt aus dem Gespräch mit Experte 5 aus Interviewreihe 1.
416 Vgl. Weck und Brecher, 2006, S. 205 f.

Bedienfreundlichkeit

Die Bedienfreundlichkeit richtet sich nach der Erreichbarkeit aller Einstellmöglichkeiten und Wartungspunkte einer Maschine sowie auf die Einfachheit der Menüführung bezogen auf die Software moderner, computergesteuerter Maschinen. Hierzu gehört eine ausreichende Dokumentation der Maschinenfunktionen in der Betriebsanleitung.[417]

Funktion, Qualität und Zuverlässigkeit

Die Funktion bzw. Qualität einer Maschine kann anhand ihrer Verfügbarkeit gemessen werden. Die Verfügbarkeit gibt an, wie lange eine Maschine, bezogen auf die gesamte Einsatzzeit, produzieren kann. Für die Berechnung der Maschinenverfügbarkeit werden die während einer Produktionsphase entstandenen Stillstandszeiten, die durch Defekte oder Wartung und Instandhaltung verursacht werden, erfasst. In der Literatur wird dies der Kostenbetrachtung zugeordnet.[418]

Eine anerkannte Möglichkeit, die Verfügbarkeit einer Maschine zu messen, bietet der Overall-Equipment-Effectiveness-Faktor (OEE). Dieser misst die Effizienz von Anlagen anhand der Parameter Leistung, Verfügbarkeit und Qualität[419] und ist Bestandteil des Total-Productive-Maintenance- (TDM) Konzeptes. Der aus der Halbleiterfertigung kommende OEE-Faktor wird heutzutage auch zunehmend in anderen produzierenden Unternehmen verwendet.[420] Aufgrund des Erfolges wurde dieser Faktor in vielerlei Hinsicht auf die Spezifika der Unternehmen angepasst. Daraus entstandene Konzepte sind beispielsweise gekennzeichnet durch Overall-Factory-Effectiveness (OFE), Overall-Plant-Effectiveness (OPE), Overall-Throughput-Effectiveness (OTE), Production-Equipment-Effectiveness (PEE), Overall-Asset-Effectiveness (OAE) und Total-Equipment-Effectiveness-Performance (TEEP).[421] Mathematisch wird der OEE-Faktor als ein Produkt aus der Verfügbarkeit (A, Availability), der Ausbringungsmenge (P, Performance) und der Qualität (Q, Quality) definiert.[422] Abbildung 17 illustriert die sechs großen Verlustbereiche in einer Produktion, welche durch den OEE-Faktor gemessen werden können.

417 Vgl. Kief und Roschiwal, 2007, S. 84.
418 Vgl. Lauven et al., 2010, S. 10.
419 Vgl. Muchiri und Pintelon, 2008, S. 3518, nach Nakajima 1988, S. 129.
420 Vgl. Muchiri und Pintelon, 2008, S. 3518.
421 Vgl. ebenda, S. 3518.
422 Vgl. u. a. Muchiri und Pintelon, 2008, S. 3520; May und Koch, 2008, S. 245 f.

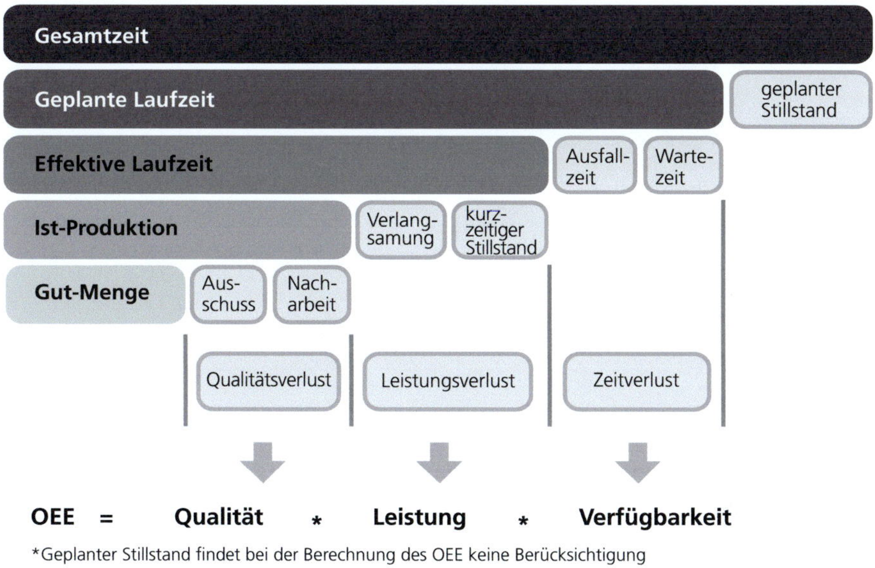

Abbildung 17: Berechnung der effektiven Produktionszeit (aus Muchiri und Pintelon, 2008, S. 3520)

Die Qualität ergibt sich aus der Ausschuss- und Nacharbeitsquote. Der Leistungsverlust und die effektive Laufzeit setzen sich aus der Werkstückwartezeit, der Maschinenausfallzeit, der kurzzeitigen Stillstände und der Verlangsamung der Produktion zusammen. In diesem Zusammenhang sollten auch die zu produzierenden und die bereits produzierten Werkstücke sowie die geplante Produktionszeit bekannt sein.

Gefahranalyse, Schutzeinrichtungen, CE-Kennzeichnung

Die Gefahranalyse beschreibt maschinenindividuelle Größen und betrachtet Beeinflussungsmöglichkeiten der Umgebung durch den Betrieb einer Maschine. Daten bezüglich potentieller Gefahren, die von dem Betrieb einer Maschine ausgehen, sind nur schwer zu beschreiben. Daher wird dieser Punkt durch Präventionsmöglichkeiten, wie beispielsweise Schutztüren bei der spanenden Fertigung oder der Sichtschutz bei Schweißmaschinen, beschrieben und unter dem Begriff Schutzeinrichtungen, die damit den Sicherheitsstandard einer Maschine beschreiben, zusammengefasst. Die CE-Kennzeichnung kann hingegen leichter dargestellt werden. Sie kann vorhanden sein oder nicht.

Kosten und Instandhaltbarkeit

Ausführlicher als die technische Eignung einer Maschine ist in der Literatur die kostenseitige Betrachtung einer Kaufentscheidung beschrieben. Dies liegt daran, dass Produktionsanlagen viel Kapital im Unternehmen über mehrere Jahre hinweg binden und damit einen großen Kostenfaktor darstellen und technische Merkmale sich nur schwer verallgemeinern lassen. Neben der Erfüllung der technischen Mindestanforderungen sind die Kosten eine weitere zu beantwortende Fragestellung bei der Maschinenbeschaffung.[423] In der Literatur werden die anfallenden Kosten einer Maschine im Vorfeld, beispielsweise anhand des Life-Cycle-Costing-Ansatzes (LCC), berechnet.[424] Zielsetzungen des LCC-Ansatzes sind unter anderem die Kostentransparenz in der Angebotsphase, die sich aus Anschaffungspreis, Installationskosten, Inbetriebnahmekosten, Schulungskosten, Wartung und Reinigung, geplante und ungeplante Instandhaltung, Energiekosten, Roh-, Hilfs- und Betriebsstoffe, Werkzeugkosten, Ersatzteilkosten und Flächenkosten sowie der Reduzierung ungeplanter Stillstände[425] zusammensetzt.

Eine Instandhaltung beinhaltet Aufwendungen, die für die Erhaltung der Funktionsfähigkeit einer Maschine durchgeführt werden.[426] Unter Instandhaltung werden alle technischen und administrativen Maßnahmen während eines Maschinenlebenszyklus verstanden, welche die Funktionsfähigkeit einer Maschine erhalten oder die Funktionsfähigkeit wiederherstellen.[427] Die Instandhaltung hat aufgrund der zunehmenden Maschinenkomplexität, längeren Nutzungszeiträume, kürzeren Stillstandszeiten und steigenden Kosten eine immer größere Bedeutung in modernen Produktionen.[428]

Bei der Kostentransparenz werden besonders die Betriebs- und Entsorgungskosten der Maschine während und in Abhängigkeit ihrer Nutzungsdauer betrachtet.

423 Vgl. Köllner et al., 2009, S. 99.
424 Vgl. u. a. Köllner et al., 2009, S. 99 f.; Lauven, et al., 2010, S. 14.
425 Vgl. Köllner et al., 2009, S. 107.
426 Vgl. Voigt, 2008, S. 507.
427 Vgl. DIN 31051.
428 Vgl. Voigt, 2008, S. 508.

Kostenelemente, die im Zuge des LCC-Ansatzes betrachtet werden, reichen in der Entstehungsphase vom Anschaffungspreis bis zu den Schulungskosten und in der Betriebsphase von der Wartung und Reinigung bis zu den Flächenkosten.[429] Da die Berechnung der Gesamtkosten einer Maschine häufig auf Schätzgrößen oder aufgrund der selteneren Neuanschaffungen auf veralteten Daten beruht, empfiehlt sich der LCC-Ansatz.[430] Für die LCC-Berechnung werden vom Maschinenhersteller unter anderem die folgenden Informationen benötigt:[431]

- Art und Häufigkeit der notwendigen Wartungstätigkeiten
- Arbeits- und Materialaufwendungen für diese Wartungstätigkeiten
- Lebensdauer und Wechselintervalle bestimmter relevanter Komponenten, auch LCC-Komponenten genannt
- Ersatzteilpreise für die LCC-Komponenten
- Arbeitsaufwendungen und Stillstandszeiten für die Instandsetzungsvorgänge der LCC-Komponenten
- Energieverbrauch je Betriebsstunde
- Hilfs- und Betriebsstoffverbrauch je Betriebsstunde
- Personalbindung an der maschinellen Anlage

Die Wartungstätigkeiten umfassen die Art, Häufigkeit und zu erwartenden Personal- und Materialkosten. Zusätzlich werden die Hilfs- und Betriebsmittel, der Energieverbrauch und die Stillstandszeiten erfasst. Die Kennzahl Stillstandszeit wird später betrachtet. Wichtig sind die Ersatzteilpreise für LCC-Komponenten, da deren Kosten für die Nutzungsdauer hochgerechnet werden, wobei das Prüfen dieser Komponenten auch aus technischer Sicht sinnvoll ist.[432] LCC-Komponenten sind beispielsweise der Motor, die Führung, das Messsystem und die Abdeckungen einer Linearachse einer Werkzeugmaschine.[433] Einer Betrachtung können demnach die folgenden Kriterien zugeordnet werden:[434]

429 Vgl. Köllner et al., 2009, S. 109.
430 Vgl. ebenda, S. 100.
431 Vgl. u. a. Köllner et al., 2009, S. 101 f.; Kiener et al., 2009, S. 61 f.
432 Vgl. Lindenau, 2006, S. 8.
433 Vgl. Köllner et al., 2009, S. 110.
434 Vgl. Lauven, 2010, S. 11.

- Organisationsgrad (z. B. Sauberkeit, Regelmäßigkeit der Reinigung, Schulungsgrad der Mitarbeiter, fertigungstechnisches Know-how)
- Bearbeitungsmaschine (z. B. Dimensionierung, Drehzahl und Moment der Spindel, Anzahl der Werkzeugwechsel, Werkzeugkomplexität)
- Bearbeitungsprozess (z. B. nass oder trocken, Art, Geometrie und Werkstoff des Werkstücks, Serien- oder Universalfertigung, Schichtanzahl)
- Umwelt (z. B. Temperatur, Luftfeuchtigkeit, Salzgehalt der Umgebungsluft, elektrische Netzsicherheit)

Diese Informationen variieren mit der Maschine und der jeweiligen Einsatzart und bilden ein Fragenbündel, das bei jeder Maschinenneuanschaffung abzuarbeiten ist. Bei dem LCC-Ansatz ergeben sich allerdings auch einige Schwierigkeiten:[435]

- Aufgrund des technologischen Fortschritts sind die Komponenten neuer maschineller Anlagen nur begrenzt mit den Komponenten früherer Produktgenerationen vergleichbar.
- Umfangreiche Informationen vom Kundendienst liegen vor allem nur während der Gewährleistung vor.
- Nach Ende des Gewährleistungszeitraums werden Reparaturen häufig vom Betreiber durchgeführt, und es fließen kaum Informationen an den Hersteller zurück.
- Viele Betreiber beziehen ihre Ersatzteile direkt bei den Komponentenzulieferern oder kaufen auf Vorrat.
- Auch wenn historisierte Ausfalldaten vorliegen, fehlen meistens Informationen über Betriebsbedingungen (Hart- oder Weichbearbeitung, Zwei- oder Drei-Schicht-Betrieb etc.) und Ausfallursache (Verschleiß, Bedienerfehler etc.).

Außerdem ist es schwierig abzuschätzen, ob sich die Einsatzart oder -dauer einer Maschine im Laufe der Betrachtungszeit ändern wird, beispielsweise wenn Pro-

[435] Vgl. Köllner et al., 2009, S. 104.

duktänderungen vorgenommen werden. Derartige Änderungen in der Maschinenbeanspruchung, in der Literatur auch Lastkollektiv genannt, treffen besonders für wandlungsfähige Maschinen zu und sind im Einzelnen:[436]

- Das Teilespektrum, das auf der Maschine gefertigt wird und das sich während des Betrachtungszeitraums ändern kann.
- Technologische Optimierungen, die zu Veränderungen am Produktionsprozess führen und auch das Lastkollektiv beeinflussen können.
- Maschinelle Optimierungen, welche die Leistungsfähigkeit der Anlage verändern.

Derartige Änderungen führen dazu, dass die Ergebnisse der LCC-Betrachtung möglicherweise nicht mehr korrekt sind, da sich Verbräuche oder (Betriebs-)Zeiten geändert haben. Für eine Abweichung der tatsächlichen von den im Vorfeld errechneten Kosten können auch andere Größen verantwortlich sein. Diese sind aufgeteilt nach monetären und nichtmonetären Kennzahlen:[437]

- Entwicklung der Lohnkosten
- Marktpreisentwicklung für Energieträger
- Preispolitik der Zulieferer (z. B. Komponenten und Werkzeuge)
- Qualitätsstabilität des Zulieferers
- Qualität des Kundendienstes (z. B. Erreichbarkeit, Dauer bis zum Eintreffen eines Servicetechnikers)
- Ersatzteilverfügbarkeit
- Stillstandszeiten der Maschine (z. B. Wartung und Reinigung, geplante Instandhaltung, Rüstvorgänge und Werkzeugwechsel)

Bei der Entscheidung über die Investition in eine neue Anlage kommen in der Praxis immer häufiger lebenszyklusorientierte Ansätze zum Einsatz.[438] Die Betrachtung historisierter Daten zur Unterstützung der Entscheidung über eine Maschinenbe-

[436] Vgl. Köllner et al., 2009, S. 111.
[437] Vgl. ebenda, S. 113.
[438] Vgl. Lauven, 2010, S. 14.

schaffung kann die Unsicherheit über die Änderungen in der Produktion insofern vermindern, dass allgemeine Markttrends und der Nutzungsgrad der Wandlungsfähigkeit eigener Maschinen aus der Vergangenheit bekannt sind. Der LCC bietet eine betriebswirtschaftlich orientierte Kostenbetrachtung für die Maschinenbeschaffung.[439] Auch andere Autoren betrachten stärker den betriebswirtschaftlichen Teil.[440] Aus diesem Grund sollte dieser Ansatz durch das IT-basierte Konzept mit technischen Daten angereichert bzw. unterstützt werden.

Leistungsfähigkeit

Die Leistungsfähigkeit einer Maschine bezieht sich auf ihre Eignung für den Fertigungsprozess und kann beispielsweise in Form von maximaler Spindelleistung oder drehzahl angegeben werden. Leistungsdaten bei Werkzeugmaschinen beziehen sich in der Regel auf die Leistung des Spindelmotors oder die der einzelnen angetriebenen Achsen. Da viele verschiedene Parameter existieren, werden diese unter dem Begriff der einzelnen Maschinenparameter weitergeführt.

Neben den Kosten, d. h. den Anschaffungs- und Betriebskosten einer Maschine, spielt die Umweltleistung einer Maschine eine wichtige Rolle. Zur Erfassung der Umweltleistung werden die Größen des Material- und Energieverbrauchs sowie Abfall-, Abluft- und Abwassermengen herangezogen.

Ausschlaggebend sind besonders die Eignung einer Maschine und deren Nutzungsgrad, der die Einsatzdauer beschreibt. Für das Erreichen der erwarteten Produktqualität ist eine entsprechende Genauigkeit der Maschine notwendig. Weiter operationalisieren lassen sich die Größen Nutzungsgrad und Genauigkeit. Der Nutzungsgrad kann auf Basis der Maschinenverfügbarkeit und der Kapazität je Fertigungsverfahren errechnet werden; die Genauigkeit kann in die folgenden Größen weiter detailliert werden:[441]

- geometrische Genauigkeit
- Steifigkeit des Maschinenkörpers
- Einfahrtoleranz

439 Vgl. Köllner et al., 2009, S. 115.
440 Vgl. u. a. Voigt, 2008, S. 503 ff.; Härdler, 2007, S. 171 ff.
441 Vgl. u. a. VDI/DGQ Richtlinie 3441; Kief und Roschiwal, 2007, S. 85.

- Positionsabweichung
- Positionsstreubreite

Diese Informationen über die zu kaufende Maschine beschreiben ihre Eignung. Kennzahlen, welche die Qualität einer Maschine betreffen, wirken sich auch auf die Kosten aus. Daher wird die Maschinenverfügbarkeit, welche sich aus den Ausfallwahrscheinlichkeiten und Reparaturzeiten berechnen lässt, bereits als Teil der Kostenbetrachtung angesehen;[442] sie ist gekennzeichnet durch

- die durchschnittliche Zeit zwischen zwei Ausfällen (MTBF),
- die durchschnittlichen Kosten der Reparaturteile (MCRP) und
- die durchschnittliche Reparaturzeit (MTTR).

Diese Kriterien werden heutzutage häufig zur Beurteilung der Betriebskosten herangezogen.[443]

Parametrisierbarkeit, Eignung (für den Prozess)

Ein weiterer wichtiger Punkt bei der Anlagenbeschaffung ist die Parametrisierung bei der Inbetriebnahme.[444] Hier wird die NC-Steuerung den Merkmalen der Werkzeugmaschine und den Bedürfnissen der Produktion hinsichtlich Achsen, Spindeln, Handrädern, Messsystemen, Regelkreisen, Geschwindigkeiten, Beschleunigungen und Interpolation angepasst.[445] Da die Parametrisierung ebenfalls sehr produktionsspezifisch ist, wird sie allgemein übernommen.

Spezialsoftware

Auch die Möglichkeit, Spezialsoftware von den Maschinenherstellern zu beziehen, wird als wichtig angesehen, da eine Maschine bereits über angepasste Software verfügen kann. Ist dies nicht der Fall, kann die benötigte Software selbst oder durch dritte erstellt werden. Daher benötigt der Entscheider Informationen

442 Vgl. Lauven, 2010, S. 10.
443 Vgl. ebenda, S. 12.
444 Vgl. Weck und Brecher, 2006, S. 175.
445 Vgl. ebenda, S. 175.

darüber, ob Spezialsoftware zum Betrieb notwendig ist, diese durch den Hersteller angeboten wird oder diese gegebenenfalls selbst erstellt werden kann.[446]

Umweltleistung, Schadstoffabgabe, Energieverbrauch

Der Energieverbrauch, der Verbrauch von Kühl- und Schmierstoffen sowie die Wasser-, Luft- und Schutzgasversorgung können ebenfalls prozessabhängig für das herzustellende Produkt errechnet und der Maschine und der Peripherie zugeordnet werden.[447]

Dienstleistungen

Auch Dienstleistungen können zusätzlich mit einer Maschine als hybrides Leistungsbündel bezogen werden. Mögliche Dienstleistungen sind beispielsweise die Projektabwicklung, Inbetriebnahme der Maschine, Schulung des Bedienpersonals sowie Wartung und Entsorgung der Maschine.[448]

Die für eine Unterstützung der Anlagenbeschaffung und -bereitstellung benötigten Informationen aus der Sicht der Literatur sind in Tabelle 8 zusammengeführt. Im Folgenden werden die Daten in die Kategorien Maschine, Fertigungsverfahren, Werkstück, Werkzeug, Messgrößen, Kosten und externe Größen, anhand des primären Bezugs eingeteilt.

In diesem Abschnitt wurde das Literaturwissen zum Anwendungsfall Anlagenbeschaffung und -bereitstellung betrachtet, und es wurden die hierfür notwendigen Informationen identifiziert. Es interessiert nun, wie die befragten Experten den Anwendungsfall einschätzen und welche Informationen sie für ihre Entscheidungsfindung nutzen oder sich wünschen würden. Die Sicht aus der Praxis ist für die Einschätzung der Relevanz des Anwendungsfalles wichtig, da sie diesen bestätigt und weitere Informationen liefert. Deshalb werden im folgenden Abschnitt die aus Sicht der Experten benötigten Informationen dargestellt. Dieses Vorgehen stellt sicher, dass möglichst alle Daten und Informationen, die für den Anwendungsfall wichtig sind, in dem IT-basierten Konzept abgebildet werden können.

446 Vgl. Kief und Roschiwal, 2007, S. 84.
447 Vgl. u. a. Zäh, 2006, S. 185; Arnolds, 2010, S. 426 f.
448 Vgl. Krämer, 2004, S. 142.

Anwendungsfall	Kategorie	Ausprägung
Anlagenbeschaffung und -bereitstellung	Maschine	Anschaffungspreis
		Installationskosten
		Inbetriebnahmekosten
		Anschaffungsdatum
		Nutzungsdauer
		Lebenszyklus
		Aktualität der Technologie
		Kapazität je Fertigungsverfahren
		Einzelne Maschinenparameter
		CE-Kennzeichnung
		Schutzeinrichtungen
		Schadstoffemission
		Energieverbrauch
		Rohstoffverbrauch je Art
		Betriebstoffverbrauch je Art
		Hilfsstoffverbrauch je Art
		Wartungsart
		Wartungshäufigkeit
		Wartungsintensität und -aufwendungen
		Wechselintervalle der Komponenten
		Leistungsfähigkeit
		Geometrische Genauigkeit
		Steifigkeit des Maschinenkörpers
		Einfahrtoleranz
		Positionsabweichung
		Prozessstreubreite
		Temperaturbereich
		Luftfeuchtigkeitsbereich
		Maximaler Salzgehalt der Umgebungsluft
		Benötigte elektrische Netzsicherheit
		Betriebsanleitung
		Dokumentation
		Personalbindung
		Zugang zu interner Software
		Innere Schnittstellenoffenheit
		Äußere Schnittstellenoffenheit
		(Einfache) Programmierbarkeit
		(Bauliche) Veränderungen an der Maschine
		Stillstandszeit
		Ausfallursache
		Verfügarkeit
		Projektabwicklung
		Schulung
		Inbetriebnahme
		Übernahme der Wartung
		Entsorgung
		Spezialsoftware des Herstellers
		Mögliche Peripherie
		Verschleiß
		Parametrisierbarkeit

Anwendungsfall	Kategorie	Ausprägung
Anlagenbeschaffung und -bereitstellung	Fertigungs-verfahren	Nassbearbeitung
		Trockenbearbeitung
		Hartbearbeitung
		Weichbearbeitung
		Serienfertigung
		Individualfertigung
		Anzahl Schichten
	Werkstück	Werkstückart
		Werkstoff
		Geometrie
	Werkzeug	Anschlagpunkte
		Art
		Referenzpunkte
		Komplexität
	Messgrößen	Einheiten Produktion
		Produktionszeit
		Ausschussteile
		Nacharbeitsteile
		Wartungs- und Ersatzteilkosten (MRCP)
		Durchschnittliche Zeit zwischen Fehlern (MTBF)
		Durchschnittliche Stillstandszeit (MTTR)
		Durchlaufzeit (Werkstückbearbeitungszeit)
		Verlangsamung der Produktion
		Werkstückwartezeit
	Kosten	Anschaffungskosten
		Schulungskosten
		Werkzeugkosten
		Ersatzteilkosten
		Flächenkosten
		Personalkosten
		Energiekosten
		Betriebskosten
		Entsorgungskosten
	Externe Größen	Änderung Teilespektrum
		Technologische Erneuerbarkeit
		Qualitätsstabilität des Zulieferers
		Preisstabilität des Zulieferers
		Kundendienst
		Erssatzteilverfügbarkeit
		Ereichbarkeit Hersteller oder Dienstleister

Tabelle 8: Anlagenbeschaffung und -bereitstellung (Literatur)

4.1.2 Praxissicht zur Anlagenbeschaffung und -bereitstellung

In diesem Abschnitt werden die Ergebnisse der empirischen Informationsbedarfsanalyse für den Anwendungsfall Anlagenbeschaffung und -bereitstellung vorgestellt.

Diese wurden im Rahmen von sechs Experteninterviews in sechs unterschiedlichen Unternehmen erhoben. Im Anschluss an die Darstellung der Ergebnisse werden diese mit den Informationsbedarfen aus Abschnitt 4.1.1 zusammengeführt. Die Ergebnisse der Interviews bestätigen weitgehend die Erkenntnisse aus der Literatur. Im Folgenden werden daher nur die Ergebnisse dargestellt, die zusätzliche Erkenntnisse zum Informationsbedarf beinhalten.

Maschine

Die Reaktionsfähigkeit auf den sich ändernden Markt wird ebenfalls als stark von den eingesetzten Maschinen abhängig bezeichnet.[449] Wichtige Aspekte für die Experten sind die Zuverlässigkeit der Maschine, welche mit Hilfe des OEE-Faktors gemessen werden kann, die Produktionskapazitäten[450] und die Stückzahlen[451], die der Vertrieb für seine Planungen benötigt. Kennzahlen zu deren Berechnung sind die (Dreh- oder Fräs-)Kapazität je Werk[452] oder die erreichbare Taktzeit.[453]

Vor der Fertigung eines Produktes muss bekannt sein, wie sich der Arbeitsraum, der Spanraum sowie die Be- und Entlademöglichkeiten einer Maschine bezogen auf das zu fertigende Produkt auswirken[454] und wie der Puffer vor der Maschine dimensioniert ist.[455] Auch die Geometrie, also die Abmessungen der Maschine, wird, vor allem für die interne Standortplanung, herangezogen.[456]

Wenn durch das Management eine Kostenschranke vorgegeben ist, werden einzelne Maschinenparameter wie Vorschub, Drehzahl oder Leistungsaufnahme bzw. Energieverbrauch[457] berücksichtigt, um die Zielvorgaben möglichst einzuhalten.[458] Auch Verbrauchskenngrößen, wie Strom, Gas, Wasser, Druckluft, Kühlmittel und Abfallstoffe[459] sowie das Recycling von Prozessabfällen,[460] sind in die

449 Experte 9, S. 1.
450 Experte 1, S. 2.
451 Experte 1, S. 3, S. 14; Experte 6, S. 33.
452 Experte 1, S. 3; Experte 3, S. 32; Experte 8, S. 1.
453 Experte 8, S. 9.
454 Experte 1, S. 10 f.; Experte 2, S. 13, S. 17; Experte 5, S. 10; Experte 6, S. 28.
455 Experte 7, S. 24.
456 Experte 1, S. 8.
457 Experte 5, S. 15; Experte 9, S. 4.
458 Experte 5, S. 15; Experte 9, S. 4.
459 Experte 9, S. 4, S. 7.
460 Experte 3, S. 37.

Betrachtung mit einzubeziehen. Nachhaltigkeitskennzahlen, die sich aus diesen Größen berechnen lassen, müssen zunehmend berücksichtigt werden, da Kunden sie für die Produkte berücksichtigt sehen wollen.[461] Zu den Nachhaltigkeitskennzahlen gehört neben den CO_2-Emissionen auch die Anzahl der Arbeitsunfälle je Maschine. Diese werden auch in anderen Systemen erfasst, da bei einem Vorfall immer eine Maßnahme, z. B. ein Umbau oder die Ersetzung der betroffenen Maschine, zur Vermeidung eines weiteren Unfalls veranlasst wird.[462] Für die nachhaltige Nutzung einer Maschine ist die Information, ab wann eine Maschine abzuschalten ist, beispielsweise damit Stromkosten eingespart werden können, zu beachten.[463]

Die maschinenbedingte Ausschussquote und der maschinenbezogene Krankenstand[464] sind, beispielsweise für die Liefertreue, wichtige Kennzahlen. In die Berechnung der Liefertreue fließt wiederum auch die Maschinenverfügbarkeit mit ein,[465] die maßgeblich von Wartungsdaten und Störzeiten abhängig ist.[466]

Je nach Produktionsphilosophie benötigen die Maschinen eigene Rechen- und Speicherkapazitäten für eine dezentrale Programmhaltung, mit der ein möglichst ausfallsicherer und hoher Automatisierungsgrad erreicht werden kann.[467] Daher muss die Anbindbarkeit der Programmsysteme an das Rechnernetz bei großen Unternehmen gewährleistet sein, da die Recheneinheit als das Herzstück einer oder mehrerer Maschinen angesehen werden kann. Diese können über zwanzig Jahre im Einsatz sein, während sich das technologische Umfeld weiterentwickelt.[468] Auch für einen Anschluss der Maschine an Programme von Fremdfirmen (z. B. zur Wartung oder Sicherheitsprüfung) müssen Schnittstellen verfügbar und die Anschlussdaten bekannt sein.[469] Für Maschinen werden bezüglich des Bedienpersonals Qualifikationen vorausgesetzt, welche die Mitarbeiter zu erfüllen haben.[470]

461 Experte 9, S. 6.
462 Experte 9, S. 5.
463 Experte 9, S. 6.
464 Experte 3, S. 26; Experte 5, S. 4.
465 Experte 3, S. 32, S. 33; Experte 8, S. 9.
466 Experte 3, S. 32, S. 33; Experte 8, S. 9; Experte 9, S. 6.
467 Experte 5, S. 15, S. 19.
468 Experte 6, S. 31.
469 Experte 5, S. 4; Experte 9, S. 5.
470 Experte 3, S. 12; Experte 5, S. 4; Experte 8, S. 2.

Werkstück

Damit die Herstellbarkeit eines Werkstücks sichergestellt werden kann, ist es wichtig verwendete Werkstoffe und Geometrie des Werkstücks zu kennen.[471]

Werkzeug

Die Eignung der Maschine spielt eine wesentliche Rolle. Sie wird von den Experten durch die zu erreichende Produktqualität, d. h. die erreichbaren Toleranzen, gekennzeichnet[472] und durch die Beantwortung der Frage, welche Werkstoffe mit welchen Werkzeugkombinationen bearbeitet werden können,[473] da es durchaus bis zu 31 Technologieparameter für einen einzelnen Bohrer geben kann.[474]

Messgrößen

Bei diesen Werkzeugkombinationsmöglichkeiten muss die Zeit für Rüstvorgänge berücksichtigt werden.[475] Für die Prozessbetrachtung sind die Durchlaufzeit (Gesamtzeit) bzw. die Fertigungszeit (Taktzeit)[476] wichtige Größen, ebenso wie die aktuellen Trenddaten des Prozesses[477], die eine Auskunft über die Prozessstabilität und -sicherheit[478] geben können. Hierbei spielen die tatsächlich produzierten Stückzahlen und die Ausschussraten eine wichtige Rolle.[479] Besonders bei der engpassorientierten Organisation sind diese Informationen nötig,[480] da sich an ihnen ganze Produktionen ausrichten.[481]

Kosten

In der Praxis werden oft Technologieentscheidungen getroffen, bevor das zu fertigende Produkt vollständig definiert ist, da die hierfür verantwortlichen Funkti-

471 Experte 2, S. 12, S. 22; Experte 3, S. 14, S. 18; Experte 8, S. 1.
472 Experte 2, S. 12, S. 22; Experte 3, S. 18; Experte 8, S. 1.
473 Experte 3, S. 14.
474 Experte 5, S. 10; Experte 9, S. 2.
475 Experte 3, S. 8 f.
476 Experte 2, S. 12, S. 22; Experte 3, S. 18; Experte 8, S. 1; Experte 9, S. 1; Experte 7, S. 7.
477 Experte 3, S. 6, S. 12.
478 Experte 9, S. 3.
479 Experte 1, S. 3, S. 14; Experte 3, S. 26; Experte 5, S. 4; Experte 6, S. 33.
480 Experte 1, S. 3 f.; Experte 7, S. 7, S. 24.
481 Experte 7, S. 7.

onsbereiche häufig unterschiedliche Zeitpläne oder Zielsetzungen zu erfüllen haben.[482] Wird eine Produktion erweitert oder eine Maschine ausgemustert, wird in der Regel eine ähnliche Maschine desselben Typs wieder bezogen, oder es wird in eine andere Technologie investiert.[483] Letztendlich sind die (Gesamt-)Kosten, die rund um die Maschinenbeschaffung anfallen, von Bedeutung, beispielsweise der Maschinenstundensatz[484], die Kosten der Betriebs- oder Fertigungshilfsmittel[485] und die Umrüst- und Wartungskosten je Maschine[486] oder, im Falle des Leasings, die Leasingraten[487].

Die Lebensdauer einer Maschine ist bei der Planung der Nutzungsdauer und Nutzungsintensität zu beachten.[488] Ist die Lebensdauer abgelaufen, treten Fragen über die Entsorgung, die ebenfalls einen Kostenfaktor darstellt, in den Mittelpunkt.[489]

Externe Größen

Ein zusätzlicher Fokus ist die Dienstleistung bzw. der Service, der hinter der Maschine steht und der einen Maschinenausfall zeitnah beheben kann.[490] Hierfür sind ausgewählte Daten über den Lieferanten von Interesse.

Zwischenfazit

In diesem Abschnitt wurden die Daten zusammengestellt, die für den Anwendungsfall einer Anlagenbeschaffung und -bereitstellung unabhängig vom Unternehmen in sechs verschiedenen Betrieben erfragt worden sind. Diese Daten bilden die Grundlage für das IT-basierte Konzept aus Sicht der Praxis. In Tabelle 9 sind diese Informationen zusammengeführt.

482 Experte 1 S. 10 f.
483 Experte 9, S. 1; Experte 3, S. 31.
484 Experte 3, S. 17, S. 26.
485 Experte 1, S. 14; Experte 2, S. 13.
486 Experte 2, S. 13; Experte 3, S. 8 f.
487 Experte 3, S. 26.
488 Experte 8, S. 9.
489 Experte 3, S. 36.
490 Experte 1, S. 11.

Anwendungsfall	Kategorie	Ausprägung
Anlagenbeschaffung und -bereitstellung	Maschine	Maschinenlänge, -breite, -höhe
		Lebensdauer
		Kapazität je Fertigungstechnologie
		Spanraum
		Be-/Entlademöglichkeiten
		Maschinenparameter
		Rohstoffverbrauch
		Betriebsstoffverbrauch
		Hilfsstoffverbrauch
		Anschlüsse
		CO_2-Emission
		Abfallstoffe
		Abschaltzeit
		Mindestqualifikation des Personals
		Arbeitsunfälle
		Wartungsart
		Wartungshäufigkeit
		Benötigte IT-Kapazität
		IT-Schnittstellen
	Werkstück	Werkstoff
		Toleranzen
	Werkzeug	Bearbeitbare Werkstoffe
		Erreichbare Toleranzen
		Werkzeugkombinationsmöglichkeiten
	Messgrößen	Gesamtzeit
		Rüstzeit
		Theoretische Zykluszeit (Taktzeit)
		Prozessparameter (Trenddaten)
		Tatsächliche Produktion
		Produktionszeit
		Gesamtproduktion
		Ausschussteile
		Prozesssicherheit
		Prozessstabilität
	Kosten	Gesamtkosten
		Betriebsmittelkosten
		Fertigungsmittelkosten
		Rüstkosten
		Wartungskosten
		Entsorgungskosten
		Leasingkosten
		Maschinenstundensatz
	Externe Größen	Lieferantendaten

Tabelle 9: Anlagenbeschaffung und -beschaffung (Praxis)

4.1.3 Zusammenfassung Anlagenbeschaffung und -bereitstellung

In der Literatur finden sich unterschiedlich detaillierte Ansätze für die Anlagenbeschaffung und -bereitstellung. Deshalb ist es nicht möglich, alle Informationsbedarfe detailliert abzubilden. Es kann allerdings eine große Übereinstimmung bei den aufgezeigten Daten festgestellt werden. Die in der Literaturrecherche identifizierten Informationsbedarfe für den Anwendungsfall der Anlagenbeschaffung und -bereitstellung sind allgemeinerer Natur, während die Experten einen feineren Detaillierungsgrad für ihre Belange als notwendig erachten.

Insgesamt legen die Experten einen größeren Wert auf die Bearbeitung von Produkten und die anfallenden Kosten. Daraus lässt sich ableiten, dass bei einer Anlagenbeschaffung die technische Machbarkeit der Fertigung eines Werkstücks unter den vorgegebenen Rahmenbedingungen der Qualität und Zeit eher im Vordergrund steht als eine reine Kostenbetrachtung. Da die von den Experten gewünschten Einheiten bei der Darstellung einzelner Kennzahlen variieren, sind diese nicht vollständig abgebildet; sie bilden jedoch die Grundlage für das Unterstützen von Entscheidungen bezüglich der Anlagenbeschaffung und -bereitstellung.

Für eine Entscheidungsunterstützung dieses Anwendungsfalls sind die erhobenen Informationsbedarfe in durchführbare Analysen zu überführen, damit diese im Rahmen des Business-Intelligence-Frameworks abgebildet werden können. Hierzu werden für den jeweiligen Anwendungsfall typische Fragestellungen abgeleitet, deren Beantwortung eine Unterstützung des jeweiligen Entscheiders darstellen kann. Im Fall der Anlagenbeschaffung und -bereitstellung ist eine wichtige Fragestellung die technische Machbarkeit.

4.2 Der Anwendungsfall Prozessoptimierung

Die Prozessoptimierung ist eine ständig wiederkehrende Aufgabe des Produktionsmanagements. Besonders nach Neuanschaffungen (Technologieentscheidungen im Sinne der Anlagenbeschaffung und -bereitstellung) sind die Fertigungsprozesse in der Regel neu abzustimmen und anzupassen. Die Prozessoptimierung ist theoretisch jedes Mal durchzuführen, wenn sich eine Einflussgröße auf den Prozess ändert. Zur Prozessoptimierung ist es notwendig, über historisierte Daten zu verfügen, damit durch einen Eingriff in den Produktionsprozess dieser nicht verschlechtert wird. Hierfür ist allerdings eine Vielzahl unterschiedlichster Informationen, die im folgenden Abschnitt näher beschrieben werden, notwendig.

4.2.1 Literatur zur Prozessoptimierung

Als Beurteilungsgrundlage für Fertigungsprozesse kann das sogenannte magische Dreieck, siehe Abbildung 18, das Qualität, Kosten und Zeit verknüpft, verwendet werden.[491]

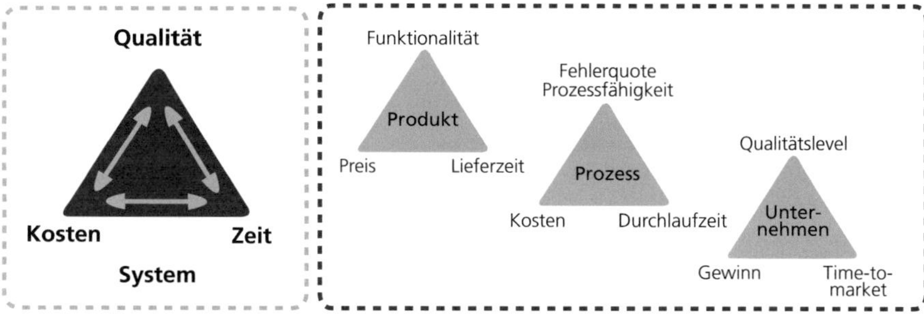

Abbildung 18: Das magische Dreieck und mögliche Ausprägungen (aus Gerboth, 2002, S. 33 f.)

Die Größen Qualität, Zeit und Kosten spielen eine wichtige Rolle bei der Ausarbeitung eines Fertigungsprozesses und werden im Folgenden separat betrachtet. Hierfür ist es auch wichtig, die Menge und Art der zu fertigenden Werkstücke zu kennen.

Qualität

Die Qualität des gefertigten Produkts kann an Qualitätsmessstationen überprüft werden. Hierfür werden an dem zu prüfenden Produkt im Vorfeld definierte Merkmale auf den Erfüllungsgrad überprüft. Die Qualität von mechanischen Fertigungsverfahren, welche eine Veränderung der geometrischen Eigenschaften eines Produktes bewirken, wird in der Regel in Toleranzgrößen ausgedrückt.[492] Dadurch können beispielsweise Passgenauigkeiten und Oberflächengüten erfasst und klassifiziert werden. Eine Toleranz wird in der Regel mit einem Zielwert und einer Abweichung angegeben [x, ±Δx], siehe Abbildung 19. Diese werden Maß- bzw. Geometrietoleranzen genannt.[493]

491 Vgl. Eversheim, 1995, S. 27.
492 Vgl. Westkämper und Warnecke, 2004, S. 16.
493 Vgl. Klein, 2006, S. 15 f.

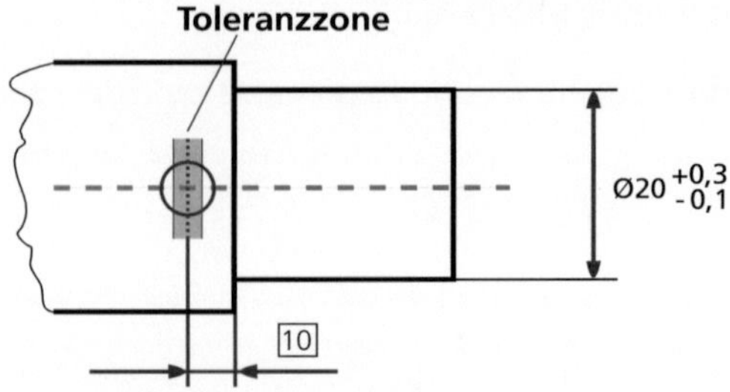

Abbildung 19: Beispiel einer Toleranzbemaßung (aus Klein, 2006, S. 16)

Befindet sich ein mit Toleranzgrößen bemaßtes Merkmal eines Produktes innerhalb des Toleranzbereiches, kann es weiterverarbeitet oder verkauft werden, außerhalb wird es als Ausschuss behandelt. Über die Einhaltung der Toleranzen kann daher eine Aussage über die Qualität eines Produktes gemacht werden.[494]

Die Anforderungen an die Qualität eines Produktes werden durch die technischen Zeichnungen und gegebenenfalls durch den kundenspezifischen Auftrag festgelegt und werden durch die Gestaltung des Arbeitsplans gewährleistet. Die Qualität eines Produktionsabschnitts, also des Teils einer Produktion zwischen zwei Qualitätsprüfungen, kann anhand der Ausschussquote beschrieben und berechnet werden. Die Qualität des Fertigungsprozesses selbst kann durch Prozessfähigkeitskennwerte beschrieben werden. Diese Kennwerte werden auch als Qualitätsfähigkeitskenngrößen (QCS; Quality Capability Statistics) bezeichnet. Die DIN nennt dazu zwei Kennwerte, den C_p-Wert (Prozesspotential) und den C_{pk}-Wert (Prozessfähigkeit). Der C_{pk}-Wert gibt an, wie sicher ein Prozess sich innerhalb einer oberen und einer unteren Grenze befindet. Der C_p-Wert gibt den Mittelwert der Verteilung innerhalb der angegebenen Grenzen an. Mit Daten aus dem CAQ-System ist es möglich, die Prozessfähigkeit eines Produktionsprozesses zu berechnen.[495]

Die Analyse des Fertigungsprozesses kann in Kurzzeitfähigkeits-, vorläufige Prozessfähigkeits- und Langzeitprozessfähigkeitsuntersuchungen eingeteilt werden.[496] Bei

[494] Geregelt sind die Toleranzen und deren Bemaßungen in der DIN 7167 bzw. ISO 8015, die zu verwendende Symbolik in ISO 1101 sowie die Allgemeintoleranzen in ISO 2768 (vgl. u. a. Klein, 2006, S. 16; DIN 7167; ISO 8015; ISO 2768).

[495] Vgl. Strunz, 2012, S. 49.

[496] Vgl. Wappis und Jung, 2008, S. 159 f.

der Kurzzeitfähigkeitsanalyse wird nur die Maschine (Maschinenfähigkeit), bei der vorläufigen und bei der Langzeituntersuchung der Prozessfähigkeit werden auch Umgebungsgrößen, wie der Mensch oder das Werkstückmaterial, in Betracht gezogen.[497] Die Stabilität und die Reproduzierbarkeit eines Produktionsschrittes auf einer Maschine ermöglichen die Berechnung der Ausschuss- und Nacharbeitsanteile.[498] Da ein Fertigungsprozess aufgrund der Werkzeugabnutzung je nach Werkzeugmaterial einer ständigen Veränderung unterworfen ist, müssen die Fertigungsprozess- und Maschinenparameter dauerhaft erfasst, kontrolliert und gegebenenfalls nachgeregelt werden.[499] Des Weiteren empfiehlt sich die Überwachung des Wirkungsgrads, der Beanspruchung, des Abnutzungsgrads und der Schadenshäufigkeit.[500]

Der Rüstausschuss beschreibt diejenigen Teile, die für das Einfahren einer Maschine nach einem Rüstvorgang für die eigentliche Produktion gefertigt werden. Da dieser Ausschuss im Gegensatz zu dem normalen Ausschuss planbar ist, gibt es hierfür einen eigenen Begriff und eine gesonderte Berechnung. In der Literatur wird hierfür auch der Begriff der Anfahrverluste verwendet.[501]

Kosten

Ein konträres Ziel bei der Verbesserung der Qualität eines Produktes ist der Versuch, die bei einer Produktion entstehenden Kosten zu minimieren. Bei der Erstellung der Arbeitspläne liegen daher häufig Zielkosten zugrunde. Diese werden auf die einzelnen Schritte des Fertigungsprozesses[502] herunter gebrochen und geben Auskunft über den Werkzeugverbrauch und dadurch entstehende Werkzeug- und Rüstkostenkosten.[503] Auf diese Weise können kostenintensive Fertigungsschritte, beispielsweise bei einer Verwendung zu weicher Schneidmittelart, aufgedeckt werden.

497 Vgl. Wappis und Jung, 2008, S. 161.

498 Vgl. Strunz, 2012, S. 49.

499 Vgl. ebenda, S. 49.

500 Vgl. ebenda, S. 47.

501 Anfahrverluste entstehen in dem Zeitraum vom Maschinenanlauf nach Reparaturen, Schichtbeginn oder anderen Stillständen, bis die Maschine zuverlässig einwandfreie Qualität produziert. Neben dem Verlust an produktiver Zeit entstehen häufig Stückzahlverluste durch Ausschuss.

502 Bei der Errechnung der Fertigungskosten wird zwischen zuordenbaren Prozesskosten und Gemeinkosten unterschieden. Die Maschinenbeschaffung wird den Gemeinkosten zugerechnet, da Maschinen meist mehr als einen Fertigungsprozess beherrschen (vgl. Gabler, 2013).

503 Vgl. Puchta, 2004, S. 32.

Zeit

Der dritte Faktor des magischen Dreiecks ist die Zeit. Die Zeit, die ein zu fertigendes Produkt in einer Produktion zwischen Eingang und Verlassen verbringt, wird in der Literatur als Durchlaufzeit bezeichnet.[504] Die Durchlaufzeit eines Produktes gliedert sich in die Durchführungszeit (Bearbeitungszeit und werkstück- und werkzeugbezogene Rüstzeit) und die Übergangszeit (Transportzeit, Kontrollzeit und Liegezeit).[505] Abbildung 20 verdeutlicht die Operationalisierung der Durchlaufzeit.

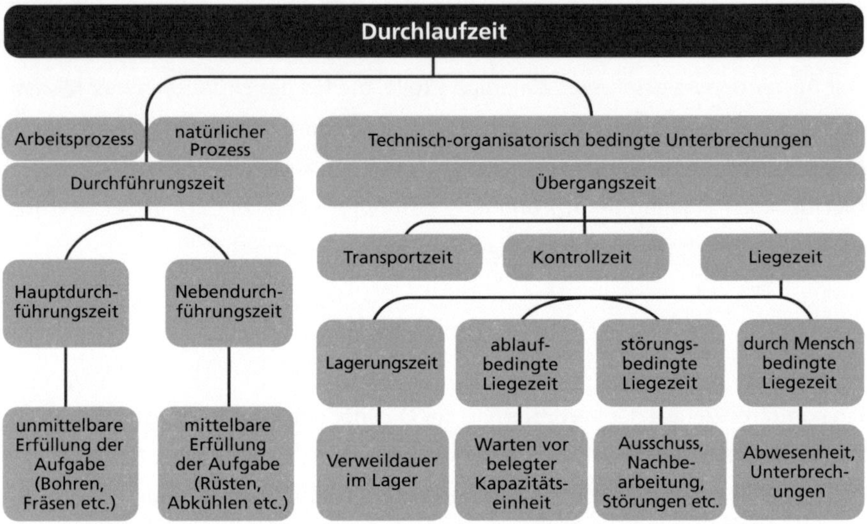

Abbildung 20: Gliederung der Durchlaufzeit (aus Nebl, 2011, S. 692)

Die Bearbeitungszeit eines Produktes kann aus der Addition der einzelnen Fertigungsprozessschritte berechnet werden und wird auch als Durchführungszeit betrachtet. Sie besteht aus der unmittelbaren Fertigungszeit und dem Zeitaufwand für die mittelbar benötigten Aufgaben.[506]

Die Rüstzeit einer Werkzeugmaschine ist ein wichtiger Fertigungsfaktor.[507] Unter Rüstzeit wird diejenige Zeitspanne verstanden, die zwischen zwei Produktions-

504 Vgl. Nebl, 2011, S. 689.
505 Vgl. u. a. Nebl, 2011, S. 691 f.; Wannenwentsch, 2010, S. 563; Steinbuch, 1999, S. 358.
506 Vgl. Nebl, 2011, S. 696.
507 Vgl. Prust, 2005, S. 299.

schritten verstreicht, auf den Werkstück- oder Werkzeugwechsel[508] bezogen ist und aus einer Aufrüst- und Abrüstzeit besteht. Auch Definitionen, die nur den Werkzeugwechsel betrachten, etwa bei der Fertigung mehrerer Prozessschritte auf einer Maschine, sind gebräuchlich und hängen von der jeweiligen Betrachtung und Fertigungsorganisation ab. In einigen Modellen ist die Rüstzeit eine Planvorgabe, welche die Realität nur mangelhaft wiedergibt.[509] Erst wenn der jeweils folgende Produktionsschritt bekannt ist, d. h. die notwendigen Informationen über das folgende Los, kann eine Maschine entsprechend gerüstet werden. Deshalb werden häufig ähnliche Lose zusammengeführt oder hintereinander gefertigt, um diese Zeitaufwendungen möglichst gering zu halten.[510]

Mit einer historisierten Darstellung ähnlicher Arbeitspläne können bekannte Problemstellungen in der Zukunft vermieden und Zeit und Kosten im Produktionsprozess gespart werden. Wenn beispielsweise Material nach einem Prozessschritt abkühlen muss, ist es nicht unbedingt sinnvoll, direkt an diesem Werkstück weiter zu fertigen und damit Qualitätseinbußen in Kauf zu nehmen.

Faktoren für die Produktionsprozessoptimierung (Durchlaufzeitverkürzung)

Wird bei der Terminierung eines Auftrages festgestellt, dass dieser nicht ohne Verletzung von Terminrestriktionen durchgeführt werden kann, werden Möglichkeiten der Durchlaufzeitverkürzung in Betracht gezogen. Wichtige Maßnahmen sind beispielsweise:[511]

- Reduktion von Übergangszeiten
- Splitten von Fertigungsaufträgen
- Überlappung von Arbeitsgängen

Bei einer Übergangszeitenreduktion kann beispielsweise auf die folgenden Größen zurückgegriffen werden:[512]

508 Vgl. Prust, 2005, S. 299 f.
509 Vgl. Reitner, 2007, S. 23.
510 Vgl. ebenda, S. 102 f.
511 Vgl. u. a. Kurbel, 2005, S. 146; Bornhäuser, 2005, S. 400; Mertens, 2007, S. 122.
512 Vgl. Mertens, 2007, S. 144.

- durchschnittliche Wartezeit vor einem Arbeitsgang
- prozessbedingte Liegezeit vor einem Arbeitsgang (z. B. Anwärmen)
- prozessbedingte Liegezeit nach einem Arbeitsgang (z. B. Abkühlen)
- Wartezeit auf Kontrolle und Kontrollzeit
- Wartezeit auf Transport
- eigentliche Transportzeit

Da zur Durchlaufzeitverkürzung auch Eingriffe in andere Fertigungsprozesse vorgenommen werden, sind zusätzliche Informationen über die Terminierungen dieser Prozesse nötig. Durch das Aufsplitten von Fertigungsaufträgen, d. h. dem Teilen von Losen, kann deren Bearbeitung beispielsweise auf mehreren Maschinen erfolgen. Auch können Teillose besser auf freie Zeitslots von Produktionsmaschinen verteilt werden. Auf diese Weise ist es möglich, einen Fertigungsauftrag zeitlich zu beschleunigen. Da allerding zusätzliche Rüstkosten entstehen können, ist eine genaue Betrachtung des Zeitgewinns obligatorisch.[513]

Bei großen Losen kann es sinnvoll sein, dass nicht auf die vollständige Bearbeitung gewartet wird, sondern mit (teil-)gefertigten Losen schon der nächste Fertigungsschritt eingeleitet wird, beispielsweise der Transport von Fertigteilen zur nächsten Maschine, während ein anderes Teil noch gefertigt wird.[514]

Faktoren für die Prozessoptimierung (engpassorientierte Organisation)

Die engpassorientierte Organisation (EOO), welche auf Basis der Theory of Constraints (TOC) eingeführt wurde,[515] findet in vielen Produktionen Beachtung, wird aber selten als ein Steuerungsinstrument herangezogen. Das Ziel bei der EOO ist die Betrachtung des schwächsten oder langsamsten Kettengliedes einer Produktion,[516] da eine kurzfristige Kapazitätsanpassung meistens nicht schnell genug durchgeführt werden kann.[517] Dabei wird darauf geachtet, dass jeweils nur so

513 Vgl. Kurbel, 2005, S. 149.
514 Vgl. u. a. Steinrücke, 2006, S. 13; Kurbel, 2005, S. 150.
515 Vgl. Techt und Lörz, 2011, S. 69.
516 Vgl. Gehrike, 2008, S. 274.
517 Vgl. Jacob, 2012, S. 206.

viel Material in den Produktionsprozess gegeben wird, wie dieses Glied vertragen kann.[518] Hierdurch werden Pufferbildungen und Pufferüberflüsse vermieden und die Durchlaufzeiten auf die Bearbeitungszeit verkürzt.[519] Bei einer Einführung der EOO können zwar die Losgrößen variieren, was einen zusätzlichen organisatorischen Aufwand bedeutet, doch kann anschließend gezielt in den Engpass investiert werden. Damit kann die Kapazität der Produktion ganzheitlich erhöht werden, was wiederum zu einer Erhöhung des Kapitalumschlages und Verringerung der Durchlaufzeit sowie des Bestandes führt.[520] Wesentliche maschinenbezogene Kennzahlen sind parts-per-million (ppm) Raten, Non-Quality-Costs, Lagerbestände, Lieferleistungen und Kapitalumschlag.[521] Tabelle 10 zeigt die zur Unterstützung der Prozessoptimierung nötigen Daten.

4.2.2 Praxissicht zur Prozessoptimierung

Fertigungs- und Produktionsprozesse sind derart komplex und intransparent wie kein anderes Feld in einem Unternehmen. Manager stehen häufig vor dem Problem, dass sie zwar über Kennzahlen verfügen, bezüglich deren Aussagekraft und Relevanz sie aber häufig unsicher sind oder nicht wissen, welche Daten sie benötigen.[522]

Maschine

Bezogen auf die Stückzahlen sind der Ort bzw. die Maschinen relevant, an welcher die Betrachtung, beispielsweise zur Erfassung der Kennzahl Bearbeitungskapazität, durchgeführt wird.[523] Die betriebswirtschaftlichen und technischen Kennzahlen werden heutzutage in vielen Unternehmen immer noch getrennt betrachtet.[524] Auf der technischen Seite existieren Prozessgrößen, die für die Betrachtung der Fertigungsprozesse von Maschinen genutzt werden.

518 Vgl. Gehrike, 2008, S. 274.
519 Vgl. ebenda, S. 274.
520 Vgl. ebenda, S. 274 f.
521 Vgl. ebenda, S. 277.
522 Experte 1, S. 1 f.; Experte 7, S. 1.
523 Experte 1, S. 3; Experte 7, S. 24.
524 Experte 1, S. 3.

Anwendungsfall	Kategorie	Ausprägung
Prozessoptimierung	Maschine	Kapazität
		Puffergrößen
		Maschinenparameter
	Werkzeug	Art des Schneidmittels
		Material
		Rüstausschuss
	Werkstück	Art des Werkstücks
		Toleranzen
		Oberflächengüte
		Material
	Fertigungsprozess	Reproduzierbarkeit
		Fertigungsprozessparameter
	Messgrößen	Produktionsmenge
		Losgröße
		Losähnlichkeit
		Teilbarkeit des Loses
		Bearbeitungszeit
		Fertigungszeit
		Zeitaufwand mittelbarer Aufgaben
		Daten des folgenden Produktionsschritts
		Wartezeit
		Werkzeugrüstzeit
		Werkstückrüstzeit
		Liegezeit vor einem Fertigungsschritt
		Liegezeit nach einem Fertigungsschritt
		Transportzeit
		Kontrollzeit
		Prozesspotential
		Prozessfähigkeit
		Prozessstabilität
		Wirkungsgradüberwachung
		Beanspruchungsüberwachung
		Abnutzungsüberwachung
		Schadensüberwachung
		Werkzeugwechsel
		Ausschuss
		Nacharbeit
		Fehlerrate (Parts-per-Million)
		Anfahrverluste/Rüstausschuss
		Non-Quality-Costs
		Lagerbestände
		Kapitalumschlag
		Lieferverzögerung
	Kosten	Fertigungsprozesskosten
		Werkzeugkosten
		Rüstkosten

Tabelle 10: Prozessoptimierung (Literatur)

Zunächst muss geklärt sein, ob eine Maschine qualitätsmäßig einen Fertigungsprozess durchführen kann, d. h. ob die geforderten Toleranzen eingehalten werden können,[525] und wenn ja, mit welchen Einstelldaten[526] und mit welcher Technologie.[527] Diese Daten werden unter dem Begriff Verfahrenseignung, d. h. der möglichen Einstelldaten und Verfahrwege, zusammengefasst. Diesbezüglich sind auch die verschiedenen Aufspann- bzw. Aufnahmemöglichkeiten des Werkstücks und Werkzeugs zu betrachten,[528] welche auch redundant vorhanden bzw. ausgelegt sein können.[529] Anschließend werden wichtige Kennzahlen wie die Kapazitäten, Dreh- oder Fräskapazität[530] oder die voraussichtliche Wartungshäufigkeit und -dauer[531] mit in die Betrachtung einbezogen.

Heutzutage nimmt die Simulation des Maschinen-, Werkzeug- und Werkstückverhaltens einen wichtigen Stellenwert bei der Produktionsplanung ein.[532] Hierfür ist eine umfassende Kenntnis der einzelnen relevanten Parameter des Werkstücks, des Werkzeugs und der Maschine notwendig. Damit kann im Vorfeld zeitnah festgelegt werden, welche Maschine letztendlich für die Durchführung eines Fertigungsprozesses am besten geeignet ist.

Fertigungsprozess

Da eine integrierte Darstellung des Ist-Fertigungsprozesses mit den aktuellen Parametern und mit der Abbildung von Werkzeugen noch nicht existiert, wird diese von vielen Experten gewünscht.[533] Eine derartige Darstellung würde dann zwar eine sehr große Datenmenge enthalten, aber auch komplexe Auswertungen ermöglichen.[534]

Der Produktionsprozess kann bei kompletter Materialverfügbarkeit[535] oder bei Bedarf aus der Montage gestartet werden.[536] Er wird von den Lagergrößen für die

525 Experte 1, S. 10 f.; Experte 2, S. 13; Experte 3, S. 21 f.
526 Experte 2, S. 16; Experte 3, S. 14.
527 Experte 2, S. 12.
528 Experte 4, S. 5.
529 Experte 9, S. 1.
530 Experte 1, S. 3; Experte 4, S. 1.
531 Experte 7, S. 33.
532 Experte 5, S. 15; Experte 9, S. 2.
533 Experte 2, S. 22; Experte 3, S. 6, S. 33; Experte 5, S. 10; Experte 9, S. 3.
534 Experte 7, S. 36.
535 Experte 6, S. 27; Experte 7, S. 8.
536 Experte 8, S. 2.

Materialien,[537] deren Wiederbeschaffungszeiten bzw. Reservierungsbedarfen[538] und auch von den Orten und Mengen der erzeugten Produkte beeinflusst.[539] Dabei sorgt das Engpassmanagement für einen möglichst reibungslosen Ablauf der Produktion.[540] Wichtig sind hierfür technischen Kennzahlen wie Stückzahlen (herzustellende Werkstücke), Losgröße je Produkt und Produktionsperiode,[541] da diese maßgeblich einen Fertigungsprozess definieren.[542]

Bei der Veränderung eines Fertigungsprozesses sind Informationen bezüglich der Flexibilität, d. h. die Veränderbarkeit der Technologie und der Ausbringungsmenge,[543] zu berücksichtigen. In diesem Zusammenhang kommen auch Fragen auf, ob Fertigungsschritte aus Kostengründen ausgelagert, also Fremdvergeben werden können, z. B. durch Vergabe oder Leiharbeit.[544] Sind Fertigungsprozesse einmal erfolgreich in einer Produktion implementiert, werden diese Aufgrund ihrer Komplexität selten verbessert,[545] da die optimalen Einstellungen und Verfahrwege einer Fertigungsmaschine in Bezug auf ein zu fertigendes Werkstück in der Regel unbekannt sind.[546] Zusammenfassend finden sich diese Parameter auch in der Fertigungsprozessfähigkeit und -sicherheit wieder.[547] Viele Großkonzerne benötigen die Emissionen eines Fertigungsprozesses für Berichte und ihren Jahresabschluss,[548] deshalb wird auch die Energieeffizienz von Fertigungslinien, gemessen in CO_2-äquivalent, angegeben.[549] Für das Reporting und für die Qualitätssicherstellung sind bei einer Fertigung die Identifizierung und Rückverfolgbarkeit von hergestellten Produkten unerlässlich. Hierfür ist eine eindeutige Kennzeichnung von Werkstücken und Werkzeugen[550] notwendig, deren Fertigungsprozessergebnisse hinterlegt sein müssen.[551]

537 Experte 7, S. 8 f.
538 Experte 7, S. 9, S. 31.
539 Experte 8, S. 4.
540 Experte 3, S. 31; Experte 7, S. 7, S. 24; Experte 8, S. 2.
541 Experte 1, S. 3, S. 12; Experte 2, S. 13; Experte 3, S. 8 f.; Experte 4, S. 6; Experte 6, S. 21; Experte 7, S. 4, S. 6 f, S. 20; Experte 8, S. 2.
542 Experte 9, S. 4.
543 Experte 3, S. 32; Experte 4, S. 4; Experte 8, S. 3, S. 9; Experte 9, S. 1.
544 Experte 4, S. 6.
545 Experte 5, S. 19; Experte 6, S. 4.
546 Experte 6, S. 4.
547 Experte 7, S. 9, S. 31.
548 Experte 3, S. 36 f.
549 Experte 9, S. 4.
550 Experte 3, S. 22.
551 Experte 9, S. 2.

Werkstück

Da die Eigenschaften eines herzustellenden Produktes in der Regel vom Vertrieb festgelegt werden, sind diese als gegeben anzusehen. Das bedeutet, dass die Werkstückeigenschaften, z. B. einzuhaltende Toleranzen, als bekannt vorausgesetzt werden.[552]

Werkzeug

Bezüglich des Werkzeugs sind Daten über die Beschaffenheit, d. h. Art und Qualität der Schneidmittel von großer Bedeutung, da diese direkten Einfluss auf die Qualität des jeweiligen Fertigungsprozesses haben.[553]

Messgrößen

Auf der betriebswirtschaftlichen Seite sind Kennzahlen wie Durchlaufzeiten und (Gesamt-)Kosten[554] sowie die Liefertermine bzw. Liefertreue bezogen auf den Kundenwunschtermin und die Ausschuss- bzw. Nacharbeitsraten für die Fertigungsprozessoptimierung wichtig.[555] Anpassungen und Bewertung einer Produktion basieren häufig auf betriebswirtschaftlichen Kennzahlen wie Umsatz oder Kapitalumschlag.[556] Heutzutage wird diese Entscheidung durch implizites Meisterwissen getroffen,[557] dessen Grundlage Kennzahlen wie erreichbare Werkstückqualität, Fehlerhäufigkeit und Durchlaufzeit[558] bilden.

Kosten

Hinsichtlich der Kosten sind für die Prozessoptimierung die Materialeinsatz- und Personalkosten[559] von Bedeutung. Die aus Expertensicht für eine Optimierung des Fertigungsprozesses benötigten Daten sind in Tabelle 11 zusammengefasst. Da es

552 Experte 1, S. 11, S. 12.
553 Experte 2, S. 12.
554 Experte 2, S. 12, S. 13, S. 17; Experte 3, S. 14, S. 17; Experte 4, S. 4; Experte 5, S. 15; Experte 8, S. 1, S. 3; Experte 9, S. 7.
555 Experte 3, S. 1 f., S. 6; Experte 4, S. 4; Experte 5, S. 15; Experte 7, S. 8, S. 10, S. 33.
556 Experte 1, S. 2; Experte 4, S. 6.
557 Experte 1, S. 15; Experte 7, S. 4.
558 Experte 1, S. 15; Experte 2, S. 12; Experte 7, S. 10, S. 26 f.; Experte 8, S. 2 f.; Experte 9, S. 7.
559 Experte 3, S. 12; Experte 8, S. 3.

bei einigen Punkten, wie beispielsweise der Technologie, eine Vielzahl von Ausprägungen gibt, werden diese durch den Platzhalter „weitere" gekennzeichnet.

Anwendungsfall	Kategorie	Ausprägung
Prozessoptimierung	Maschine	Ort
		Bearbeitungskapazität
		Verfahrenseignung
		Maschinenparameter
		Einstelldaten
		Verfahrwege
		Technologieoptionen
		Simulationsfähigkeit
		Aufspannmöglichkeiten
		Werkzeugaufnahme
		Wartungshäufigkeit
		Wartungsdauer
		CO_2-Emission
	Fertigungsprozess	Prozessfähigkeit
		Prozesssicherheit
		Losgröße
		Werkstückverfügbarkeit
		Wiederbeschaffungszeit
		Reservierungsbedarf
		Technologieänderungsfähigkeit
		Kapazitätsänderungsfähigkeit
		Einstellbarkeit
		Fremdvergabefähigkeit
		CO_2-Emission
	Werkzeug	Art Schneidmittel
		Qualität Schneidmittel
		Identifizierbarkeit
	Werkstück	Material
		Geometrie
		Toleranzen
		Menge
		Identifizierbarkeit
	Messgrößen	Durchlaufzeit
		Werkstückqualität
		Fehlerhäufigkeit
		Umsatz
		Kapitalumschlag
		Liefertermin
		Liefertreue
		Ausschussquote
		Nachbearbeitungsquote
	Kosten	Materialkosten
		Personalkosten
		Gesamtkosten

Tabelle 11: Prozessoptimierung (Praxis)

4.2.3 Zusammenfassung Prozessoptimierung

In Tabelle 11 sind die Informationen zusammengefasst, welche für die Praxis von Bedeutung sind. Aus dieser Tabelle und Tabelle 10 ist ersichtlich, dass die von den Entscheidungsträgern benötigten Informationen aus Literatur und Praxis sehr ähnlich und anders als bei der Technologieentscheidung relativ überschaubar sind.

Von Bedeutung für die Optimierung bestehender Fertigungsprozesse ist das Beleuchten der einzelner Parameter, z. B. den Einstellungen der Maschine und messbaren Größen wie Durchlaufzeit oder Stabilität. Hierfür sind beispielsweise Fragestellungen bezüglich der Updatefähigkeit und Fehlermeldungen von Maschinen von Interesse.

Zusammenfassend kann festgehalten werden, dass ein Fertigungsprozess in der Literatur stark nach der benötigten Fertigungszeit beurteilt und die Qualität dabei immer eine notwendige Grundbedingung darstellt. Auch hier wird, ähnlich wie bei der Anlagenbeschaffung und -bereitstellung, auf einem hohen Abstraktionsgrad diskutiert. Die Experten geben eine sehr detaillierte Sichtweise auf benötigte Informationen wieder und verweisen deutlich auf die hohe Komplexität einzelner Fertigungsprozesse, die, sobald sie einmal stabil in Betrieb genommen wurden, häufig nicht für Verbesserungen angefasst werden, da zu wenig Wissen über die Folgen des Eingriffs vorliegt. Auch das prozessspezifische Wissen ist häufig nur in wenigen Köpfen eines Unternehmens vorhanden und wird, wenn einzelne Fertigungsprozesse über Jahre hinweg durchgeführt werden, bei einem Veränderungsversuch oft wieder neu angeeignet.

Aus diesen Erkenntnissen lässt sich ableiten, dass zur Verbesserung bestehender Prozesse der Fertigungsprozess selbst zu analysieren ist, um herauszufinden, ob dieser entsprechend den bestehenden Anforderungen durchgeführt wird oder verbessert werden kann. Für eine Entscheidungsunterstützung in diesem Anwendungsfall ist eine Analyse hinsichtlich der Prozessoptimierung durchzuführen. Ebenfalls ist eine Analyse der Updatemöglichkeiten nötig, da zu gewährleisten ist, dass ein Fertigungsprozess auf dem technisch aktuellen Stand ist, um ihn kosten- und qualitätseffizient durchführen zu können.

4.3 Der Anwendungsfall Termin- und Reihenfolgeplanung

Die Einflussgrößen auf eine Produktion sind vielseitiger Natur; so erfordern interne Faktoren, wie unvorhergesehene und damit nicht planbare Ausfälle einer produktionsrelevanten Werkzeugmaschine, Krankheitsfälle von Mitarbeitern oder externe Faktoren, wie Lieferschwierigkeiten oder mangelnde Qualität eines benötigten Werkstoffs, Eingriffe in die aktuelle Produktion. Die Experten nannten bzw. bestätigten für die Termin- und Reihenfolgeplanung ein typisches Szenario: Ein wichtiger Kunde fordert eine kurzfristige Erhöhung der Liefermenge eines Produktes um ca. 10%. Da es sich für die Firma um einen langjährigen und damit wichtigen Kunden handelt, möchte sie dieser Nachfrage nachkommen. Eine solche Mehrproduktion führt, besonders bei einer bereits ausgelasteten Produktion, zu gravierenden Eingriffen in die Termin- und Reihenfolgeplanung. Sieht man von der Materialbereitstellung ab, muss unter den Gesichtspunkten und den Prioritäten des Managements die Relevanz der einzelnen zu fertigenden Produkte neu festgelegt werden.

4.3.1 Literatur zur Termin- und Reihenfolgeplanung

Nach der Produkt-, Programm- und Kapazitätsplanung bestimmt die Termin- und Reihenfolgeplanung die Abfolge der einzelnen Arbeitsaufträge an einem Arbeitsplatz.[560] Das Ziel ist die zeitliche Gestaltung einer Produktion unter der Berücksichtigung gegebener Nebenbedingungen. Dabei müssen die folgenden Punkte berücksichtigt werden:[561]

- aktuelle Zeitplanung und Auftragsreihenfolge der Produktion
- zeitliche Terminierung der einzelnen Produktionsaufträge
- Relevanz bzw. Priorität der einzelnen Auftragskunden
- Kapazitäten der Produktion
- Prioritätsregeln der Produktion

560 Vgl. u. a. Wannenwentsch, 2010, S. 568; Jehle, 1994, S. 77 ff.

561 Vgl. u. a. Wannenwentsch, 2010, S. 569 ff.; Vahrenkamp, 2008, S. 181; Fandel et al., 2011, S. 104 f.

Die Entscheidung, die Reihenfolge einer Produktion zu verändern, hat Auswirkungen auf die Ausliefertermine. In seltenen Fällen wird eine Produktion soweit im Vorfeld gestartet, dass sich ein Szenario wie die oben beschriebene eine kurzfristige Produktionssteigerung ohne Benachteiligung anderer Aufträge durchführen lässt.

Bei der Entscheidung, wie in die zeitliche Gestaltung der Produktion eingegriffen werden soll, ist zuerst abzuklären, von welcher Dauer die Nachfrageerhöhung ist. Gegebenenfalls ist es bei einer anzunehmenden längerfristigen Nachfrageerhöhung auch sinnvoll, die eigene Produktionskapazität auszuweiten und diesen Fall in den Bereich der Anlagenbeschaffung und -bereitstellung zu verlegen. Bei einer zu erwartenden lediglich kurzfristigen Nachfrageänderung gehört dieses Szenario in die Termin- und Reihenfolgeplanung. Dann benötigt ein Entscheidungsträger die folgenden Informationen:[562]

- Durchlaufzeiten mit Transport-, Liege-, Rüst- und Bearbeitungszeiten der einzelnen Produkte
- Schichtenmodell und Auslastung der Produktion
- gebildete Losgrößen und Serien
- Layout der Produktionsmaschinen und Lager
- Kapazitätsrestriktionen
- ggf. entstehende Mehrkosten

Da die Ziele in der Produktion je nach Art des Unternehmens und der gelebten Produktionsphilosophie unterschiedlicher Natur sind, gibt es in der Produktions(prozess)planung, zu der die Termin- und Reihenfolgeplanung gehört, durchaus unterschiedliche Herangehensweisen zur Verbesserung. Diese sind als Zielkonflikte der PPS-Systeme in der Literatur bekannt[563] und können beispielsweise sein:[564]

- bestmögliche Termineinhaltung
- größtmögliche Kapazitätsauslastung

[562] Vgl. Fandel et al., 2011, S. 106 f.
[563] Vgl. u. a. Wannenwentsch, 2010, S. 554, S. 568; Schoner, 2007, S. 7.
[564] Vgl. u. a. Wannenwentsch, 2010, S. 554, S. 564; Schoner, 2007, S. 8.

- Kostenminimierung
- Losgrößenplanung
- Minimierung der Rüstzeiten
- minimale Lagerbestände
- Target Costing bzw. Design to Cost

Eine wichtige Größe für die Einhaltung eines Liefertermins ist die Durchlaufterminierung, die von der Ablaufstruktur und der Durchlaufzeit bestimmt wird. Bestimmende Faktoren sind diesbezüglich:[565]

- Durchlaufzeit
- Starttermin
- Pufferzeiten
- Endtermin
- kritischer Pfad[566]

Neben der Durchlaufzeit ist die Kapazität eine weitere wichtige Kenngröße der Produktion und der Termin- und Reihenfolgeplanung. Die Kapazität lässt sich aus den mit einer Maschine durchführbaren Fertigungsprozessschritten je Zeiteinheit bestimmen, und die folgenden Größen wirken sich auf sie aus:[567]

- Losgröße
- Auftragsanzahl
- Wartungs- und Instandhaltungsarbeiten
- Möglichkeit der Auswärtsvergabe
- Kurzarbeit oder Überstunden
- intensitätsmäßige Anpassung

565 Vgl. u. a. Wannenwentsch, 2010, S. 560; Neumann, 1996, S. 110.

566 Die Größe kritischer Pfad bezeichnet eine Engstelle in der Produktion und bedeutet, dass eine Verlängerung an der Engstelle gleichzeitig eine Zunahme der kürzest möglichen Bearbeitungsdauer beinhaltet, da der kritische Pfad den aktuell kürzest möglichen Weg eines zu fertigenden Produktes durch die Produktion bezeichnet.

567 Vgl. u. a. Wannenwentsch, 2010, S. 567; Vahrenkamp, 2008, S. 187.

Zwingend erforderlich ist die Verfügbarkeitsprüfung am Anfang der Termin- und Reihenfolgeplanung, um konkrete Aussagen über die zu erreichenden Endtermine zu erhalten. Hierfür existiert eine Vielzahl von Prioritätsregeln, die leicht automatisierbar sind und auf die im Folgenden nicht näher eingegangen wird.

Eine Kostenminimierung kann durch Eingriffe in die Kostenstruktur eines Unternehmens erfolgen. Die Kostenstruktur besteht in der Regel aus:[568]

- (regulären) Arbeitskosten
- Überstundenkosten
- Kosten von Einstellung und Entlassung
- Lagerhaltungskosten
- Fehlmengenkosten
- Fremdvergabekosten
- Materialkosten

Das Splitten von Fertigungsaufträgen kann sowohl produktionsintern als auch produktionsextern geschehen und nennt sich Losgrößenbildung und wirkt sich auch auf die Transportkosten aus. Möglichkeiten Fertigungsaufträge dennoch einzusteuern, kann durch Kapazitätsanpassung, -abgleich oder Fremdvergabe[569] erfolgen. Üblicherweise muss deshalb bekannt sein, wie ein Fertigungsauftrag aufgeteilt werden kann, welche Teile fremdvergeben werden können und welche Möglichkeiten bezüglich einer Kapazitätserhöhung bestehen. Dabei ist auch die Rüstzeit zu berücksichtigen, da größere Lose weniger Werkzeugwechsel benötigen als kleinere Lose. Deshalb werden häufig ähnliche Lose zusammengeführt oder hintereinander gefertigt, um diese Zeitaufwendungen möglichst gering zu halten.[570]

---

568 Vgl. Vahrenkamp, 2008, S. 191.
569 Vgl. Schuh, 2006, S. 49.
570 Vgl. Reitner, 2007, S. 102 f.

Anwendungsfall	Kategorie	Ausprägung
Termin- und Reihenfolgeplanung	Maschine	Kapazität je Technologie
		Kapazitätsrestriktionen
		Ort der Maschine
		Wartungsart
		Wartungshäufigkeit
	Werkstück	Werkstückwert
		Werkstückwertänderung
	Fertigungsprozess	Schichtmodell
		Kurzarbeit oder Überstunden
		Aktuelle Zeitplanung
		Terminierung einzelner Aufträge
		Priorität einzelner Aufträge
		Prioritätsregeln
		Intensitätsmäßige Anpassung
		Starttermin
		Endtermin
		Pufferzeit
		Kritischer Pfad
		Auftragreihenfolge
		Ablaufstruktur
		Möglichkeit der Fremdvergabe
		Losgröße
	Messgrößen	Durchlaufzeit einzelner Werkstücke
		Transportzeit
		Bearbeitungszeit
		Rüstzeit
		Liegezeit
		Auftragsanzahl
	Kosten	Mehrkosten
		Transportkosten
		Arbeitskosten
		Überstundenkosten
		Kosten von Einstellung und Entlassung
		Lagerhaltungskosten
		Fehlmengenkosten
		Fremdvergabekosten
		Materialkosten
		Werkzeugwechselkosten
		Raumkosten
		Verwaltungskosten
		Versicherungskosten

Tabelle 12: Termin- und Reihenfolgeplanung (Literatur)

Für die Lageroptimierung werden meistens die folgenden betriebswirtschaftlichen Daten betrachtet:[571]

[571] Vgl. Weber, 2009, S. 148.

- Werkstückwert
- Wertberichtigung (Verderb, Alterung, Schwund)
- Raumkosten
- Verwaltung
- Transport
- Versicherung

Diese zunächst als Plangrößen vorgehaltenen Zeiten können während der Produktion gemessen und historisiert werden und den Arbeitsplanern als aktuelle Istgrößen übergeben werden. Mit ihnen können die Positionen der Werkzeuge in einer Maschine angepasst oder die Reihenfolge der Prozessschritte in einem Arbeitsplan verbessert werden.

In Tabelle 12 sind die aus der Literatur identifizierten Faktoren für die Termin- und Reihenfolgeplanung aufgelistet.

4.3.2 Praxissicht zur Termin- und Reihenfolgeplanung

Die Termin- und Reihenfolgeplanung ist eine praktisch dauerhafte Aufgabe in produzierenden Unternehmen, deren Qualität sich häufig auf die Liefertreue auswirkt.[572]

Maschine

Um eine hohe Liefertreue zu erreichen, müssen die Produktionskapazität des Werkes und die Maschinen- und Personalverfügbarkeit bekannt sein.[573] Welche Maschine dann tatsächlich für die Produktion verwendet wird, wird meistens vor Ort in der Produktion entschieden, beispielsweise unter Berücksichtigung von Instandhaltungsarbeiten, Qualitätsanforderungen[574] oder der geplanten Auslastung der Maschinen (Taktzeit des Fertigungsprozesses, Durchlaufterminierung).[575]

572 Experte 3, S. 26.
573 Experte 1, S. 3; Experte 3, S. 32.
574 Experte 7, S. 26.
575 Experte 3, S. 17, S. 18; Experte 5, S. 8; Experte 7, S. 4, S. 8; Experte 8, S. 9; Experte 9, S. 7.

Ein Kriterium kann dann die Verfügbarkeit einer passenden Maschine sein, wenn mehrere baugleiche oder ähnliche Maschinen nach dem Werkstattprinzip nahe beieinander stehen[576] oder sich eine Maschine für die Übernahme einer Fertigung meldet, wenn mehrere bauähnliche Maschinen einen Prozess durchführen können und entsprechend vernetzt sind.[577]

Werkstück

Informationen über die Stücklisten für die konkreten Bedarfe an Einzelteilen, aus denen das gewünschte Produkt besteht, sind ebenfalls wichtig.[578]

Fertigungsprozess

Für die Planung des aktuellen Produktionsprozesses werden Daten wie die aktuelle Losgröße, die Durchlaufzeit und die Werkstück- und Werkzeugrüstzeiten benötigt.[579] Auch ob eine Losgröße weiter aufgeteilt wird oder nicht, liegt häufig in der Hand der Meister auf der Produktionsebene.[580] In anderen Unternehmen wird mit Planzahlen[581] oder relativen Pufferverbräuchen (Zeit- und Mengenpuffer) geplant, welche in der Regel einmal täglich neu berechnet werden.[582] In Bezug zu den (Rohstoff-)Lieferanten wird häufig mit Plan-Vorbestellungen und späteren tatsächlichen Abrufen gearbeitet.[583] Werden Lagerteile produziert, wird meistens ein Verfahren der oberen und unteren Bestandsgrenze verwendet, welches sich an der Wiederbeschaffungszeit orientiert.[584] Großaufträge müssen allerdings aufgrund des großen Einflusses auf die Zeitplanung in einer Produktion von Hand eingeplant werden, damit keine Terminkonflikte mit anderen Aufträgen entstehen.[585] Verwendung findet auch hier die Philosophie der engpassorientierten Organisation.[586]

576 Experte 3, S. 8; Experte 8, S. 3, S. 7.
577 Experte 8, S. 5.
578 Experte 1, S. 2 f.; Experte 4, S. 4, S. 6; Experte 6, S. 21; Experte 7, S. 4, S. 6, S. 31.
579 Experte 1, S. 15; Experte 2, S. 13; Experte 4, S. 6; Experte 6, S. 16.
580 Experte 3, S. 8 f.; Experte 7, S. 4.
581 Experte 8, S. 2.
582 Experte 7, S. 7, S. 10, S. 20, S. 21, S. 27.
583 Experte 7, S. 8.
584 Experte 7, S. 9.
585 Experte 7, S. 16, S. 17.
586 Experte 7, S. 16, S. 24.

Eine zentrale Frage der Termin- und Reihenfolgeplanung ist, ab welchem nächstmöglichen Zeitpunkt ein priorisierter Auftrag gestartet werden kann.[587] Der Startzeitpunkt eines Produktionsprozesses wird dann über die Materialverfügbarkeit definiert. Sind geplante Werkzeuge oder Schneidmittel gerade nicht verfügbar, werden durchaus auch nicht optimale Kombinationen aus Werkstück, Schneidmittel und Werkzeug verwendet.[588]

Anwendungsfall	Kategorie	Ausprägung
Termin- und Reihenfolgeplanung	Maschine	Kapazität
		Auslastung
		Maschinenverfügbarkeit
		Personalverfügbarkeit
		Werkzeugaufnahme
		Mitarbeiterqualifikation
		Wartungs- und Instandhaltungsarbeiten
		Erreichbare Qualität
		Vernetzungsgrad
	Werkstück	Bedarf an Einzelteilen
	Fertigungsprozess	Losgröße
		Rohstoff Plan-Vorbestellungen
		Tatsächlicher Rohstoffbedarf
		Rohstoff Wiederbeschaffungszeit
		Priorität der Aufträge
		Endtermin
		Mengenpuffer
		Taktzeit
	Messgrößen	Werkstückrüstzeit
		Werkzeugrüstzeit
		Terminkonflikte mit anderen Aufträgen
		Durchlaufzeit
	Kosten	Arbeitskostensatz
		Maschinenkostensatz
		Werkzeugrüstkosten
		Werkstückrüstkosten
	Externe Größen	Liefertermin

Tabelle 13: Termin- und Reihenfolgeplanung (Praxis)

587 Experte 1, S. 9.
588 Experte 7, S. 33.

Kosten

Auf der Planungsebene werden für die Termin- und Reihenfolgeplanung die Arbeits- bzw. Maschinenkostensätze[589] und Werkstück- sowie Werkzeugrüstkostenkosten[590] herangezogen.

Externe Größen

Der einzuhaltende Liefertermin (z. B. Time-to-Market, garantierte 24h-Lieferung) ist eine der Größen auf deren Kenntnis die Termin- und Reihenfolgeplanung angestoßen bzw. durchgeführt wird.[591] Tabelle 13 zeigt die von den Experten als notwendig erachteten Informationen im Bereich der Termin- und Reihenfolgeplanung auf. Für diese Aufgabenstellung sind ähnliche Daten wie bei der Prozessoptimierung relevant, jedoch sind hier weitere Daten über die einzelnen Aufträge, wie beispielsweise deren Prioritäten, von großer Bedeutung.

4.3.3 Zusammenfassung Termin- und Reihenfolgeplanung

Bei der Termin- und Reihenfolgeplanung können die nach der Literaturrecherche benötigten Informationen detaillierter dargestellt werden als die der Experten aus der Praxis. Ein Beispiel hierfür sind die Kosten, die in der Literatur die erste Rolle spielen, von den Experten allerdings als eher zweitrangig betrachtet werden. Ähnlich verhält es sich mit der Durchlaufzeit, die in der Literatur detaillierter als von den Experten benötigt dargestellt wird.

Aus diesen Ergebnissen kann geschlossen werden, dass in diesem Anwendungsfall unterschiedliche Sichtweisen und damit auch unterschiedliche Informationsbedarfe bestehen. Dies kann darauf zurückgeführt werden, dass bei einer Produktionsänderung in der Praxis die Realisierbarkeit des Endtermins höchste Priorität genießt, wohingegen die Kosten eine vernachlässigbare Rolle einnehmen. In der Literatur dagegen wird stärker auf den monetären und zeitlichen Nutzen einer Umstellung in der Produktionsreihenfolge geachtet. Deshalb sind die Daten zur Unterstützung der Termin- und Reihenfolgeplanung auf zwei Planungsebenen zu sehen, der mengen- und verfügbarkeitsbezogenen sowie der kostenoptimierenden.

589 Experte 3, S. 17, S. 18; Experte 5, S. 8; Experte 7, S. 4, S. 8; Experte 8, S. 9; Experte 9, S. 7.
590 Experte 1, S. 15; Experte 2, S. 13; Experte 4, S. 6; Experte 6, S. 16.
591 Experte 3, S. 17, S. 18; Experte 5, S. 8; Experte 7, S. 4, S. 8; Experte 8, S. 9; Experte 9, S. 7.

Für eine Entscheidungsunterstützung im Rahmen der Termin- und Reihenfolgeplanung ist es, besonders im Kontext der Wandlungsfähigkeit, wichtig die kurzfristigen Änderungen zu betrachten. Daher ist es für diesen Anwendungsfall, neben der Kenntnis der Liefertermine aller in der Produktion oder der Planung befindlichen Chargen, auch das Wissen über die Auslastungen der verfügbaren Maschinen von Bedeutung. Durch eine maschinebezogene und eine maschinenübergreifende Analyse können diese Informationen verfügbar gemacht werden.

4.4 Der Anwendungsfall Qualität

Der Anwendungsfall Qualität ist für jede Produktion von großer Bedeutung. Wird eine Mindestqualität (eine Minimalausprägung eines Merkmals) eines Produktes bei einer Produktion nicht erreicht, kann dieses Produkt nicht verkauft werden, da es bei seinem vorgesehenen Einsatzzweck zu Performanceeinbußen kommt. Da sich eine zu hohe Produktqualität zwar nicht schädigend auf das Herstellerunternehmen auswirkt, jedoch zu höheren Kosten führen kann, ist das Produktions- und Qualitätsmanagement einer Produktion stets bemüht, eine kosten- und nutzenoptimale Produktqualität anzubieten.

4.4.1 Literatur zur Qualität

Der Fachbegriff Qualität wird mit dem Grad der Erfüllung von Anforderungen durch inhärente Merkmale definiert und wird in die Bereiche Produkt-, Fertigungsprozess- und Systemqualität eingeteilt.[592] In der Praxis wird der Qualitätsbegriff häufig auf den Kunden bezogen, und bei einem Produkt wird dann von Qualität gesprochen, wenn diese die Anforderungen (Istzustand) des Kunden hinsichtlich seines Einsatzzweckes (Sollzustand) erfüllt[593] oder vereinfacht ausgedrückt, Leistung und Anspruch übereinstimmen.[594] Qualität stellt damit eine stetige, kontinuierliche Größe dar.[595]

[592] Vgl. u. a. Barrantes, 2008, S. 13; DIN EN ISO 9000: 2005.
[593] Vgl. Neumann, 1996, S. 279.
[594] Vgl. Gabler, 2013, S. 363.
[595] Vgl. Barrantes, 2008, S. 10.

Die Systemqualität bezeichnet das Gesamtbündel aus technischen Gegebenheiten und erbrachter Leistung bzw. das effiziente und effektive Zusammenspiel von Führung, Politik und Strategie sowie Mitarbeitern und externen Anspruchsgruppen; sie enthält also auch eine Gesamtbetrachtung des Managementsystems.[596] Die Fertigungsprozessqualität beschreibt dessen Güte und die Wiederholgenauigkeit. Die Produktqualität gilt als Schlüsselfaktor zum Unternehmenserfolg und kann anhand klar messbarer Größen dargestellt werden.[597] Die Systemqualität, zu der das Umfeld der Produkt- und Prozessqualität gehört, liegt aufgrund ihres Umfangs nicht im Fokus der Arbeit.

Das erklärte Ziel einer Produktion ist, eine zuvor (vertraglich) festgelegte Qualität zu erreichen, wobei Produkte mit einer höheren Qualität weniger ins Gewicht fallen als Produkte mit einer zu geringen Qualität. Um Aussagen über die Qualität treffen zu können, muss diese messbar sein.[598] Beispiele für Qualitätsmessgrößen eines Fertigungsprozesses sind:[599]

- Fehlerrate
- Fehlerfreiheit beim ersten Prozessdurchlauf
- Fertigungsprozessfähigkeit
- Fertigungsprozessdurchlaufzeit
- Fertigungsprozessbearbeitungszeit
- Fertigungsprozessflexibilität

Für die Messung der Produktqualität kommen Messgeräte zum Einsatz, die beispielsweise Toleranzen an bestimmten Punkten der Oberflächengeometrie messen und damit eine Aussage über die erreichte Fertigungsgenauigkeit liefern. In der Praxis werden Produktmerkmale im Lasten- bzw. Pflichtenheft festgeschrieben.[600] Eine Produktbeschreibung kann aus den folgenden Spezifikationen bestehen:[601]

596 Vgl. u. a. Barrantes, 2008, S. 14, Herrmann und Gembrys, 2007, S. 8 f.
597 In der Literatur wird auch von Qualitätspotentialen gesprochen, welche die Erwartungen eines Kunden an ein Produkt beschreiben.
598 Vgl. Eversheim, 1997, S. 18.
599 Vgl. Barrantes, 2008, S. 14.
600 Vgl. Melzer-Ridinger, 2007, S. 220.
601 Vgl. ebenda, S. 221.

- allen einzuhaltenden Maßen
- den Eigenschaften
- den Toleranzen und Grenzwerten
- einer Tabelle der Fehlerarten und -klassen[602]

Eine ordnungsgemäße Qualitätsprüfung besteht aus mehreren relevanten Bestandteilen. Dies sind beispielsweise:[603]

- angemessene Prüfmethode
- geeignete Prüfkriterien
- geeignete Prüfanlagen
- qualifiziertes Personal
- angemessene Stichprobe

Als Qualitätsmängel werden in der Literatur Produktfehler bezeichnet, bei denen ein gefertigtes Werkstück oder Bauteil gegen mindestens eine vorgegebene Spezifikation verstößt.[604] Dann wird von Ausschuss und zusätzlichen Kosten aufgrund mangelnder Qualität gesprochen.[605] Der Fachbegriff Qualität beschreibt die „realisierte Beschaffenheit bezüglich der geforderten Beschaffenheit".[606] Qualität kann somit als eine Bündelung von messbaren Merkmalsausprägungen verstanden werden, deren Nichteinhaltung sich in Kosten widerspiegelt. Weitere Konsequenzen, wie beispielsweise Kundenabwanderung oder rechtliche Folgen,[607] werden hier nicht betrachtet.

Die Produktqualität erstreckt sich auch auf die Materialbeschaffenheit, spielt also schon bei der Anlieferung des zu verarbeitenden Rohmaterials eine entscheidende Rolle. Wird eine gelieferte Charge angenommen oder zurückgeschickt? Kann aufgrund von hoher Qualität der Ware auf eine Eingangsprüfung verzichtet wer-

602 Fehlerklassen sind beispielsweise Neben-, Haupt- oder kritische Fehler (vgl. u. a. Melzer-Ridinger, 2007, S. 221; Herrmann und Gembrys, 2007, S. 42).
603 Vgl. u. a. Melzer-Ridinger, 2007, S. 228; Westkämper und Warnecke, 2004, S. 32.
604 Vgl. Töpfer et al., 2007, S. 4.
605 Vgl. ebenda, S. 14.
606 Geiger und Kotte, 2008, S. 68.
607 Vgl. u. a. Liesegang, 1999, S. 18; Reinart et al., 1996, S. 282.

den? Diese Fragen bewegen die Qualitätsverantwortlichen einer Produktion. Da die Kontrollen der Qualität mit Kosten verbunden sind, entsteht auch hier ein Zielkonflikt. Einerseits sollen die Kosten für unnötige Kontrollen gespart werden, andererseits besteht aber die Gefahr, dass eine Fertigung mit qualitativ minderwertigen Materialien zu Ausschuss und damit gegebenenfalls zu noch höheren Kosten führt. Qualitätskosten werden in der Praxis in die folgenden Gruppen aufgeteilt:[608]

- Prüfkosten
- interne und externe Fehlerkosten
- Fehlerverhütungskosten

Anwendungsfall	Kategorie	Ausprägung
Qualität	Maschine	Erreichbare Genauigkeit
		Messvorrichtungen
		Mitarbeiterqualifikation
	Fertigungsprozess	Fertigungsprozessfähigkeit
		Fertigungsprozessfexibilität
	Werkstück	Einzuhaltende Maße
		Oberflächengeometrie
		Toleranzen und Grenzwerte
		Eigenschaften
		Fehlerarten und -klassen
		Eingangsqualität
	Werkzeug	Werkzeugart
		Abnutzung
	Messgrößen	Prüfmethode
		Prüfanlage
		Prüfkriterien
		Stichprobengröße
		Fehlerrate
		Fehlerfreiheit beim ersten Prozessdurchlauf
		Prozessdurchlaufzeit
		Prozessbearbeitungszeit
	Kosten	Prüfkosten
		Interne Fehlerkosten
		Externe Fehlerkosten
		Fehlerverhütungskosten
		Messungskosten
		Werkzeugkosten

Tabelle 14: Qualität (Literatur)

608 Vgl. Melzer-Ridinger, 2007, S. 203.

Zur Abschätzung der Kosten benötigt der Qualitätsverantwortliche einer Produktion die folgenden Informationen:

- Eingangsqualität des Materials
- erreichbare Prozessgenauigkeit einzelner Werkzeugmaschinen
- Werkzeugart und -abnutzung
- dem Kunden zugesicherte Qualität
- Fehlermöglichkeiten
- Messvorrichtungen
- Kosten einer Messung

Der Gesamtbereich der Qualität lässt sich nur schwer darstellen. Dies liegt vor allem daran, dass es sich um eine theoretisch stetige Größe, einen hohen Abstraktionsgrad der Beschreibungen in der Literatur und einen hohen Individualisierungsgrad der Produkt- oder Prozessqualität handelt. In Tabelle 14 sind die auf der Literaturrecherche basierenden Merkmale der Qualität zusammengefasst.

4.4.2 Praxissicht zur Qualität

In der Praxis werden Qualitätsanforderungen und Fertigungsprozessverbesserungen oft gemeinsam betrachtet, da diese direkt voneinander abhängig sind. Da für die Experten die Produktqualität vor der Qualität des einzelnen Fertigungsprozesses rangiert, beziehen sich die nachfolgenden Aussagen häufig auf die Produktqualität. Alle Experten stimmten überein, dass ein Produkt eine festgelegte Mindestqualität erreichen muss, um weiterverarbeitet oder verkauft werden zu können.

Maschine

Zur Planung und Sicherstellung der Mindestqualität muss bekannt sein, auf welchen Maschinen bei welchen Ergebnissen mit welcher Technologie und welchem Werkstoff ein Produkt hergestellt werden kann.[609] Dabei spielen auch die Kapa-

[609] Experte 1, S. 9, S. 12; Experte 2, S. 12; Experte 3, S. 14, S. 32.

zität einer Maschine[610] und die Qualifikation des Personals wichtige Rollen.[611] Die Entscheidung, welches Produkt am besten auf welcher Maschine gefertigt werden kann, basiert oft, ähnlich dem Anwendungsfall Prozessoptimierung, auf dem impliziten Wissen der Mitarbeiter in der Produktion.[612]

Fertigungsprozess

Damit die definierte Produktqualität erreicht werden kann, sind z. B. die Prozessgeschwindigkeiten festzulegen, da diese, abhängig von der Produktions- bzw. Maschinenkapazität sowie den herzustellenden Stückzahlen, sich auf die Qualität des herzustellenden Produktes auswirken.[613] Diese Stellgrößen sind besonders dann von Bedeutung, wenn durch den Vertrieb die zu erreichenden Qualitätsmerkmale und Kosten vorgegeben werden, die in der Produktion zu realisieren sind.[614] Damit Simulationen des Fertigungsprozesses durchgeführt werden können, müssen die 3D-Geometrien der Werkstücke und Maschinenarbeitsräume sowie der Werkzeuge und Schneidmittel bekannt sein.[615]

Wird eine Toleranzgrenze überschritten, d. h. ein Produkt weist eine unzulässige Abweichung an einem gemessenen Merkmal auf, wird in manchen Fällen geprüft, ob ein Produkt nicht doch eine größere Toleranz aufweisen darf und ob dies durch nachfolgende Fertigungsprozessschritte (Toleranzen der folgenden Fertigungsprozesse) kompensiert werden kann. Dann ist es wichtig, die Einstelldaten einer Maschine und die dazugehörigen Fertigungsprozessparameter zu kennen[616] und während des Fertigungsprozesses zu verfolgen sowie gegebenenfalls korrigierend einzugreifen zu können.[617]

Treten bei Prüfungen Mängel an gefertigten Produkten auf, müssen die Fertigungsdaten von dem Werkstück abrufbar und, besonders bei Chargenproduktionen, das betroffene Werkstück bis zu seinen einzelnen Fertigungsschritten rück-

610 Experte 1, S. 3; Experte 2, S. 13; Experte 9, S. 3.
611 Experte 1, S. 14; Experte 8, S. 2.
612 Experte 1, S. 15; Experte 2, S. 13.
613 Experte 1, S. 3; Experte 2, S. 13; Experte 9, S. 3.
614 Experte 5, S. 13.
615 Experte 8, S. 4.
616 Experte 2, S. 16.
617 Experte 3, S. 6.

verfolgbar sein;[618] deshalb müssen das Werkstück eindeutig identifizierbar sowie die Datensätze von Werkzeug, Schneidmittel und Charge miteinander verbunden und gut dokumentiert sein.[619] Nur wenn diese Informationen vorliegen, können andere Produkte, die zu der betroffenen Charge gehören, identifiziert und auf ähnliche Mängel überprüft werden.

Werkstück

Die Qualität eines Werkstücks kann anhand eines Soll-Ist-Vergleichs seiner Merkmale, z. B. mittels Toleranzen, die häufig in Form von Features dargestellt sind, gemessen werden.[620] Hierzu müssen das Werkstückmaterial, dessen Geometrie[621] und die herzustellenden Stückzahlen bekannt sein.[622] Bei den verwendeten Rohmaterialien müssen gegebenenfalls auch Mindesthaltbarkeits- bzw. Mindestverwertbarkeitsdaten, z. B. bei metallischen Werkstoffen bezüglich Oxidation, beachtet werden.[623]

Werkzeug

Die Mitarbeiter in einer Produktion müssen daher wissen, bis zu welchem Werkzeug- bzw. Schneidmittelzustand ein Produktionsprozess durchgeführt werden kann.[624] Sollen Produktverbesserungen durchgeführt werden, ist hierfür Kenntnis der Schnittdaten einzelner Werkzeug und Schneidmittelkombinationen sowie deren Zustände nötig.[625]

Messgrößen

Damit eine hohe und konstante Produktqualität ohne Einfahrausschüsse - besonders bei Kleinserien sind die Kosten stark von dem Ausschuss (bspw. Fertigungs- oder Materialfehler) abhängig[626] – erzielt werden kann, werden im Vorfeld der

618 Experte 9, S. 2.
619 Experte 3, S. 23 f.
620 Experte 8, S. 6.
621 Experte 1, S. 9, S. 12; Experte 2, S. 12; Experte 3, S. 14, S. 32.
622 Experte 1, S. 3; Experte 2, S. 13; Experte 9, S. 3.
623 Experte 7, S. 31.
624 Experte 1, S. 14; Experte 3, S. 22; Experte 5, S. 10; Experte 8, S. 9.
625 Experte 6, S. 14 f.
626 Experte 3, S. 12, S. 26; Experte 4, S. 4; Experte 7, S. 26 f.

Produktion häufig Simulationen durchgeführt. Bei der Fertigung kann zwischen Fertigteilen, Nicht-Direktläufern (Nacharbeitsteilen) und Ausschussteilen unterschieden werden.[627]

Kosten

Wünschenswert für die Planer ist eine Gegenüberstellung der Fertigungsverfahren mit den zu erreichenden Qualitäten und den dabei entstehenden Kosten.[628] Es ist daher sinnvoll, den Ausschuss oder die Nichtqualitätskosten zu erfassen.[629] In Tabelle 15 sind die Informationen zusammengefasst, die für Entscheidungen bezüglich der Qualität aus der Praxissicht wichtig sind.

Anwendungsfall	Kategorie	Ausprägung
Qualität	Maschine	Kapazität
		Technologie
		Maschinenarbeitsraum
		Einstelldaten
		Erreichbare Genauigkeit
		Personalqualifikation
	Fertigungsprozess	Stückzahlen
		Toleranzen der Folgeprozessschritte
		Fertigungsprozessparameter
		Rückverfolgbarkeit
	Werkstück	Toleranzen
		Geometrien
		Features
		Werkstoff
		Mindesthaltbarkeit
		Identifizierbarkeit
	Werkzeug	Schneidmittelart
		Schneidmittelzustand
		Schneidmittelkombinationsmöglichkeiten
		Schnittdaten
		Identifizierbakeit
	Messgrößen	Ausschuss
		Nicht-Direktläufer (Nacharbeit)
	Kosten	Fertigungskosten
		Ausschusskosten
		Nichtqualitätskosten

Tabelle 15: Qualität (Praxis)

627 Experte 8, S. 2, S. 7.
628 Experte 2, S. 22.
629 Experte 7, S. 33.

4.4.3 Zusammenfassung Qualität

Der Wunsch nach korrigierenden Eingriffen in die laufende Produktion, wenn festgestellt wird, dass eine Toleranz nicht eingehalten wird, wird in heutigen Produktionen noch nicht gelebt. Häufige Ursache dafür ist die mangelnde Kenntnis der Flexibilität der nachfolgenden Fertigungsprozesse, zum Beispiel ob ein festgestellter Qualitätsmangel durch eine Umparametrisierung der nachfolgenden Maschinen oder Fertigungsprozesse behoben werden kann. Meistens wird ein Produkt aus der Fertigung herausgenommen und manuell begutachtet und nachbearbeitet. Für beide Fälle sind für eine Entscheidungsunterstützung umfassende Analysen der Werkstücke, Prozesse, Werkzeuge und Maschinen hilfreich.

4.5 Der Anwendungsfall Dienstleistung

Die Betrachtung möglicher Dienstleistungen wird im Zusammenhang mit der Produktion immer wichtiger. Viele Unternehmen konzentrieren sich zunehmend auf ihre Kernkompetenzen und versuchen, möglichst viele Aufwendungen, die nicht zu ihren Kernkompetenzen gehören, an Dienstleister und Drittanbieter auszulagern. Das kann auch zur Folge haben, dass Maschinen in den Produktionshallen von Drittanbietern betrieben werden, die für den reibungslosen Ablauf des Produktionsprozesses und die Verfügbarkeit der Maschinen bezahlt werden. Gerade im Rahmen der Wandlungsfähigkeit sind solche Dienstleistungs-, Leasing- oder Zukaufmodelle ein Garant für Flexibilität. Neben der Möglichkeit, Teile der eigenen Produktion an Drittanbieter auszulagern, gibt es weitaus mehr Dienstleistungen, die in der Regel mit jedem komplexeren Produkt mit verkauft werden können. So findet sich bei dem Kauf einer neuen Maschine heutzutage kaum ein Anbieter, der nicht gleichzeitig die Inbetriebnahme, Instandhaltungsangebote und Fertigungshilfsmittel oder Werkzeuge mit im Angebot hat.

In der Literaturrecherche im Kontext der Wandlungsfähigkeit wurde der Anwendungsfall der Dienstleistung bezüglich der Aufgaben des Produktionsmanagement nicht erfasst, vgl. Abschnitt 2.3. Da die Experten während der Interviewreihe die Dienstleistung aber häufig nannten und für eine wandlungsfähige Produktion als essentiell erachten, wird dieser Anwendungsfall in dieser Arbeit mit betrachtet.

4.5.1 Literatur zur Dienstleistung

Der zunehmend stärkere Wettbewerb zwingt produzierende Unternehmen, unter anderem auch die Maschinenhersteller, dazu, sich nicht nur anhand des physischen Gutes zu differenzieren,[630] sondern auch produktnahe Dienstleistungen anzubieten. Eine produktionsnahe Dienstleistung kann auch die Flexibilität einer Produktion erhöhen,[631] da Dienstleistungen im Allgemeinen zeitnah buchbar und absetzbar sind. Definiert werden Dienstleistungen als immaterielle Wirtschaftsgüter, die in der Lage sind, dem Kunden einen Nutzen zu bringen.[632]

Dienstleister werden heutzutage auch gleichzeitig zum Lösungsanbieter, da in den sogenannten hybriden Leistungsbündeln eine Problemstellung des Kunden ganzheitlich gelöst wird.[633] Diese Kombination aus Dienstleistung und Produkt führt unter anderem zu einer Integration der Dienstleistungen in der Wertschöpfungskette, zu sogenannten Wertschöpfungsgemeinschaften[634] und zu neuen Kooperations-, Betreiber- und Abrechnungsmodellen, wie beispielsweise Miet- oder Leasingkonzepten, die aus verschiedenen Laufzeiten, Zinssätzen, Garantien etc. bestehen.[635]

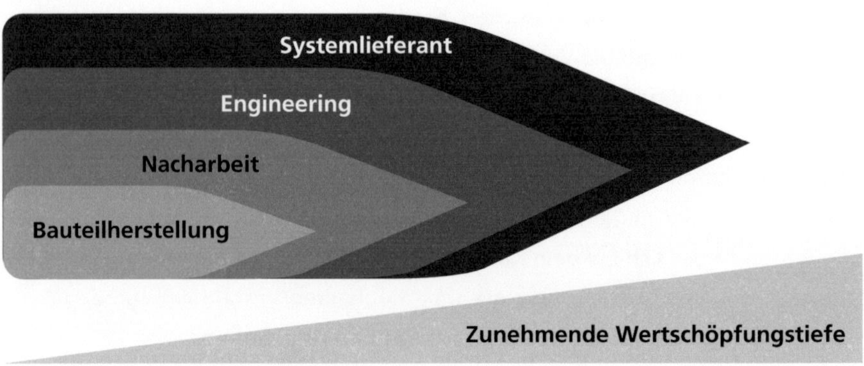

Abbildung 21: Unterteilung der Dienstleistung (aus Zäh, 2006, S. 196)

[630] Vgl. Becker und Krcmar, 2008, S. 169.
[631] Vgl. Bellmann, 2005, S. 154.
[632] Vgl. u. a. Wannenwentsch, 2010, S. 370; Rösner, 1998, S. 14.
[633] Vgl. Becker und Krcmar, 2008, S. 169.
[634] Vgl. Walter et al., 2009, S. 389.
[635] Vgl. Becker und Krcmar, 2008, S. 169 f.; Bellmann, 2005, S. 174; Bullinger et al., 2009, S. 266 f.

Eine Aufteilung der Dienstleistung in verschiedene Stufen von der Bauteilherstellung bis zum Systemlieferanten ist in Abbildung 21 dargestellt.[636]

Da die Dienstleistung hier nur hinsichtlich ihres direkten Zusammenhangs mit Produktionsmaschinen betrachtet wird, wird sie im Folgenden hinsichtlich ihres Maschinenbezugs betrachtet.[637] Während der traditionelle Kundendienst als Notwendigkeit angesehen wird, bildet der modernere Service neben der absatzpolitischen Nebenleistung einen Ansatz, um auf dem Markt als Lösungsanbieter aufzutreten.[638] In der Literatur werden Dienstleistungen in drei Kategorien unterteilt:[639]

- Bereitstellungsleistung
- Leistungserstellungsprozess
- Leistungsergebnis

Neben produktbezogenen Dienstleistungen, welche die Maschine direkt betreffen, gibt es auch weitere Dienstleistungen:[640]

- Entwicklungsdienstleistungen, d. h. unterstützende Leistungen bei der Produktentwicklung[641]
- Inbetriebnahme einer Maschine vor Ort
- Schulung des Personals[642]
- Instandhaltung und Wartung einer Maschine[643]
- Rufdienst bei Maschinenausfall
- Ersatzteilversorgung
- Werkzeug- und Schneidmittelversorgung[644]
- Entsorgung

636 Vgl. Zäh, 2006, S. 196.
637 Vgl. Rösner, 1998, S. 62.
638 Vgl. ebenda, S. 62 ff.
639 Vgl. u. a. Rösner, 1998, S. 15; Engelhardt et al., 1993, S. 398.
640 Vgl. Bullinger et al., 2009, S. 268.
641 Vgl. Westkämper et al., 2006, S. 30.
642 Vgl. ebenda, S. 33.
643 Vgl. Becker und Krcmar, 2008, S. 169 f.
644 Vgl. Westkämper et al., 2006, S. 30.

Die Betreibermodelle werden im Folgenden nur in Bezug auf die Art der Finanzierung betrachtet, da in dieser Arbeit die Dienstleistung nur im Rahmen des Maschinenkaufs bzw. der Technologiebeschaffung gewertet wird.[645] In Tabelle 16 sind die für die Dienstleistung wichtigen Daten hinterlegt.

Anwendungsfall	Kategorie	Ausprägung
Dienstleistung	Maschine	Entwicklung
		Inbetriebnahme
		Schulung
		Wartung und Instandhaltung
		Kundendienst
		Ersatzteilversorgung
		Entsorgung
	Werkstück	Werkstückentwicklung
	Werkzeug	Schneidmittelentwicklung
		Schneidmittelversorgung
	Kosten	Leasinglaufzeit
		Leasingrate
		Mietlaufzeit
		Mietrate
		Garantie

Tabelle 16: Dienstleistung (Literatur)

4.5.2 Praxissicht zur Dienstleistung

Die Dienstleistungen in Bezug auf die Produktionsmaschinen reichen von Finanzierungsleistungen, wie Mieten oder Leasing,[646] über maschinennahe Dienstleistungen, wie Inbetriebnahme und Schulung, bis zur Übernahme der Entsorgung oder den Weiterverkauf. Von den Experten werden dabei die Finanzierungsdienstleistung und die maschinennahen Dienstleistungen als kaufentscheidend bei einer Anlagenbeschaffung angesehen.[647]

Bei den maschinennahen Dienstleistungen wird besonders auf den Service geachtet, der bei einer Maschine mit angeboten wird, z. B. wie schnell eine Maschi-

645 Bei Betreibermodellen wird eine Produktion beim Kunden vor Ort durch eigene Maschinen und Personal durchgeführt (vgl. Meier, 2004, S. 16).

646 Experte 3, S. 26.

647 Experte 3, S. 26.

ne nach einem Ausfall wieder instandgesetzt werden kann.[648] Die individuellen Aussagen bezüglich produktionsnaher Dienstleistungen zeigen, dass die Dienstleistung in der Praxis zwar von Bedeutung, jedoch nur schwer greif- und operationalisierbar ist. Aufgrund der wenigen Nennungen konkreter Ausprägungen und deren schwierigen Greifbarkeit für Dienstleistungen wird auf eine Tabellenzusammenfassung verzichtet.

4.5.3 Zusammenfassung Dienstleistung

In der Literatur ist der Anwendungsfall der Dienstleistung deutlich detaillierter dargestellt, als er in der Praxis erhoben werden konnte. Zwar wurden Dienstleistungen von den Experten als eine sehr wichtige Größe heutiger Produktionen genannt, doch eine genaue Beschreibung ihrer Handhabung in der Praxis konnte aufgrund des hohen Abstraktionsgrades und Individualltät nicht erhoben werden. Hier gibt es demnach Ansätze für weitere Forschungsarbeiten, um diesen Aspekt detailliert zu beleuchten.

4.6 Der Anwendungsfall Make-or-Buy

Die Entscheidung, ein Produkt in der eigenen Produktion herzustellen oder über einen Zulieferer fremd zu beziehen, kennzeichnet den Kern des Anwendungsfalles Make-or-Buy. Die Entscheidung ist abhängig von den Kosten einer Eigenfertigung, der zu erreichenden Qualität und dem benötigten technischen Know-how. Häufig nachgefragte Produkte, die geringes technisches Know-how benötigen, werden in der Regel in Massenfertigungen hergestellt, um eine konkurrenzfähige Kosteneffizienz zu erlangen und zu halten. Somit bietet sich ein Fremdbezug für die Unternehmen an, deren Kernkompetenzen auf anderen (Teil-)Produkten oder Fertigungsprozessen liegen und für die eine Eigenfertigung keinen Wettbewerbsvorteil mit sich bringt. Enthält ein Produkt einen hohen Grad an technischem oder fertigungsprozessualem Wissen bzw. beinhaltet es Kernkompetenzen des Unternehmens, sollte die Fertigung in der eigenen Produktion durchgeführt werden, um einen Abfluss von technischem Wissen an den Zulieferer zu vermeiden.

---

648 Experte 1, S. 10 f.

Da technisches Wissen im Laufe der Zeit an Wert verliert, stellt sich nach einer gewissen Zeit die Frage, ob ein bisher in Eigenregie hergestelltes Produkt an einen Lieferanten abgegeben werden soll. Dies ist beispielsweise dann der Fall, wenn neue Mitbewerber in den Markt eintreten und einen Preisverfall bewirken und wenn ein Outsourcing zu einer Kostenersparnis führen und das Unternehmen dadurch einem Preiskampf entgehen kann. Die Schwierigkeit bei derartigen Entscheidungen ist der Umstand, dass Make-or-Buy bei vielen Unternehmen auf der Geschäftsführungsebene getroffen werden, was nur sehr wenige Personen betrifft und in besonderem Maße konsolidierte Informationen erfordert.

4.6.1 Literatur zu Make-or-Buy

Die Entscheidung, ob ein Produkt nicht mehr selbst hergestellt, sondern fremdbezogen werden soll, ist eine firmenspezifische, strategische Angelegenheit,[649] welche die vertikale Integration der Produktion eines Unternehmens bestimmt.[650] Generell wird eine Make-or-Buy-Entscheidung auf Basis der Transaktionskostentheorie getroffen;[651] häufig spielt dabei allerdings die Unsicherheit bei einer Fremdvergabe eine große Rolle,[652] besonders wenn auch Wissen weitergegeben (Wissensabfluss) werden muss.[653] Offene Fragen sind hierbei die Unsicherheit bezüglich des auszuführenden Herstellprozesses und die Einmaligkeit des Werkstücks, d. h. welchen Wert dieses Werkstück für andere Wettbewerber auf einem Markt haben könnte.[654] Aspekte bei einer Fremdvergabe sind beispielsweise:[655]

- Anteil an technischem und prozessualem Wissen in Bezug auf das Werkstück
- technologische Leistungsfähigkeit des Wettbewerbs in Bezug auf das Werkstück
- technologische Leistungsfähigkeit und Verlässlichkeit des Lieferanten

In der Regel kommt die Make-or-Buy-Entscheidung auf den Tisch, wenn die Gewinne und Absatzmengen für ein Produkt einbrechen oder sich ein Wettbewer-

649 Vgl. McIvor et al., 1997, S. 169.
650 Vgl. u. a. Walker und Weber, 1984, S. 374; Picot und Frank, 1993, S. 181 f.
651 Vgl. Poppo und Zenger, 1998, S. 854.
652 Vgl. Walker und Weber, 1984, S. 373 f.
653 Vgl. Lindemann et al., 2012, S. 87.
654 Vgl. Walker und Weber, 1984, S. 373.
655 Vgl. ebenda, S. 373.

ber so positioniert, dass ein Kampf um Marktanteile unvermeidlich wird. Um sich auf dem Markt behaupten zu können, werden Produktionen deshalb bisweilen komplett umstrukturiert.

Die wichtigsten Informationen für den Entscheidungsträger, ob ein Produkt (weiterhin) selbst hergestellt oder fremdbezogen wird, sind dann:[656]

- Mengen und Gewinne eines Produktes bezogen auf eine Zeitperiode
- Kostenstruktur der aktuellen Produktion des Produktes
- durch die Herstellung des Produktes in der Produktion gebundene Kapazität
- entstehende Kosten durch den Fremdbezug bei einem Lieferanten
- Qualitätsänderungen des Produktes (Position zum Wettbewerb)
- Verlässlichkeit und Stabilität der (Zu-)Lieferung
- Gewinn durch den Verkauf des Know-how an den Lieferanten

Die Make-or-Buy-Betrachtung wird schwieriger, je größer ein Unternehmen ist bzw. je mehr mögliche Produktionsstandorte ein Unternehmen zur Verfügung hat. Dann spielen die schwieriger zu beschaffenden Informationen über die verschiedenen Arbeitslöhne, Qualifikationen, Maschinenarten und Transportkosten eine große Rolle. Deshalb existieren in größeren Unternehmen Teams, die sich mit den Make-or-Buy-Fragestellungen beschäftigen. Haupttreiber sind in der Regel die zu erwartenden Kosten, da zu liefernde Mengen und Qualitäten im Vorfeld abgestimmt werden und auf gut ausgebaute und verlässliche Lieferantennetzwerke zurückgegriffen werden kann. Hauptinformationsbedarfe sind hier die Kostenstrukturen der einzelnen Standorte, deren Qualitäts- und Mengenmöglichkeiten sowie die Kapazitätsauslastungen.

Für eine fundierte Make-or-Buy-Entscheidung kommt man nicht umhin, potentielle Lieferanten genau zu betrachten. Die wichtigsten Aspekte sind dabei:[657]

[656] Vgl. Arnolds et al., 2010, S. 255 f.
[657] Vgl. McIvor et al., 1997, S. 169.

- Liefertreue des Lieferanten
- technische und technologische Fähigkeiten des Lieferanten
- Kosten bei einem Fremdbezug
- finanzielle Stabilität des Lieferanten
- Abhängigkeiten[658]

Wichtige Fragen, die eine Unternehmung beantworten sollte, sind:[659]

- Will ein Unternehmen bester Anbieter in einer bestimmten Technologie sein?
- Existiert eine ausreichende Kapazität innerhalb der Unternehmung?
- Ist die eigene Produktion technologisch up-to-date?
- Wie groß ist die Fertigungstiefe des Produktes?
- Wie viel Investment in einen Lieferanten wird benötigt?

Soll ein Bauteil fremdbezogen werden, sind unter Umständen auch Investitionen in den Lieferanten notwendig. Ein solches Investment beinhaltet beispielsweise Anbahnungskosten, Vereinbarungskosten, Kontrollkosten und Anpassungskosten. Aus Sicht des Make-or-Buy kann die Kapazität in die Bereiche Infrastrukturen, Ressourcen und Ausstattung weiter operationalisiert werden.[660] In Bezug auf das zu einem Lieferanten abfließende Wissen ist auch die Bedeutung des Bauteils zu betrachten, welche in strategisch, einflussreich und unkritisch eingeteilt werden kann.[661]

Wenn alle wichtigen Kriterien betrachtet und Fragen beantwortet sind, wird eine Entscheidung des Make-or-Buy in der Regel auf Basis der niedrigsten zu erwartenden Gesamtkosten getroffen.[662] Jedoch ist sie aufgrund der gegenseitigen Abhängigkeiten zwischen dem Unternehmen und den Lieferanten sowie des hohen Anteils an gebundenem Kapital sehr komplex. Da die zu erwar-

658 Abhängigkeiten sind beispielsweise Arbeitsrecht, Datenschutz, Marktposition und Image (vgl. Picot, 1988, S. 820).
659 Vgl. McIvor et al., 1997, S. 170.
660 Vgl. Picot, 1988, S. 820.
661 Vgl. McIvor et al., 1997, S. 171.
662 Vgl. ebenda, S. 170.

tenden Gesamtkosten aufgrund der vielen externen Faktoren nicht genau zu berechnen sind, macht es Sinn, auf Basis historisierter Daten die Auswirkungen einer Fremdvergabe zu antizipieren. Die hierfür aus der Literatur identifizierten Daten sind in Tabelle 17 zusammengefasst.

Anwendungsfall	Kategorie	Ausprägung
Make-or-Buy	Maschine	Kapazität für Werkstückherstellung
		Ausstattung
		Verfügbare Technologie
		Personalqualifikation
	Werkstück	Gesamtmenge
		Fertigungstiefe
		Technisches Wissen
		Prozessuales Wissen
		Einmaligkeit des Werkstücks
		Wissensabfluss
		Qualitätsänderung durch Fremdbezug
		Ressourcenqualität
	Kosten	Gesamtkosten
		Transaktionskosten
		Gewinne und Verluste
		Kostenstruktur
		Kosten bei Fremdbezug
		Verkaufswert des Know-how
		Arbeitslöhne
		Transportkosten
		Anbahnungskosten
		Vereinbarungskosten
		Kontrollkosten
		Anpassungskosten
	Externe Größen	Liefertreue des Lieferanten
		Qualität des Lieferanten
		Finanzielle Stabilität des Lieferanten
		Fähigkeit des Lieferanten
		Fähigkeit des Wettbewerbs

Tabelle 17: Make-or-Buy (Literatur)

4.6.2 Praxissicht zu Make-or-Buy

Neben den Technologieentscheiden sind die produktbezogenen Make-or-Buy-Entscheidungen die weitreichendsten für ein Unternehmen und werden wegen ihrer komplexen Natur häufig im interdisziplinären Team getroffen.[663]

[663] Experte 6, S. 12 f.

Maschine

Oft begründen Engpässe in den Kapazitäten eine Fremdvergabe.[664] Vor einer Fremdvergabe ist dann die Herstellbarkeit des Produktes zu prüfen, d. h. die Erreichbare Genauigkeit mit den jeweiligen Maschinenparametern.[665]

Werkstück

Basis ist immer das zu betrachtende Werkstück.[666] Die Make-or-Buy-Entscheidung wird für jedes Werkstück getroffen, wobei sich auch verschiedene eigene Werke um die Fertigung eines Produktes bewerben können.[667] Es wird auch betrachtet, welche Auswirkungen eine Entscheidung hat, ein Bauteil zu beziehen und nicht mehr selbst herzustellen.[668] Kriterien sind die zu erwartenden Qualitäten, d. h. Geometrie und Toleranzen bei festgesetztem Werkstückmaterial, wobei Standardprodukte wie Rohre und Profile in der Regel immer zugekauft werden.[669] Wenn das herauszugebende Werkstück-Know-how nicht schützenswert ist,[670] können weitere Fragen, wie beispielsweise an welchen Zulieferer zu welchen Kosten und mit welchen Qualitätsmerkmalen Produkte bzw. Fertigungsprozessschritte ausgegliedert werden sollen, beantwortet und im Anschluss Buy-Szenarien aufgestellt werden.[671]

Fertigungsprozess

Neben dem Werkstück spielt der Fertigungsprozess mit seinen fertigungsbedingten Nebenbedingungen, wie dem Wissenstransfer, der Machbarkeit und den Fertigungskapazitäten, eine weitere wichtige Rolle bei der Make-or-Buy-Entscheidung.[672]

Kosten

Die Kriterien sind in diesem Zusammenhang die zu einzusparenden Gesamtkosten.[673]

664 Experte 3, S. 35.
665 Experte 9, S. 2.
666 Experte 1, S. 2.
667 Experte 2, S. 12.
668 Experte 2, S. 12.
669 Experte 2, S. 12; Experte 6, S. 13.
670 Experte 6, S. 13.
671 Experte 3, S. 35; Experte 4, S. 6.
672 Experte 1, S. 12.
673 Experte 2, S. 12; Experte 6, S. 13.

Externe Größen

Eine Technologieweitergabe an Lieferanten kann gestaffelt an Schlüssellieferanten oder andere Lieferanten erfolgen, wobei das Vertrauensverhältnis zu dem jeweiligen Lieferanten bei der Weitergabe von Know-how zu beachten ist. Ebenso ist es erforderlich, dass der Lieferant bestellte Werkstückmengen in der geforderten Qualität und Zeit bereitstellen kann.[674]

Die für die Experten bei Make-or-Buy-Entscheidungen wichtigen Daten sind in Tabelle 18 zusammengefasst.

Anwendungsfall	Kategorie	Ausprägung
Make-or-Buy	Maschine	Maschinenparameter
		Erreichbare Genauigkeit
		(Verfügbare) Kapazität
	Fertigungsprozess	(Prozessbedingte) Nebenbedingungen
		Wissenstransfer
	Werkstück	Geometrie
		Werkstück Know-how
	Kosten	Gesamtkosten
	Externe Größen	Vertrauensverhältnis zum Lieferanten
		Lieferqualität des Lieferanten
		Liefermenge des Lieferanten
		Lieferzeit des Lieferanten

Tabelle 18: Make-or-Buy (Praxis)

4.6.3 Zusammenfassung Make-or-Buy

Die für eine Make-or-Buy-Entscheidung benötigten Informationen lassen sich nur schwer operationalisieren, da sie für jedes Werkstück unterschiedlich sind. Ist das Werkstück nicht (ausschließlicher) Teil der Kernkompetenz oder das Unternehmen hat sich in Bezug auf das Produkt bereits forschungstechnisch weiterentwickelt, wird bei Hochtechnologieunternehmen ein Preiskampf in der Regel vermieden.

Damit eine Entscheidungsunterstützung für eine solche Aufgabe gewährleistet werden kann, ist es sinnvoll, entsprechende Kennzahlen, z. B. bei schützenswertem Know-how, in strategisch, einflussreich oder unkritisch eingeteilt, einzuführen. Einig sind sich die Experten mit der genauen Betrachtung der potentiellen

674 Experte 9, S. 3.

Lieferanten, da deren Performance die eigene Produktqualität beeinflussen kann. Auch in der Literatur stellt die detaillierte Betrachtung der Lieferanten die Basis für eine Make-or-Buy-Entscheidung dar. Eine eher untergeordnete Rolle spielen hingegen die Verfügbarkeit und Kapazitäten der eigenen Produktion, da ein Produkt in der Regel längerfristig an Fremdfirmen vergeben wird und eine solche Entscheidung selten revidiert wird.

Eine unterstützende Analyse für die Prüfung einer Eigenfertigung ist die technische Machbarkeit. Nach der Klärung der technischen Machbarkeit ist mit Hilfe einer maschinenübergreifenden Analyse herauszufinden, ob in der Fertigung genügend freie Kapazitäten für die Durchführung der Eigenfertigung bestehen.

5. Beschreibung des Konzepts zur Entscheidungsunterstützung

Im Verlauf der Arbeit wurden aus den Aufgaben des Produktionsmanagements im Kontext der wandlungsfähigen Produktion Anwendungsfälle für das maschinenorientierte Data Warehouse abgeleitet. Da in diesen die Aufgaben vollständig enthalten sind, werden im weiteren Verlauf der Arbeit diese Anwendungsfälle zugrunde gelegt. In einem nächsten Schritt sind die für diese Analysen notwendigen Daten zu identifizieren. Der sich aus Tabelle 19 ergebende Zusammenhang der Abstraktionsebenen, von dem zu erreichenden Ziel bis zur unterstützenden Analyse, ist in Abbildung 22 dargestellt.

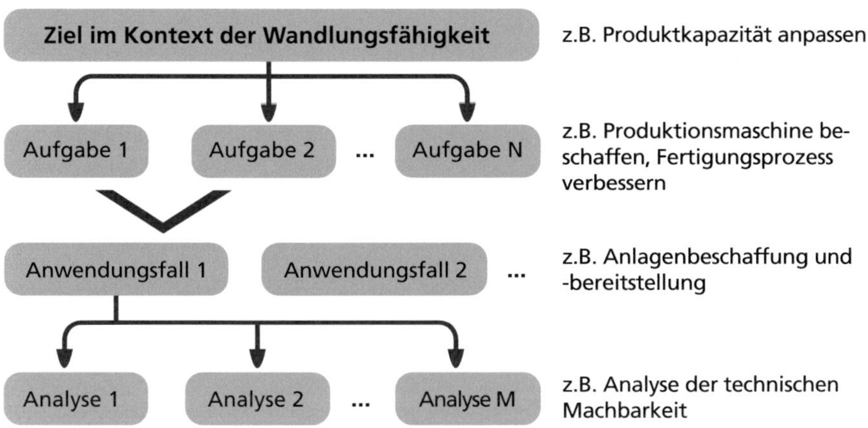

Abbildung 22: Zusammenhang der Abstraktionsebenen im Rahmen der Entscheidungsunterstützung

Damit beispielsweise das in Abbildung 22 dargestellte Ziel der Anpassung der Produktionskapazität erreicht werden kann, ist dieses in einzelne Aufgaben zu unterteilen, wobei die Beschaffung einer Produktionsmaschine eine dieser Aufgaben darstellt. Die innerhalb der Anwendungsfälle notwendigen Analysen werden in Kapitel 6 detailliert dargestellt.

Die in den vorherigen Kapiteln dargestellte Problematik der Informationsbeschaffung und Entscheidungsunterstützung ist in produzierenden Unternehmen heutzutage immer noch eine Herausforderung. Zwar sind in einem Unternehmen in der Regel viele Daten, die eine Entscheidung vereinfachen könnten, vorhanden, doch ist ihre Existenz im Unternehmen meistens nicht ausreichend kommuniziert. Dies führt dazu, dass die Beschaffung und Zusammenführung relevanter Daten häufig nur mit einem hohen manuellen Aufwand möglich ist[675] und Hierarchien einen effizienten Datenfluss gänzlich verhindern.[676] Aus diesem Grund ist es sinnvoll, eine gemeinsame Datenbasis zu etablieren.[677] Die Idee der Nutzung einer gemeinsamen unternehmensweiten Datenbasis zur Entscheidungsunterstützung des Unternehmensmanagements ist nicht neu. Das Business-Intelligence-Konzept bietet einen passenden formalen Rahmen zur Verfolgung und Lösung von betriebswirtschaftlichen Fragestellungen. Bereits in den neunziger Jahren hat sich dieser Ansatz etabliert.[678]

Mitte der achtziger Jahre war die Vision des transparenten und vollautomatisierten Unternehmens bereits Teil einer umfassenden Forschungsanstrengung. Hier wurde versucht, alle Daten, die in einem Unternehmen anfallen, zu sammeln und für weitere Verwendungszwecke aufzubereiten. Dieser Ansatz, Computer-Integrated-Manufacturing (CIM)[679] genannt, scheiterte an der Komplexität der Daten und den mangelnden Automatisierungs- und Rechenleistungen der damaligen computergestützten Systeme.[680]

Mit Hilfe von modernen Business-Intelligence-Infrastrukturen können heutzutage Unternehmen beispielsweise Informationen über Markt- oder Kundenveränderungen frühzeitig erkennen und schnell reagieren. Aufgrund des Erfolges und der weiten Verbreitung dieses Ansatzes, besonders in größeren Unternehmen, orientiert sich das im Folgenden vorgestellte IT-basierte Konzept zur Entscheidungsunterstützung an einem etablierten Business-Intelligence-Rahmen.[681]

Einen substantiellen Unterschied zum CIM-Konzept stellt jedoch die Herangehensweise dar. Zum einen wird nicht direkt auf operative Systeme für eine Ana-

675 Vgl. Lasi et al., 2010, S. 3.
676 Vgl. Finke, 2009, S. 19.
677 Vgl. Kemper et al., 2010, S. 8 f.
678 Vgl. ebenda, S. 2.
679 Vgl. Abschnitt 2.4.3.
680 Vgl. u. a. Kletti, 2007, S. 13 f.; Kurbel, 2011, S. 401.
681 Vgl. Kemper et al., 2010, S. 8 f.

lyse zugegriffen, und zum anderen wird, anstatt alle Daten aus der Produktion und deren Umgebung zu extrahieren und abzuspeichern, im Vorfeld untersucht, welche Daten überhaupt eine Relevanz für eine Entscheidungsunterstützung besitzen und nach einer Extraktion auch tatsächlich weiterverwendet werden. Mit Hilfe dieses Vorgehens wird der Komplexität durch eine Reduzierung der Daten begegnet.

Das in dieser Arbeit entwickelte IT-basierte Konzept zur Entscheidungsunterstützung bildet die Extraktion und Sammlung von Daten aus der Produktion, die für eine Entscheidungsunterstützung weitere Verwendung finden, mit Hilfe des Business-Intelligence-Rahmens ab.[682] Auf diese Weise ist es möglich technische Daten mit betriebswirtschaftlichen Daten für eine verbesserte Entscheidungsunterstützung zusammenzuführen. Diese Arbeit betrachtet den technischen Bereich der Produktion, in dessen Kontext betriebswirtschaftliche Daten eine große Rolle spielen und den Entscheidungsträgern in der Regel nicht in vollem Umfang oder in der benötigten Qualität zur Verfügung stehen. Das IT-basierte Konzept zeigt hierfür eine Möglichkeit auf, wie die Entscheidungsunterstützung in produzierenden Unternehmen verbessert werden kann.

5.1 Der Business-Intelligence-Rahmen

Basierend auf einem etablierten Business-Intelligence-Rahmen[683] wird die Grundlage für eine zentrale Speicherung von maschinenbezogenen Daten geschaffen, in der Daten aus der Produktion eines Unternehmens abgelegt werden können.[684] Primäres Ziel ist, dass für Auswertungen und Berichte auf eine gemeinsame, konsolidierte Datenbasis zugegriffen werden kann, um isolierte Datenbereiche oder Insellösungen zu vermeiden.

Technische Daten werden in verschiedenen, spezialisierten IT-Systemen vorgehalten und verwendet. So existieren neben den eher betriebswirtschaftlich orientierten IT-Systemen,[685] wie den ERP- oder SCM-Systemen, auch ingenieursgetriebene IT-Sys-

682 Vgl. Hollstein, 2010, S. 19 ff.
683 vgl. u. a. Kemper et al., 2010, S. 10 f.; Abschnitt 2.4.4.
684 Vgl. Kemper et al., 2012, S. 1 ff.
685 Vgl. Abschnitt 2.4.2.

teme,[686] wie die MES- oder CAx-Systeme. In diesen Systemen vorhandene Daten können theoretisch für die verschiedensten Fragestellungen in einem Unternehmen herangezogen werden; sie finden aufgrund von Schnittstellenproblematiken und Inkonsistenzen in der Datenhaltung häufig jedoch nur innerhalb der Fachbereiche oder Ursprungssysteme Verwendung.

Eine Anwendungsmöglichkeit ist, wenn ein Produktionsmanager bei der Planung eines Maschinenkaufs die Fertigbarkeit herzustellender Werkstücke absichern und die voraussichtlichen Kosten möglichst genau vorhersagen will. Dafür sind technische Daten über die Bearbeitbarkeit des Produktmaterials und dessen Geometrie sowie kostenbezogene Daten über Werkzeuge und Fertigungsprozesskosten notwendig. Daten, die diese Entscheidung unterstützen können, liegen unter anderem in verschiedenen Datentöpfen der technischen und betriebswirtschaftlichen IT-Systeme des Unternehmens.

Der Business-Intelligence-Ansatz schlägt zur Lösung dieses Problems die Schaffung einer zentralen Datenbasis vor, die Daten aus den betriebswirtschaftlichen Quellsystemen extrahiert und für die weitere Verwendung aufbereitet und zur Verfügung stellt. Ein Teilziel dieser Arbeit ist, anhand eines Konzeptes aufzuzeigen, auf welche Art und Weise betriebswirtschaftliche Kennzahlen, die zur Entscheidungsunterstützung genutzt werden, mit technischen Daten aus dem Produktionsbereich angereichert werden können, um eine adäquate Entscheidungsunterstützung zu bieten. Aus den bisherigen Erkenntnissen erscheint es sinnvoll, den Business-Intelligence-Rahmen um ein maschinenorientiertes Data Warehouse (mDWH) zu erweitern. Abbildung 23 zeigt diesen Ansatz auf.

Ein maschinenorientiertes Data Warehouse wird in dieser Arbeit als eine Datensammlung mit Bezug zu den in einer Produktion vorhandenen technischen Infrastrukturen definiert und enthält hauptsächlich Maschinenstamm- und Maschinenbewegungsdaten.[687] Mit Hilfe von Analysesystemen können diese Daten je nach gewünschter Sichtweise aufbereitet und über ein Portal dem Endanwender zur Verfügung gestellt werden.

686 Vgl. Abschnitt 2.4.3.

687 Maschinenbewegungsdaten sind beispielsweise Fertigungsprozessdaten.

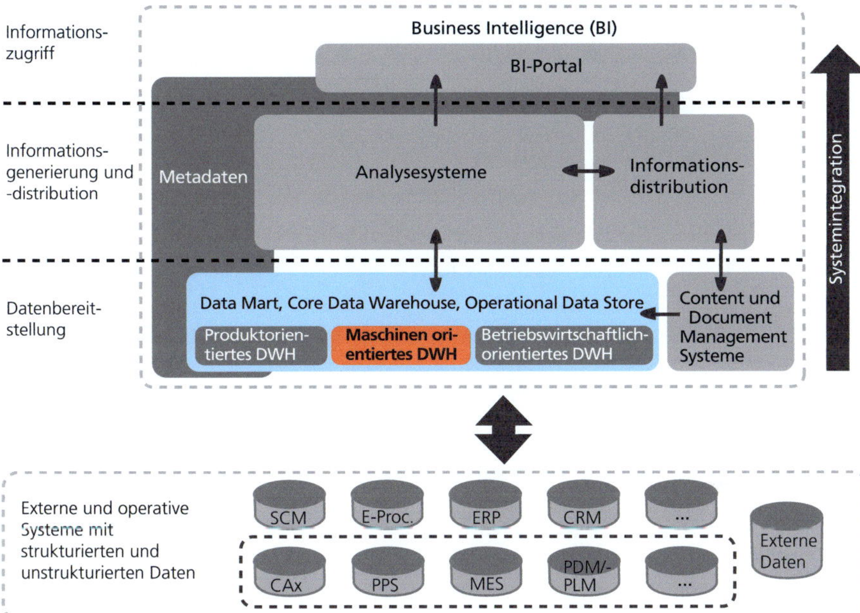

Abbildung 23: Business-Intelligence-Rahmen, erweitert um das mDWH (modifiziert übernommen aus Kemper et al., 2010, S.11)

Der Produktionsmanager aus dem obigen Beispiel kann damit Daten über die veranschlagten Prozesskosten, z. B. den Maschinenstundensatz, aus den betriebswirtschaftlichen Planungssystemen extrahieren und mit den technischen Daten, z. B. welchen Arbeitsraum eine Maschine für die Fertigung eines Werkstücks benötigt, anreichern, um anschließend eine fundierte Entscheidung treffen zu können.

Aufgrund der vielseitigen, individuellen Anforderungen der einzelnen Bereiche, bezogen auf die Auswertungen auf einem Data Warehouse und den zeitlichen Anforderungen an die Antwortzeit des Systems, ist auch ein Hub-and-Spoke-Ansatz auf einem mDWH mit nachgelagerten maschinenorientierten Data Marts (mDM) für die einzelnen Abteilungen bzw. verschiedenen Aufgabenträger eines Unternehmens als Architekturansatz denkbar.[688] Abbildung 24 illustriert die Verwendung von maschinenorientierten Data Marts in einem Hub-and-Spoke-Ansatz.

[688] Vgl. Kemper et al., 2010, S. 24 f.

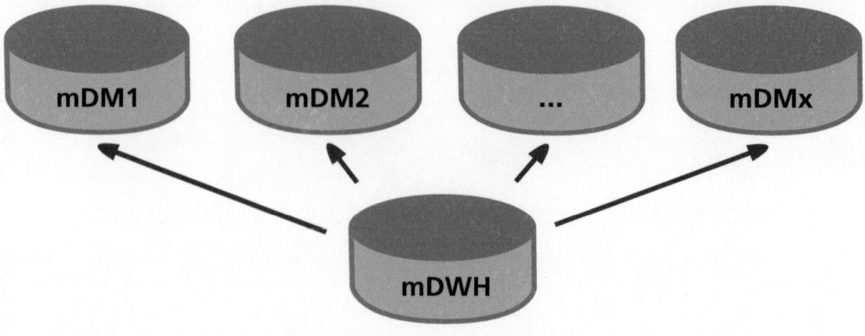

Abbildung 24: Hub-and-Spoke-Ansatz mit mDM's aufbauend auf einem mDWH

Dies bedeutet, dass Daten aus der Produktion zwar zentral gesammelt und abgelegt werden, ein Fachbereich zu Beantwortung seiner Fragestellungen in der Regel aber nur einen kleinen Ausschnitt der Daten aus dem Data Warehouse benötigt. So können die Fachbereiche innerhalb der Data Marts die benötigten spezifischen Analysen durchführen und Analysepfade individuell gestalten und abspeichern. Dies ist beispielsweise für die verschiedenen Anwendungsfälle[689] sinnvoll, da für deren Unterstützung nicht auf die komplette Datenbasis zugegriffen werden muss. Wichtigstes Kriterium für das vorgeschaltete Data Warehouse ist, dass die Daten für diese Analyse syntaktisch und semantisch aufbereitet vorhanden sind. Damit die Vollständigkeit gewährleistet werden kann, wird von den speziellen Analysen auf die benötigte Datengesamtheit geschlossen, die in dem Data Warehouse abzulegen ist.

Der Hub-and-Spoke-Ansatz wird hier angewendet, da in den Bereichen unterschiedliche Analysen verwendet werden und daher verschiedene Aggregationspfade und Analysedimensionen benötigt werden. Des Weiteren ist die Antwortzeit, die von den interviewten Experten als ein wichtiges Kriterium für eine spätere Verwendbarkeit genannt wurde, bei der Verwendung von Data Marts geringer als bei direkt auf dem mDWH durchgeführten Analysen, da in diesen die für die Bereiche relevanten Analysen durchgeführt werden können, ohne das mDWH zu belasten oder andere Fachbereiche in ihrer Arbeit einzuschränken. Mit diesem Konzept ist es damit möglich, produktionsnahe Daten in gewünschter Form aufzubereiten und die zu treffenden Entscheidungen zu unterstützen.

[689] Vgl. Kapitel 4.

Damit die für eine Entscheidungsunterstützung benötigten Daten in dem mDWH abgespeichert werden können, ist es erforderlich, zuerst die Informationsbedarfe zu erheben. Diese Bedarfe wurden anhand der Aufgaben, die in den Abschnitten 2.2.2, 2.2.3 und 2.2.4 hergeleitet wurden, erhoben und anschließend durch Experteninterviews validiert.

5.2 Entscheidungsunterstützung mit einem mDWH

Zur Entscheidungsunterstützung sind die in den vorigen Abschnitten diskutierten Daten aus der Produktion so aufzubereiten und im mDWH abzulegen, dass sie für eine adäquate Entscheidungsunterstützung des Produktionsmanagements genutzt werden können. Diese Datensammlung ist aufgrund der durchgeführten empirischen Untersuchungen[690] sowie der literaturbasierten Betrachtung der Aufgaben[691] allgemein anwendbar.

Hierbei ist ein zusätzlicher, wichtiger Punkt zu berücksichtigen. Ein Unternehmen, das eine Maschine in seinem Wertschöpfungsprozess im Einsatz hat und im Kontext der Wandlungsfähigkeit nutzen will, kann dies nur im Rahmen der durch den Hersteller vorgegebenen Möglichkeiten der Maschine machen. Diese Möglichkeiten werden allerdings durch den Hersteller der Maschine, im folgenden Anlagenbauer genannt, bestimmt. Damit es dem Produktionsmanagement eines Unternehmens ermöglicht werden kann, die Wandlungsfähigkeit der Maschinen ökonomisch sinnvoll zu nutzen, ist es erforderlich alle vom Anlagenbauer vorgesehenen Wandlungsmöglichkeiten zu kennen. Mit der Zusammenführung dieser Wandlungsfähigkeitsaspekte einer Maschine können Aussagen über die Daten gemacht werden, mit denen das Produktionsmanagement im Kontext der Wandlungsfähigkeit unterstützt werden kann. Für eine Nutzung der Wandlungsfähigkeit von Maschinen spielen deren Beschaffenheit und Ausstattungsmerkmale eine wichtige Rolle. Sind solche Merkmale einer Maschine nicht gegeben, kann diese nicht oder nur unzureichend im Sinne der Wandlungsfähigkeit verändert werden.[692]

---

690 Vgl. Abschnitte 4.1.2, 4.2.2, 4.3.2, 4.4.2, 4.5.2 und 4.6.2.
691 Vgl. Abschnitte 4.1.1, 4.2.1, 4.3.1, 4.4.1, 4.5.1 und 4.6.1.
692 Vgl. Abschnitte 2.1.5 und 2.1.6.

Die in den vorherigen Abschnitten identifizierten Analysen werden mit Hilfe eines Use-Cases validiert, daher wird im folgenden Kapitel ein Anlagenbauer untersucht, der über tiefgreifende Kenntnisse bezüglich Maschinen sowohl im Kontext der Maschinenentwicklung als auch des Maschineneinsatzes verfügt. Die Betrachtung eines Anlagenbauers hat daher den Vorteil, dass mit einer Untersuchung ein möglichst großes Feld an maschinenspezifischen Daten erhoben werden kann. Die Daten einer Maschine können dann für eine Entscheidungsunterstützung hinsichtlich des Wertschöpfungsprozesses eines produzierenden Unternehmens herangezogen werden. Dies ist in Abbildung 25 dargestellt.

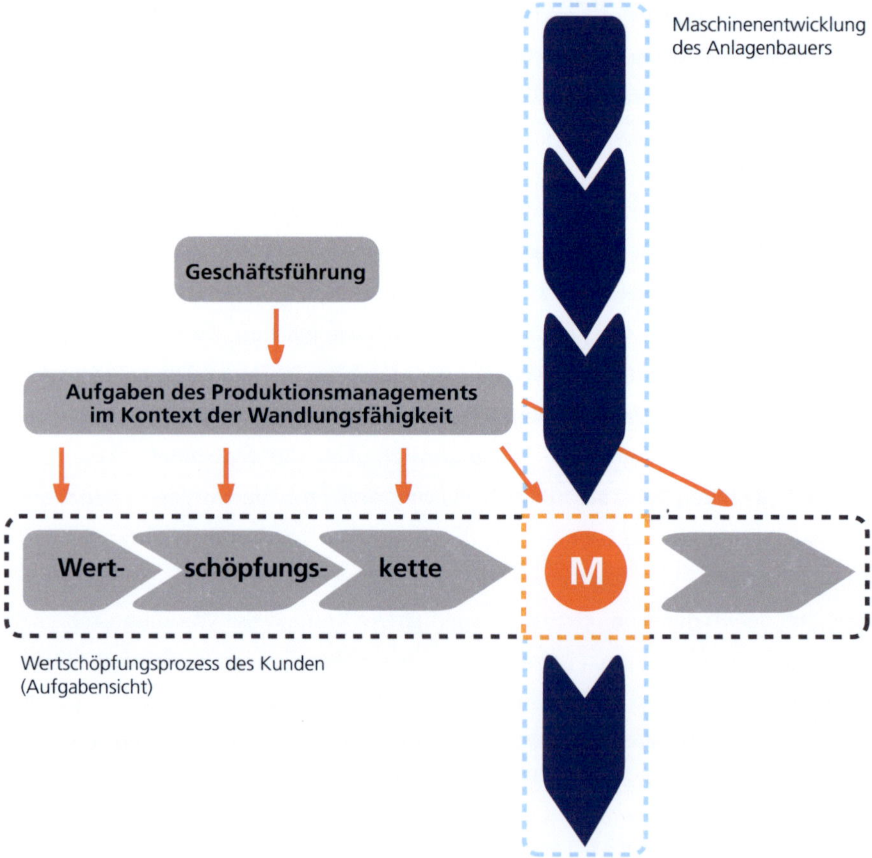

Abbildung 25: Aufgaben des Produktionsmanagements in der Wertschöpfungskette

Abbildung 25 zeigt die Sicht eines Unternehmens auf seine Wertschöpfungskette hinsichtlich der Aufgaben bzw. Anwendungsfälle im Kontext der Wandlungsfähigkeit. Von den Anwendungsfällen wird auf die Informationsbedarfe des Produktionsmanagements hinsichtlich des Wertschöpfungsprozesses und die dafür benötigten Daten geschlossen, die letztendlich über ein maschinenorientiertes Data Warehouse bereitgestellt werden können.

In einem nächsten Schritt werden die im Kontext der Anwendungsfälle relevanten Analysen identifiziert, deren Bezugspunkte sowohl der fokussierte Wertschöpfungsprozess als auch der Entstehungsprozess der betrachteten Maschine sein können.

5.3 Identifikation von Analysen für die Unterstützung der Anwendungsfälle

In Kapitel 4 wurden aus der ersten Interviewreihe die Anwendungsfälle Anlagenbeschaffung und -bereitstellung, Prozessoptimierung, Termin- und Reihenfolgeplanung, Qualität, Make-or-Buy sowie Dienstleistung identifiziert, die im Kontext einer wandlungsfähigen Produktion von Bedeutung sind. Ein weiterer wichtiger Schritt ist die Ableitung von Analysen, welche die einzelnen Anwendungsfälle unterstützen. Aus den zu den jeweiligen Aufgaben identifizierten Daten und den Einschätzungen der Experten lassen sich erste Grobschemata von möglichen Analysen ableiten, die zunächst zusammengeführt (vgl. Tabelle 19) und anschließend in Kapitel 6 mit den Experten des Anlagenbauers operationalisiert werden.

Damit der Anwendungsfall Anlagenbeschaffung und -bereitstellung unterstützt werden kann, sind Analysen bezüglich der Fragestellungen zur technischen Machbarkeit und die Updatefähigkeit oder die Störanfälligkeit einzelner Maschinen von Interesse.[693] Diese Analysen, die im Weiteren als Analyse der technischen Machbarkeit, Updateanalyse und Störanfälligkeitsanalyse bezeichnet werden, bilden die Grundlage für eine Entscheidungsunterstützung im Rahmen des Anwendungsfalls Anlagenbeschaffung und -bereitstellung.

693 Vgl. Abschnitt 4.1.3.

Die Prozessoptimierung ist als weiterer Anwendungsfall ebenfalls durch Analysen abzubilden. Hierfür ist der einzelne Fertigungsschritt zu betrachten, da Veränderungen bzw. Verbesserungen einzelner Parameter nicht notwendigerweise zu einer gesteigerten Performance des Gesamtprozesses führen. Hierfür werden Prozessanalysen benötigt. Die Kenntnis über die Updatefähigkeit und die Fehleranfälligkeit sowohl einzelner Maschinen als auch von Maschinen untereinander sind hierbei ebenfalls relevant. Diese sind erforderlich damit gewährleistet werden kann, dass ein Fertigungsprozess möglichst effizient abläuft.[694] Diese Analysen werden unter den Begriffen Prozessanalyse, Updateanalyse,[695] Fehleranfälligkeitsanalyse und Maschinenanalyse eingeführt. Aufgrund der verschiedenen möglichen Sichten, z. B. Fertigungsprozessbetrachtung einer oder mehrerer Maschinen des gleichen Typs, wird die Maschinenanalyse weiterhin in die maschinenbezogene und die maschinenübergreifende Maschinenanalyse unterteilt.

Für eine Unterstützung der Termin- und Reihenfolgeplanung sind die Analysen der geplanten Liefertermine und die damit verbundene Auslastung der eigenen Produktion sowie die Betrachtung der Prozesse notwendig. Diese werden mit der Lieferterminanalyse und der Maschinenanalyse (wie bereits im Anwendungsfall Prozessoptimierung beschrieben) unterstützt.

Im Rahmen des Anwendungsfalls Qualität sind Analysen hinsichtlich der zu bearbeitenden Werkstücke und die hierfür verwendeten Werkzeuge zu betrachten. Auch die Maschinen sind, einzeln und untereinander, für die Sicherstellung des Qualitätsstandards zu untersuchen.[696] Im Folgenden wird der Anwendungsfall von der Werkstückanalyse, der Werkzeuganalyse sowie der Maschinenanalyse unterstützt.

Für den Anwendungsfall der Make-or-Buy-Entscheidung ist es wichtig zu wissen, ob ein gewünschtes Produkt von der eigenen Fertigung hergestellt werden kann. In diesem Fall ist eine Analyse der technischen Machbarkeit durchzuführen. Kann diese Frage bejaht werden, so ist im Anschluss sicherzustellen, dass genügend Ka-

[694] Vgl. Abschnitt 4.2.3.

[695] Vgl. Abschnitt 4.1.

[696] Diese Fragestellungen werden unter den Bezeichnungen maschinenbezogene Analyse und maschinenübergreifende Analyse weitergeführt.

pazität in der Fertigung vorhanden ist, um die Eigenfertigung auch durchführen zu können. Dieser Anwendungsfall wird durch die Beschaffungsanalyse unterstützt.

Für den Anwendungsfall Dienstleistung ist es schwierig, unterstützende Analysen aufzustellen. Dies liegt, wie in Abschnitt 4.5.3 beschrieben, an den sehr speziellen Anforderungen und unterschiedlichen Auffassungen von Dienstleistungen. Da eine Konkretisierung in diesem Fall nicht möglich war, wird im Weiteren auf die Beschreibung dieses Use-Cases verzichtet. In Tabelle 19 sind die unterstützenden Analysen den jeweiligen Anwendungsfällen zugeordnet.

Anwendungsfall / Analyse	Anlagen-beschaffung und -bereitstellung	Prozess-optimierung	Termin- und Reihen-folgeplanung	Qualität	Make-or-Buy
Fehleranalyse		x			
Fertigungsterminanalyse			x		
Beschaffungsanalyse					x
Maschinenbezogene Maschinenanalyse		x	x	x	
Maschinenübergreifende Maschinenanalyse		x		x	
Fertigungs-prozessanalyse		x			
Störanfälligkeitsanalyse	x				
Analyse der technischen Machbarkeit	x				
Updateanalyse	x	x			
Werkstückanalyse				x	
Werkzeuganalyse				x	

Tabelle 19: Die Anwendungsfälle unterstützenden Analysen

Ausgehend von den identifizierten Analysen werden diese nun zur Erstellung eines Konzepts für ein mDWH operationalisiert. Dies erfolgt im Kontext einer Use-Case basierten Untersuchung, die Inhalt des nachfolgenden Kapitels ist.

6. Use-Case mit einem Anlagenbauer

Das Ziel dieses Kapitels ist die Identifikation relevanter Daten, die für eine Durchführung der in Abschnitt 5.3 abgeleiteten Analysen – und damit zur Unterstützung der im Kapitel 4 dargestellten Anwendungsfälle – benötigt werden. Die Operationalisierung stellt damit die Grundlage der Ausgestaltung des Konzepts für ein mDWH dar. In diesem Abschnitt werden Datenmodelle für die identifizierten Analysen erstellt. Betrachtet wird hierfür ein Anlagenbauer, der ein führender Spezialist im Bereich der Oberflächenbearbeitung ist.

Als international vertretener Anlagenbauer mit über tausend Mitarbeitern, der Maschinen und Werkzeuge sowohl selbst entwickelt und herstellt als auch selbst im Rahmen einer Lohnfertigung betreibt, eignet sich diese Firma hervorragend, um den komplexen und vielfältigen Bereich, in dem ein mDWH eingesetzt werden kann, zu beleuchten. Eine Maschine kann daher sowohl als das Produkt bei der Herstellung innerhalb der Produktion des Anlagenbauers als auch als Produktionsmittel in der Auftragsfertigung betrachtet werden. Damit ist der Anlagenbauer einerseits ein produzierendes Unternehmen im Sinne der in Abbildung 25 dargestellten Wertschöpfungskette, und er nimmt andererseits die Rolle eines Maschinenherstellers ein, der den Maschinenentstehungsprozess maßgeblich gestaltet. Dies ist besonders hinsichtlich der Einsicht in maschinenbezogene Daten von Bedeutung. Damit der Nutzen eines mDWH evaluiert werden kann, wurden die Daten, die in den Analysen für die Anwendungsfällen benötigt werden,[697] in einer Interviewreihe mit Mitarbeitern aus den Funktionalbereichen Entwicklung, Konstruktion, Montage und Betrieb, Service sowie Vertrieb erhoben und für jede Analyse aus Tabelle 19 operationalisiert und in ein Datenmodell überführt.

In der vorliegenden Arbeit wird die Technologie der Oberflächenbearbeitung für die Modellierung und Evaluierung des mDWH betrachtet. Die Bearbeitungsverfahren gliedern sich in nach DIN 8589 in die spanenden Trennverfahren mit geometrisch unbestimmten Schneiden,[698] wie zum Beispiel dem Gleitspanen, Honen, Läppen oder Schleifen.[699] Die Unterscheidung zwischen den Bearbeitungsver-

697 Vgl. Abschnitt 5.3.
698 Vgl. u. a. Flores, 1992, S.10; DIN 8589, Teil 14.
699 Vgl. http://www.fachwissen-technik.de/verfahren/grundlagen-spanen.html.

fahren, die der Anlagenbauer anbietet, geschieht anhand der zu bearbeitenden Oberfläche. Aus Komplexitätsgründen wird im Weiteren nur auf ein Verfahren (Verfahren 1) detaillierter eingegangen.

Der Anlagenbauer bietet seinen Kunden individuelle Maschinen für das jeweilige Produkt an, das der Kunde in seiner Fertigung herstellt. Neben der Maschine werden auch der Bearbeitungsprozess, d. h. Werkzeuge, Schneidmittel und Fertigungsprozesswissen, wie die Einstellung von Technologieparametern an der Maschine sowie die Einweisung und Schulung der Kundenmitarbeiter an der Maschine, Ersatzteile und Wartungsverträge, mit verkauft. Der Dienstleistungsbereich des Unternehmens erstreckt sich von Machbarkeitsuntersuchungen und Fertigungsprozessauslegungen über die Schneidmittelentwicklung und das Werkzeugmanagement bis zur Lohnbearbeitung.

In den nächsten Abschnitten werden die in Abschnitt 5.3 erläuterten Analysen, Anlagenbeschaffung und -bereitstellung, Prozessoptimierung, Termin- und Reihenfolgeplanung, Qualität und Make-or-Buy nun detailliert betrachtet, anhand Experteninterviews erweitert[700] und für die Nutzung in einem mDWH modelliert. Damit eine Datengrundlage für die Analysen im Kontext der Wandlungsfähigkeit geschaffen werden kann, sind in allen Funktionsbereichen des Anlagenbauers Experteninterviews durchgeführt worden. Organisatorisch gliedert sich der Anlagenbauer in mehrere Funktionsbereiche. Unterhalb der Geschäftsführung existiert eine funktionale Gliederung in die Bereiche Entwicklung, Konstruktion, Montage und Betrieb sowie Service und Vertrieb. Durch die Form dieser Untersuchung[701] wird gewährleistet, dass das Unternehmen und der Maschinenherstellungsprozess ganzheitlich betrachtet werden und dadurch eine detaillierte Sicht auf ein mDWH dargestellt werden kann.

6.1 Operationalisierung der Analysen zur Unterstützung des Anwendungsfalls Anlagenbeschaffung und -bereitstellung

Bei einer Anlagenbeschaffung stehen die identifizierten Informationen aus Abschnitt 4.1 im Vordergrund. Im Rahmen der Experteninterviews mit dem Anla-

[700] Vgl. Abschnitt 3.2.
[701] Vgl. Abschnitt 3.2.

genbauer wurden diese Analysen weiter detailliert und die zur Durchführung der Analysen benötigten Daten erhoben. Diese sind in den folgenden Abschnitten dargestellt.

6.1.1 Analyse der technischen Machbarkeit

Eine erste Frage ist die Realisierbarkeit der Fertigung eines Werkstücks unter den Nebenbedingungen der Qualität und Zeit, also der technischen Machbarkeit eines Fertigungsschrittes auf Basis einer Kombination aus Werkstück, Werkzeug, Fertigungsprozess und Maschine.[702] Auf Basis von Werkstückzeichnungen und gesammeltem Erfahrungswissen können eine Entscheidung getroffen und eine Einschätzung über die Machbarkeit eines Fertigungsschritts unter Berücksichtigung der Werkstückqualität gegeben werden.[703] Diese Einschätzung führt zu den Aussagen:[704]

- realisierbar
- realisierbar mit Vorbehalt
- nicht realisierbar

Die Einschätzung der technischen Machbarkeit ist eine erste Aussage[705] und die wichtigste, die Auswirkungen auf die Anlagenbeschaffung hat und in großem Maße auf den Erfahrungswerten der Mitarbeiter basiert.[706]

Damit die Entscheidung über die technische Machbarkeit unterstützt werden kann, sind Informationen über bereits realisierte ähnliche Projekte, also historisierte Bündelungen von Fertigungsprozessen, Werkzeugen und Maschinen sowie Informationen über das zu bearbeitende Werkstück, notwendig.[707]

Die Analyse der technischen Machbarkeit wird, auf Basis der Interviewreihe mit den Experten des Anlagenbauers, entsprechend Abbildung 26, betrachtet. Die

[702] Experte Entwicklung, S. 12.
[703] Experte Entwicklung, S. 11 f.
[704] Experte Entwicklung, S. 11 f.
[705] Experte Entwicklung, S. 12.
[706] Experte Betrieb und Montage, S. 5.
[707] Experte Entwicklung S. 16.

Bereiche Fertigungsprozessstabilität, Fertigungsprozessrealisierbarkeit und Kosten sind die bedeutendsten Größen, anhand derer herausgefunden werden kann, welche Anforderungen die Maschine und der Fertigungsprozess erfüllen müssen.

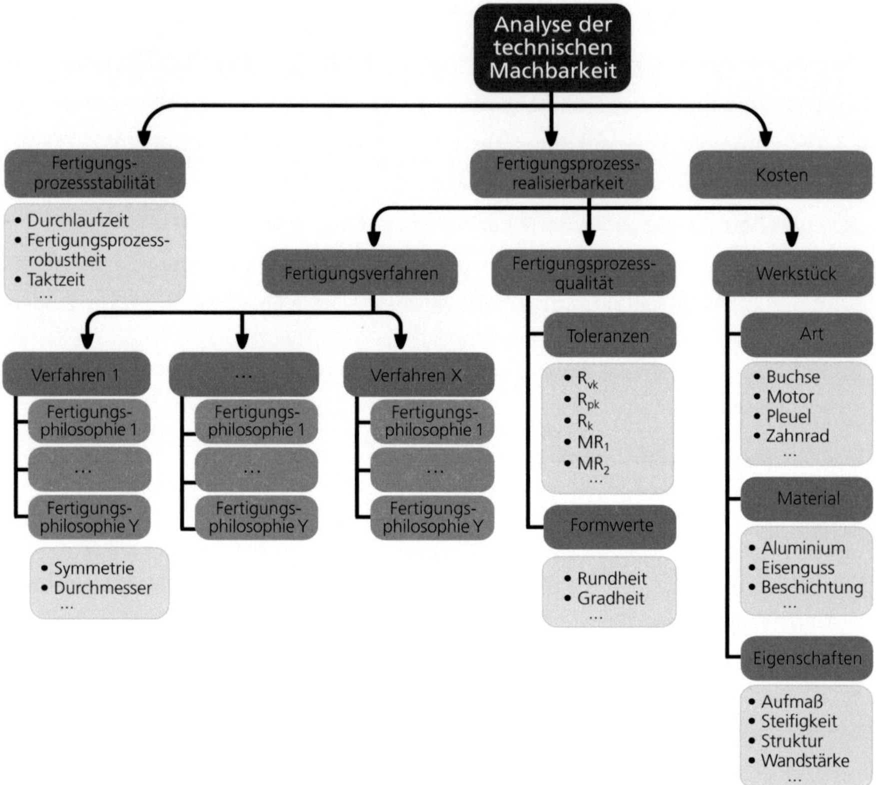

Abbildung 26: Operationalisierung der Analyse der technischen Machbarkeit

Die technische Machbarkeit hängt maßgeblich von den gestellten Anforderungen ab. Diese beinhalten Informationen über das Werkstück und die gewünschten Maschineneigenschaften hinsichtlich des Bearbeitungsprozesses. In der Regel existieren konkrete Vorstellungen oder interne Vorgaben, welche Leistung die Maschine haben und mit welcher Taktzeit und zu welchen Kosten sie fertigen soll.

Fertigungsprozessstabilität

Damit die technische Machbarkeit bezüglich der Fertigung eines Produktes geklärt werden kann, stellt sich die Frage nach der Fertigungsgeschwindigkeit[708], da die Taktzeit der zu beschaffenden Maschine unter Umständen zu der bestehenden Fertigung passen muss. In diesem Zusammenhang ist auch die Konstanz des Fertigungsprozesses von Interesse, die mit der Fertigungsprozessrobustheit abgebildet wird.

Fertigungsprozessrealisierbarkeit

Die Fertigungsprozessrealisierbarkeit untergliedert sich in die Bereiche des Fertigungsverfahrens, der Fertigungsprozessqualität und des Werkstücks.

Fertigungsverfahren

Das Verfahren selbst wird in Verfahren 1 und weitere Verfahren unterteilt, welche dieselben Ausprägungen beinhalten, siehe Abbildung 27.

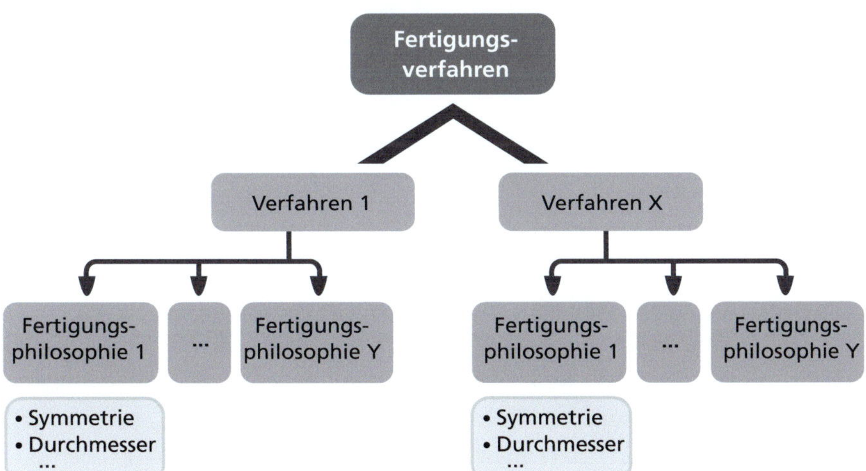

Abbildung 27: Operationalisierung des Fertigungsverfahren

[708] Die Frage nach der Prozessgeschwindigkeit stellt sich, wenn die gewünschte Mindestqualität mit mehr als einer Prozessgeschwindigkeit oder unterschiedlichen Maschine-Werkzeugkombinationen erreicht werden kann. In der Regel wird sie im Rahmen der technischen Machbarkeit bereits festgelegt, um Prozessschwankungen ausgleichen zu können.

Da diese Arbeit umfangsbedingt nur die Fertigungsphilosophie 1 und Verfahren1 betrachtet wird, wird auf die anderen Fertigungsphilosophien und Verfahren nicht weiter eingegangen. Weiter untergliedert werden die Fertigungsphilosophien in die jeweils verwendeten Verfahren. Die Fertigungsphilosophie legt fest, welche Zielgeometrie erreicht werden kann. Die Zielgeometrie kann anhand der zu erreichenden Symmetrie und des Durchmessers beschrieben werden. Der Durchmesser legt fest, welche Basisparameter für den Bearbeitungsprozess herangezogen werden. Die Symmetrie bezeichnet die Form der zu bearbeitenden Oberfläche.

Fertigungsprozessqualität

Die Robustheit und Genauigkeit eines Fertigungsprozesses ist ein Maß für die Fertigungsprozessqualität. Bewertet werden kann sie anhand von Toleranzen und Formwerten, wie in Abbildung 28 dargestellt.

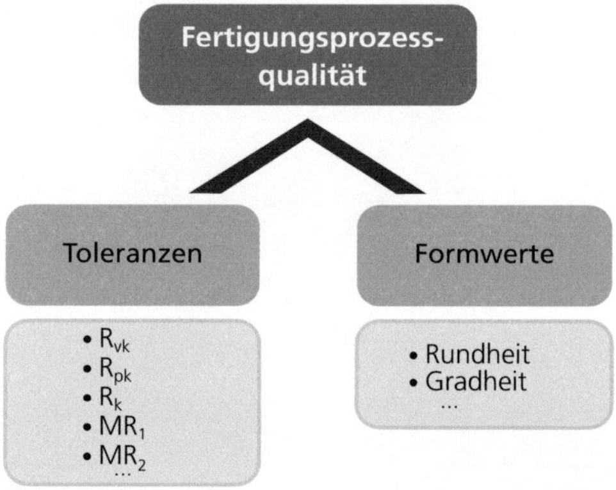

Abbildung 28: Operationalisierung der Fertigungsprozessqualität

Toleranzen sind Qualitätsmessgrößen und finden ihren Ausdruck in Rundheitsgrößen, Rauheitsgraden und Oberflächengüten (z. B. R_{pk}, R_k, R_{vk}, MR_1, MR_2).[709] Formwerte werden durch das Einhalten von bestimmten Oberflächenmerkmalen, z. B. der Rundheit, beschrieben.[710] In diesen Fällen kann auch von Formtoleranzen gesprochen werden.

[709] Vgl. Westkämper und Warnecke, 2004, S. 24 ff.

[710] In der Literatur findet sich eine Vielzahl verschiedener Form- und Toleranzwerte (vgl. u. a. Klein, 2006, S. 49 ff.; Klein, 2012, S. 15 ff.; Jorden, 2008, S. 19 ff.; DIN ISO 1101; Westkämper und Warnecke, 2004, S. 15 ff.).

Werkstück

Zunächst wird die Operationalisierung eines Werkstücks, siehe Abbildung 29, betrachtet. Sie umfasst Kenntnisse über das zu bearbeitende Werkstück und beinhaltet Daten und Informationen bezüglich Werkstückart, Werkstückmaterial und Werkstückeigenschaften.

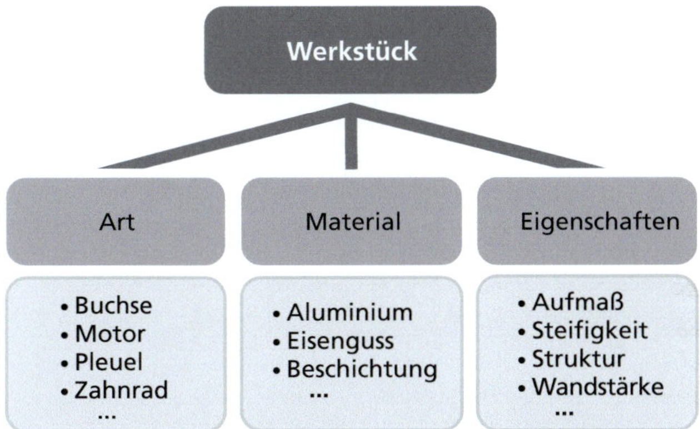

Abbildung 29: Operationalisierung der Werkstückqualität

Die Werkstückart[711] beschreibt den primären Aufbau und damit die Funktion, die es als Produkt später einnehmen wird. Hieraus lassen sich bereits wichtige Merkmale ableiten, die den späteren Fertigungsprozess beeinflussen. Da die Daten innerhalb einer Werkstückart jeweils ähnlich sind, können diese den einzelnen Untergliederungen zugeordnet werden. Die Werkstückart untergliedert sich in die oben genannten einzelnen als Beispiele genannten Produkte, bei denen ein Prozessschritt bei der Fertigung vorgesehen ist. Da jedes Produkt aufgrund seiner verschiedenen Anforderungen einen eigens entwickelten Bearbeitungsprozess mit unterschiedlichen Nebenbedingungen hat, ist es wichtig, eine derartige Unterteilung vorzunehmen.

[711] Werkstückarten, welche die Maschinen des Anlagenbauers bearbeiten, sind beispielsweise Buchsen, Motoren, Pleuel oder Zahnräder. Eine Buchse ist ein Rohr bzw. eine Hülse zur Aufnahme eines Gegenstücks. Im Maschinenbau werden Buchsen häufig als Gleitlager für Achsen, z. B. von Rädern, genutzt. Bei der Werkstückart Motor wird die Zylinderführung, in der ein Zylinder später auf- und abläuft und seine Arbeit verrichtet, bearbeitet. Der Pleuel verbindet in einem (Verbrennungs-) Motor die Kurbelwelle mit dem Zylinderkolben und übersetzt die translatorische in eine rotatorische Bewegung. Beim Zahnrad werden der innere Aufnahmebereich und die Zähne bearbeitet. Allen diesen Bauteilen sind die hohen Anforderungen an die tribologisch beanspruchten Funktionsflächen gemeinsam.

Die in dem betrachteten Fall wichtigsten zu bearbeitenden Werkstückmaterialien[712] sind Aluminiumlegierungen, Eisengusswerkstoffe und Beschichtungen. Die verschiedenen Werkstoffe wirken sich sehr verschieden auf den Bearbeitungsprozess aus und müssen daher bekannt sein. Bei Beschichtungen wird auf der Oberfläche eines Werkstücks eine festhaftende Schicht aus unterschiedlichsten Materialien aufgetragen,[713] um beispielsweise die Temperatur- bzw. Korrosionsbeständigkeit, die tribologischen Eigenschaften oder die elektrische Leitfähigkeit verändern zu können.

Unter den Eigenschaften eines Werkstückes werden Größen hinterlegt, die das Werkstück direkt beschreiben. Wesentliche Größen sind

- Aufmaße,
- Steifigkeiten,
- Strukturen und
- Wandstärken.

Aufmaße werden in µm gemessen und beschreiben die Materialmenge, die bei einem Bearbeitungsprozess abgetragen wird. Ist das Aufmaß zu klein, ist es unter Umständen nicht oder nur erschwert möglich, die gewünschten Oberflächeneigenschaften zu erreichen. Ist das Aufmaß zu groß, dauert der Bearbeitungsprozess länger und das Werkzeug wird stärker abgenutzt.

Die (Verwindungs-)Steifigkeit bezeichnet den Widerstand, den das Werkstück dem Fertigungsschritt entgegenbringen kann. Je größer die Steifigkeit des Werkstücks ist, desto größer kann die Kraft sein, die beim Bearbeitungsprozess auf das Werkzeug und auf das Werkstück wirken kann. Damit ist es möglich, den Fertigungsprozess zu beschleunigen oder robuster zu gestalten. Ist die Steifigkeit gering, ist es wegen der niedrigeren zulässigen Fertigungsprozesskräfte schwieriger bzw. langwieriger, die gewünschte Oberflächenqualität zu erreichen.

[712] Aluminiumlegierungen sind meist relativ weich und zäh und werden in der Automobilbranche häufig im Leichtbau verwendet. Eisengusswerkstoffe sind Eisen-Kohlenstofflegierungen, die etwa dreimal schwerer als Aluminium sind und z. B. für die Herstellung von Motorblöcken verwendet werden.

[713] Vgl. DIN 8580.

Die Struktur des Werkstücks ist für die Bearbeitung ebenfalls von großer Wichtigkeit. In diesem schwer durch Kenngrößen festzumachenden Punkt sind Daten hinterlegt, welche Auskunft geben, an welchen Stellen das Werkstück unterschiedlich gut bearbeitet werden kann. Unterschiede in der Bearbeitbarkeit können beispielsweise durch Bohrungen hinter den Zylinderläufen hervorgerufen werden, die zur Kühlung des Motorblocks dienen; dann dürfen die Kräfte, die bei einem Bearbeitungsprozess zu Einsatz kommen, nicht zu groß sein, da ansonsten unerwünschte Verformungen an den Zylinderwänden auftreten können.

Die Bearbeitbarkeit bei geringen Wandstärken wird beeinflusst durch die Steifigkeit und Struktur, sie wird aber explizit als eigene Größe betrachtet. Die Wandstärken sind durch die Materialmenge, die zwischen der zu bearbeitenden Oberfläche und anderen Strukturen oder zwischen zu bearbeitenden Oberflächen liegt, definiert.

Die über das Werkstück und den Fertigungsprozess zusammengeführten Daten können nun auf die Leistungsdaten verfügbarer Maschinen abgebildet werden. Auf diese Weise kann festgestellt werden, ob bereits eine für die Herstellung des Werkstücks passende Maschine existiert oder Anpassungen bzw. Veränderungen der Maschinenkomponenten und Maschinenparameter notwendig sind. Damit kann die Frage nach der technischen Machbarkeit wirkungsvoll unterstützt werden.

Kosten

Die Kostenstruktur ist ebenfalls ein Kriterium bei der Anlagenbeschaffung. Ist ein Werkstück mit mehr als einer Kombination aus Werkzeug, Fertigungsprozess und Maschine herstellbar, so treten betriebswirtschaftliche Sichtweisen in den Vordergrund. Diese Sichtweisen umfassen neben den reinen Beschaffungs- und Inbetriebnahmekosten auch Betriebs- und Entsorgungskosten. Auch eine Betrachtung der Emissionen der verschiedenen Kombinationen kann eine Kaufentscheidung beeinflussen. Die betriebswirtschaftliche Betrachtung ist damit der reinen technischen Machbarkeit nachgelagert und bietet, je nach den Prioritäten des Entscheiders, Möglichkeiten, die ausgewählten Kombinationen aus Maschine, Fertigungsprozess und Werkzeug zu bewerten.

6.1.2 Updateanalyse

Im Rahmen der Anlagenbeschaffung spielt auch die Möglichkeit eine Rolle, bereits in einem Fertigungsprozess integrierte Maschinen auf Veränderungsmöglichkeiten zu untersuchen. Ziel der Analyse der Updatefähigkeit ist, Anlagen, die bereits im Einsatz sind, auf Aktualisierungsmöglichkeiten, z. B. zur Qualitätsverbesserung oder Zeiteinsparung, zu untersuchen.[714] Auf Basis der Kenntnis aktueller Technologien, z. B. neu entwickelter Werkzeuge, Schnittstellen oder Steuerungen, kann eine Verbesserung des Fertigungsprozesses durchgeführt werden. Durch das Update einer Maschine kann damit für eine Produktion ein Mehrwert entstehen.[715]

Eine ähnliche Fragestellung, die auf denselben Parametern wie die Prozessanalyse[716] beruht, beschreibt die Updateanalyse. Der jeweilige Fertigungsprozess ist hierfür zu untersuchen und mit dem aktuellen Entwicklungsstand abzugleichen. Mit dieser Analyse kann herausgefunden werden, inwieweit einzelne Fertigungsprozessschritte verbessert werden können. Sind die Unterschiede zwischen dem Istzustand und dem aktuell möglichen Zustand groß genug, d. h. das Update des Fertigungsprozesses würde sich betriebswirtschaftlich lohnen, kann nach einem entsprechenden Angebot für eine Umstellung gesucht werden.

Mit der Updatefähigkeitsanalyse wird untersucht, welche Auswirkungen eine bestimmte technologische Erweiterung oder Veränderung auf eine Maschine hat, die sich bereits im Einsatz befindet. Ein Problem der Entwicklungsabteilung ist dabei, den Nutzen einer Umstellung möglichst genau abzuschätzen und messbar ausdrücken zu können. Die Operationalisierung dieser Analyse, die in Abbildung 30 dargestellt ist, basiert auf den Daten aus dem Fertigungsprozess selbst unter den gleichen Bedingungen und den jeweiligen technologischen Änderungen und dem verbesserten Fertigungsprozess.

[714] Experte Entwicklung, S. 15 f.
[715] Experte Entwicklung, S. 16 f.
[716] Vgl. Abschnitt 6.2.

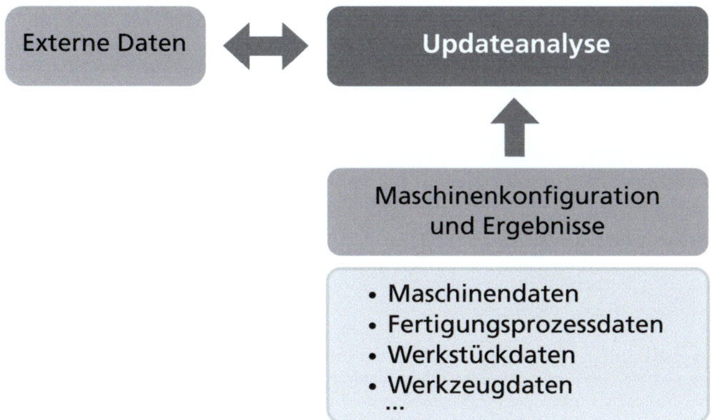

Abbildung 30: Updateanalyse

Von besonderer Bedeutung ist die Beschaffung der Fertigungsprozessdaten. Hierfür sind vor allem die speziellen Gegebenheiten der Fertigung und des Produktes zu berücksichtigen, d. h. die entsprechenden Werkstückdaten sind hierfür in ausreichender Qualität vorzuhalten. Liegen diese Informationen vor, kann der Bearbeitungsvorgang mit den Parametern des Fertigungsprozesses und den Daten über das eingesetzte Werkzeug rekonstruiert und mit aktuell möglichen Konfigurationen verglichen werden. Die hierfür zu betrachtenden Größen sind die Fertigungsprozessdaten, Werkzeugdaten und Werkstückdaten.

Kann mit der vorhandenen Maschine und der vorgegebenen Werkstückqualität, durch den Einsatz anderer Werkzeuge, Maschinensoftwarereleases oder Fertigungsprozessparameterkonfigurationen eine Einsparung in den Kosten oder der Durchlaufzeit oder eine bessere Werkstückqualität bei gleich bleibenden Kosten und Zeiten erreicht werden, kann dies den Nutzen erhöhen und ein attraktives Geschäftsfeld für den Anlagenbauer bilden. Die Updateanalyse sollte in regelmäßigen Abständen durchgeführt werden, um technologische Neuerungen bewerten und implementieren zu können. Hierbei ist auch der Einbezug externer Daten, beispielsweise das Vorhandensein von Softwareupdates oder Erweiterungsangebote des Maschinenherstellers, zu beachten.

Ist eine gewünschte Leistungsverbesserung durch das Update einer Maschine erreichbar, so kann anschließend, analog zur technischen Machbarkeit, eine Marktbetrachtung und Kostenbewertung durchgeführt werden. Nach Experte 5 (1. Interviewreihe) werden funktionierende, etablierte Fertigungsprozesse aus Vorsicht vor Werkstückqualitäts- oder Fertigungsprozessstabilitätsverlusten in der Regel nicht angefasst. Dennoch können eine neue Technologie, verbesserte Bauteile oder neu freigegebene Werkzeuge seitens des Maschinenherstellers zu einem Einsparpotential bei Zeit und Kosten führen.

6.1.3 Störanfälligkeitsanalyse

Ziel der Störanfälligkeitsanalyse ist es, die Maschinen in der Hinsicht zu analysieren, ob diese im Laufe ihrer Einsatzzeit störanfälliger geworden sind. Dies kann nur erreicht werden, wenn die Maschinen vergleichbar sind, d. h. unter ähnlichen Bedingungen eingesetzt werden. Dass mehrere Maschinen des gleichen Typs dieselben Fertigungsschritte durchführen, ist beispielsweise in der Fertigung des Unternehmens von Experte 8 (1. Interviewreihe) der Fall. Hier können anhand der Störanfälligkeitsanalyse Maschinen identifiziert werden, die, beispielsweise aufgrund älterer oder unterschiedlicher Bauteile, häufiger stillstehen und damit einen Anstoß für eine Anlagenbeschaffung bilden können. Im Gegensatz zu der Fehleranalyse (vgl. Abschnitt 6.2.2) ist hier von Interesse, ob bei einem bestimmten Maschinentyp oder bestimmten Bauteilen nach einer gewissen Zeit Ausfallerscheinungen auftreten. Damit diese Frage beantwortet werden kann, müssen die Maschinen hinsichtlich ihres Einsatzgebietes ähnlichen Einflüssen ausgesetzt sein, damit eine Vergleichbarkeit gewährleistet werden kann. Dies kann mit Hilfe einer Maschinenklassifikation und den Fehler- bzw. Ausfallinformationen geschehen. Hierzu zählen auch die Fehlerhäufigkeit und die Genauigkeit des Fertigungsprozesses.

Die wichtigsten Informationen zur Störanfälligkeit sind neben der Maschinenklassifikation die Fehler- und Ausfallinformationen über die Maschine mit den Aspekten Garantiezeitraum und Standzeit der Maschine. Diese lassen sich aus den Größen Mean-Time-To-Repair (MTTR) und Mean-Time-Between-Failure (MTBF) sowie den Fertigungsprozessergebnissen ableiten. Diese Daten können der Fehleranalyse entnommen werden.

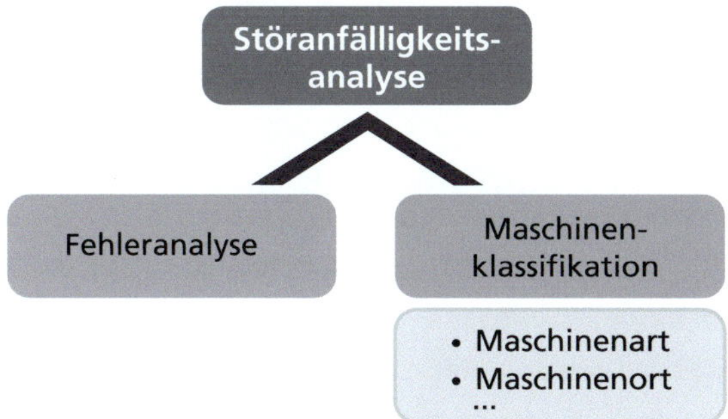

Abbildung 31: Störanfälligkeitsanalyse

Ein Vergleich der Maschinen basiert auf der Ähnlichkeit der hergestellten Werkstücke, der verwendeten Werkzeuge und der Maschinenparameter. Eine Schwierigkeit, wenn nicht mehrere Maschinen denselben Fertigungsprozess durchführen, ist das Finden der Grenze, ab der eine Maschine nicht mehr mit einer anderen Maschine vergleichbar ist. Dies ist beispielsweise der Fall, wenn eine Maschine zwischendurch weitere Fertigungsschritte oder andere Werkstücke bearbeitet und damit anderen Belastungen ausgesetzt ist.

6.1.4 Erstellung des ADAPT-Modells des mDWH für die Analysen des Anwendungsfalls Anlagenbeschaffung und -bereitstellung

In den vorherigen Abschnitten wurden die Analysen der technischen Machbarkeit, Updatefähigkeit und Störanfälligkeit betrachtet, die relevante Analysen für den Aufgabenbereich der Anlagenbeschaffung und -bereitstellung darstellen. Damit die identifizierten Daten in ein mDWH überführt werden können, sind diese in einem entsprechenden Umfang zu modellieren. Eine Form der multidimensionalen Modellierung für ein Data Warehouse bildet die ADAPT-Notation.[717] Im Folgenden wird die Analyse der technischen Machbarkeit anhand der ADAPT-Notation modelliert und erklärt.[718] In dieser Modellierung werden die in Kapitel 4 und die im Rahmen der Interviewreihe bei dem Anlagenbauer erhobenen Daten zusammen-

[717] Vgl. Abschnitt 2.4.4.

[718] Damit die Komplexität und der Umfang gering gehalten werden können, wird die Analyse der technischen Machbarkeit detailliert dargestellt, und das Modell wird anschließend bei der Betrachtung der weiteren Analysen jeweils um die benötigten Daten erweitert.

geführt, damit eine Entscheidungsunterstützung detailliert dargestellt werden kann.[719] Aus Gründen des Umfangs werden alle weiteren Analysen nicht vollständig modelliert, sondern verbal beschrieben und nur die Bereiche modelliert, die über das im Folgenden dargestellte Modell hinausgehen.

Zuerst werden für die Modellierung der Analyse der technischen Machbarkeit auf der obersten Modellierungsebene der Cube und die für die Analyse benötigten Dimensionen dargestellt, siehe Abbildung 32. Der Hauptcube ist nach der durchzuführenden Analyse benannt und verweist auf die analyserelevanten Dimensionen Maschine, Fertigungsprozess, Werkzeug, Werkstück, Messgrößen, Marktbetrachtung und Zeit. Das Modell der Analyse der technischen Machbarkeit wird später mit den Daten aus der Update- und Störanfälligkeitsanalyse für eine Entscheidungsunterstützung des Anwendungsfalls Anlagenbeschaffung und -bereitstellung angereichert und bildet damit eine mögliche Modellierung für ein maschinenorientierten Data Mart.

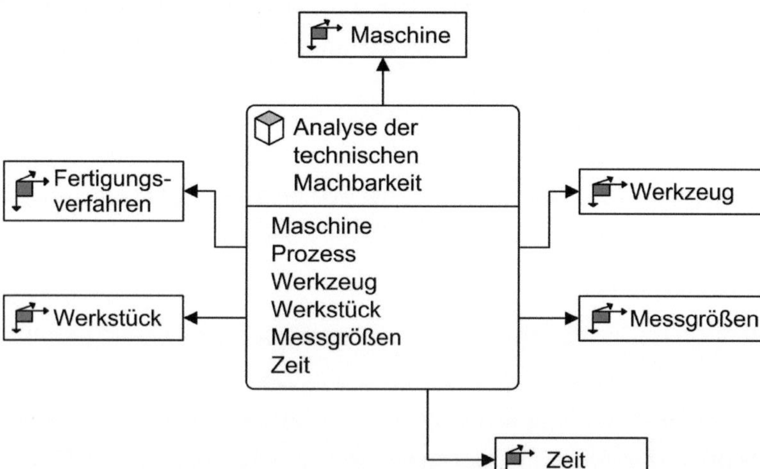

Abbildung 32: Modellierung der Analyse der technischen Machbarkeit

Die Analyse der technischen Machbarkeit wird aufgrund des Vorgehens in der Praxis in zwei Schritte unterteilt. Der erste Schritt behandelt die technische Mach-

[719] Aus Datenschutz- und Umfangsgründen werden die aufgezeigten Attribute nicht vollständig operationalisiert, da sich unter dem Kriterium Maschineneigenschaften eine Vielzahl technischer Merkmale befinden, deren Identifikation und Darstellung den Rahmen dieser Arbeit überdehnen würde. Für die prototypische Umsetzung und Validierung des Konzepts, vgl. Kapitel 7, wurde die Operationalisierung für einen speziellen Anwendungsfall durchgeführt.

barkeit und betrachtet die Dimensionen der Maschine, des Werkzeugs, des Werkstücks und des Fertigungsverfahrens hinsichtlich der zu erreichenden Qualität des Werkstücks (Dimension Messgrößen) bei einer vorgegebenen Taktzeit. Anschließend wird in einem zweiten Schritt, sofern mehrere Alternativen zur Auswahl stehen, die betriebswirtschaftliche Seite betrachtet. Hier werden die verschiedenen Kombinationen hinsichtlich anfallender Kosten, Verbrauch oder Emission betrachtet. Die einzelnen Dimensionen werden im Folgenden erklärt.

Dimension Zeit

Eine in allen Analysen vorkommende Dimension ist die Zeit. Sie dient zur Ordnung der einzelnen Datensätze, um diese auswertbar zu machen. Die Zeitdimension gliedert sich in die Zeithierarchie, die sich in Jahre, Monate, Tage, Stunden, Minuten und Sekunden unterteilt. Eine Detaillierung bis auf Sekundenebene ist für die spätere Betrachtung des Fertigungsprozesses notwendig und ausreichend. Abbildung 33 zeigt die Zeitdimension in der Modellierungssprache ADAPT.

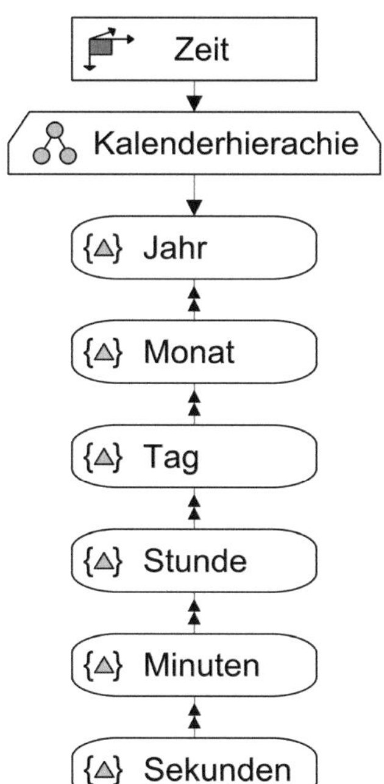

Abbildung 33: Modellierung der Dimension Zeit

Dimension Maschine

Die Dimension Maschine gliedert sich in die Ebenen der Maschinenart, Maschinengruppe und Maschine, siehe Abbildung 34. Eine Ebene ist die Maschinenart, die Maschinen unterschiedlicher Grundtypen beinhaltet. Unterhalb der Maschinenart wird die Maschinengruppe modelliert, die Maschinen beschreibt, welche ähnliche Werkstücke bearbeiten. Diese ist in Abbildung 35 mit ihren Attributen dargestellt. Eine Maschine selbst gehört zu einer Maschinengruppe und wird durch die sie beschreibenden Attribute, siehe Abbildung 36, charakterisiert. Die Attribute, die in der Modellierung der Machbarkeitsanalyse dargestellt sind, stammen aus den Erkenntnissen der Literaturrecherche, den Experteninterviews und der Interviewreihe bei dem Anlagenbauer.

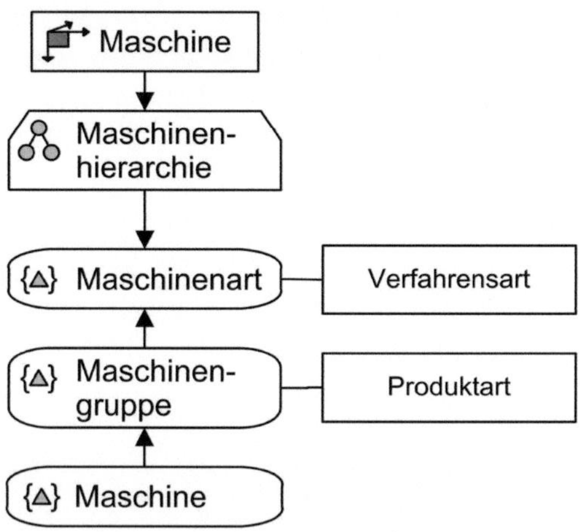

Abbildung 34: Modellierung der Dimension der Maschine

Bei der Erhebung des Informationsbedarfes für die Anlagenbeschaffung und -bereitstellung wurde eine Vielzahl von Daten identifiziert, von denen nicht alle für eine Analyse von Bedeutung sind. Aus diesem Grund werden die Daten anhand ihrer Auswertbarkeit gefiltert. Im Rahmen der Anlagenbeschaffung und -bereitstellung wurden beispielsweise Informationen über CE-Kennzeichnung, Betriebsanleitung oder Dokumentation und Dienstleistungsangebote genannt; deren Vorhandensein ist für eine Anlagenbeschaffung zwar essentiell, aber für eine Analyse der Machbarkeit von nachrangiger Bedeutung und findet sich deshalb nicht in den Attributen der Maschine oder Maschinengruppe wieder.

Auf der Ebene der Maschinengruppe sind allgemeine Daten, d. h. Daten, die für gleichartige Maschinen eines Typs Geltung besitzen, abgebildet, die für alle Maschinen dieser Gruppe gelten. Hierunter fallen beispielsweise Daten aus der benötigten Maschinenumgebung, wie z. B. Luftfeuchtigkeit, Temperatur und Netzsicherheit sowie aus der Bedienfreundlichkeit, wie z. B. die Dokumentation der Maschine oder Zugänglichkeit der Software, siehe Abbildung 35.

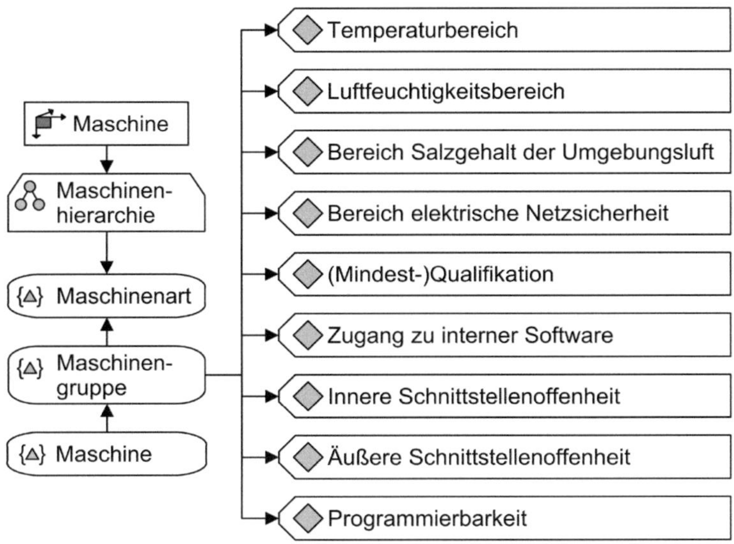

Abbildung 35: Attribute der Maschinengruppe

Die eine einzelne Maschine charakterisierenden Attribute sind Daten, die für eine Analyse als maschinenspezifisch eingestuft wurden. Hierzu gehören beispielsweise Daten über die Kapazität, Umweltleistung oder Wartung und Instandhaltung. Handelt es sich wie bei dem Anlagenbauer um Sondermaschinen, so sind die beschreibenden Attribute eher den einzelnen Maschinen zuzuordnen als ihrer übergeordneten Gruppe, da sie praktisch jeweils einzelne Varianten darstellen. Daher stellt die in dieser Arbeit aufgezeigte Modellierung eine Möglichkeit dar, auf welcher Weise sich der Analyse der Machbarkeit genähert werden kann. Abbildung 36 zeigt die Attribute einer Maschine, die für die Analyse der technischen Machbarkeit von Bedeutung sind.

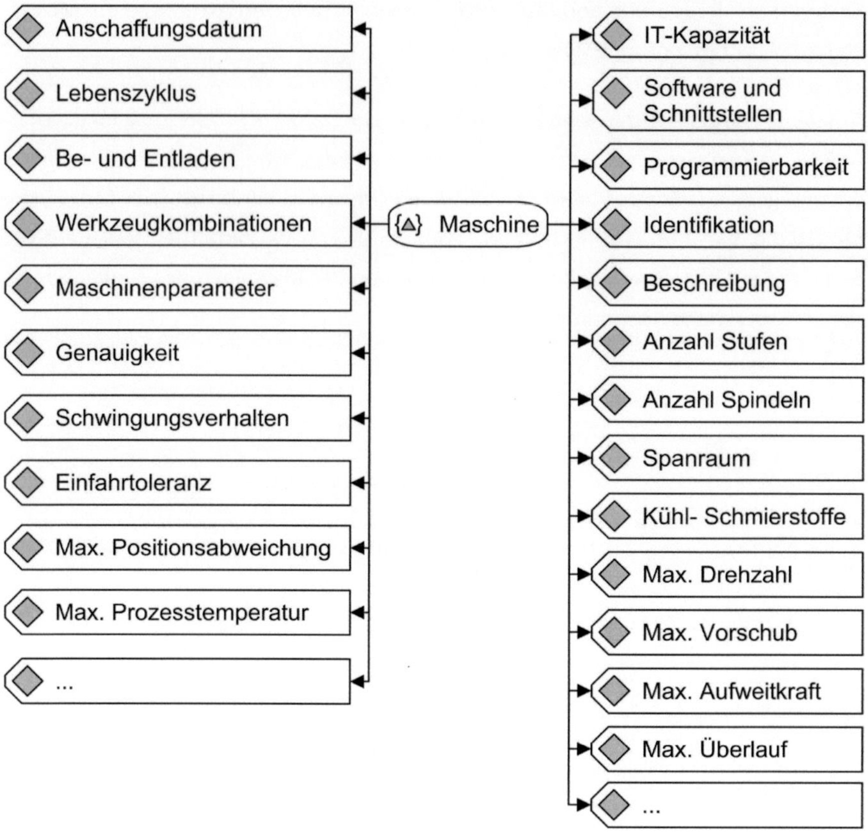

Abbildung 36: Attribute einer Maschine

Da Abbildung 36 umfangsbedingt nur einen Teil der Attribute zeigt, die für eine Machbarkeitsanalyse benötigt werden, findet sich die Darstellung mit den erhobenen Attributen in Anhang D.

Dimension Werkzeug

Eine weitere Dimension bildet das Werkzeug, das eine Maschine für die Durchführung eines Produktionsprozesses verwenden kann. Die Modellierung des Werkzeugs gliedert sich in die Werkzeugart und die Werkzeuggruppe. Die Werkzeugart unterscheidet hierbei zwischen den Werkzeugen der verschiedenen Bearbeitungsphilosophien, die jeweils getrennt analysiert werden. Innerhalb der Werkzeugart existieren wiederum Werkzeuggruppen, von denen das einzelne Werkzeug mit den folgenden Attributen beschrieben werden kann, siehe Abbildung 37.

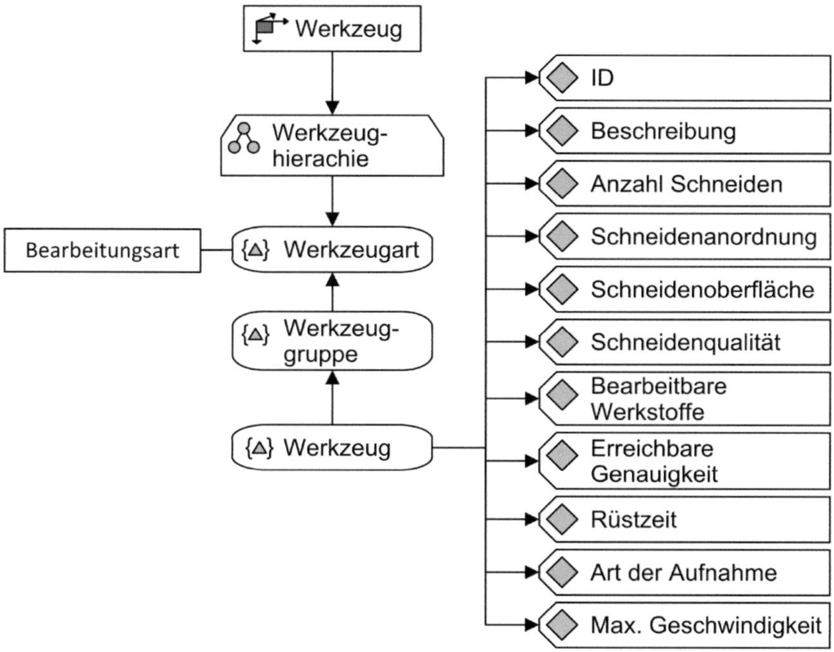

Abbildung 37: Modellierung der Dimension Werkzeug

Die Attribute beschreiben das Werkzeug selbst, anhand der Schneide und Aufnahme sowie den Erfahrungswerten, und geben an, welche Werkstoffe mit welcher maximalen Genauigkeit und möglichen Geschwindigkeit bearbeitet werden können.

Dimension Werkstück

Des Weiteren bildet das Werkstück selbst eine Dimension in dem Modell. Die Dimension Werkstück gliedert sich in eine Werkstückhierarchie und Werkstückart, wobei die Werkstückart die verschiedenen Produkte, die mit einer Maschine gefertigt werden können, beschreibt. Unter der Produktart ist das Werkstück selbst mit den beschreibenden Attributen dargestellt, siehe Abbildung 38.

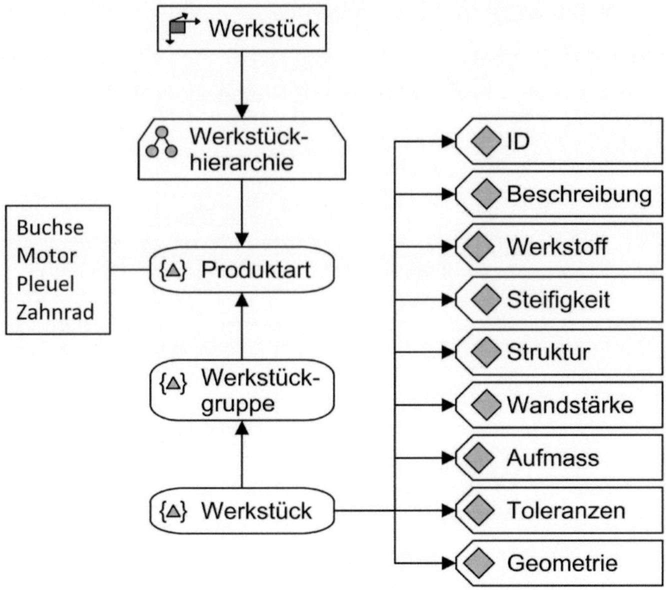

Abbildung 38: Modellierung eines Werkstücks

Ein Werkstück direkt beschreibende Attribute sind beispielsweise Material- oder Strukturdaten sowie die benötigte Bearbeitungsgenauigkeit in Form von Toleranzangaben. Da die Daten über die Werkstücke einzeln erfasst und gespeichert werden, setzt dies voraus, das Werkstücke identifizierbar sind. Damit wird eine Rückverfolgung, beispielsweise bei Qualitätsmängeln, ermöglicht.

Dimension Fertigungsverfahren

Zur Fertigung eines Werkstücks werden neben der Maschine und dem Verwendung findenden Werkzeug auch das Fertigungsverfahren als bekannt und beschrieben vorausgesetzt. Das Fertigungsverfahren kann, im vorliegenden Fall wie in Abbildung 39 dargestellt, modelliert werden. Die Dimension des Fertigungsverfahrens besteht nicht wie bei den anderen Dimensionen aus einer Hierarchie, da nur zwischen zwei Verfahrensarten zu unterscheiden ist. Anhand des zu bearbeitenden Werkstücks ist in der Regel das Verfahren zur Fertigung bereits festgelegt; in dem vorliegenden Fall existieren unterschiedliche Bearbeitungsphilosophien, weswegen das Fertigungsverfahren als eigene Dimension modelliert ist.

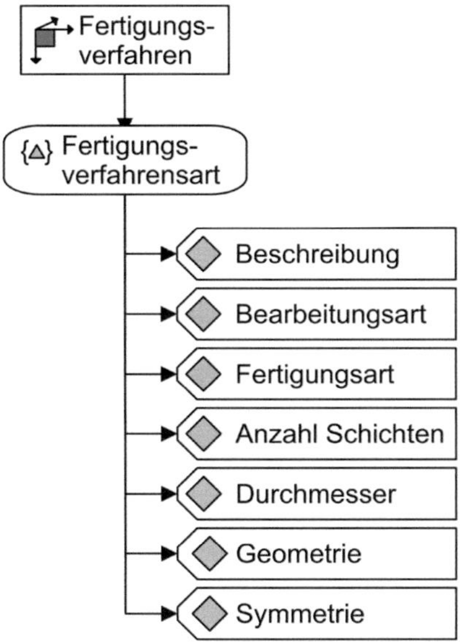

Abbildung 39: Modellierung eines Fertigungsverfahrens

Dimension Messgrößen

Für einen Aufgabenträger ist die Dimension der Messgrößen von großer Bedeutung. In dieser Dimension stehen Kennzahlen, anhand derer Entscheidungen besonders gut unterstützt werden können. Damit die gewählte Modellierung einfacher zu verstehen ist, wird im Folgenden die Dimension der Messgrößen mit Hilfe eines praxisnahen Beispiels beschrieben. Eine Kennzahl, die bei der Analyse der Machbarkeit von Interesse ist, ist beispielsweise die Durchlaufzeit. Damit diese für ein zu fertigendes Werkstück antizipiert werden kann, muss bekannt sein, mit welchen Kombinationen aus Maschine, Werkzeug und Fertigungsverfahren das Werkstück bearbeitet werden kann. Hieraus kann anhand ähnlicher Werkstück-, Fertigungsprozess-, Werkzeug- und Maschinenkombinationen aus historisierten Daten auf die zu erwartende Durchlaufzeit geschlossen werden.

Neben der Durchlaufzeit ist das Erreichen einer vorgegebenen Geometrie und Oberflächengenauigkeit eine bedeutende Größe im Rahmen einer Machbarkeitsanalyse. Diese können in Form von Toleranzen (u. a. R_{pK}, R_k, R_{vK}) wiedergegeben werden, siehe Abbildung 40.

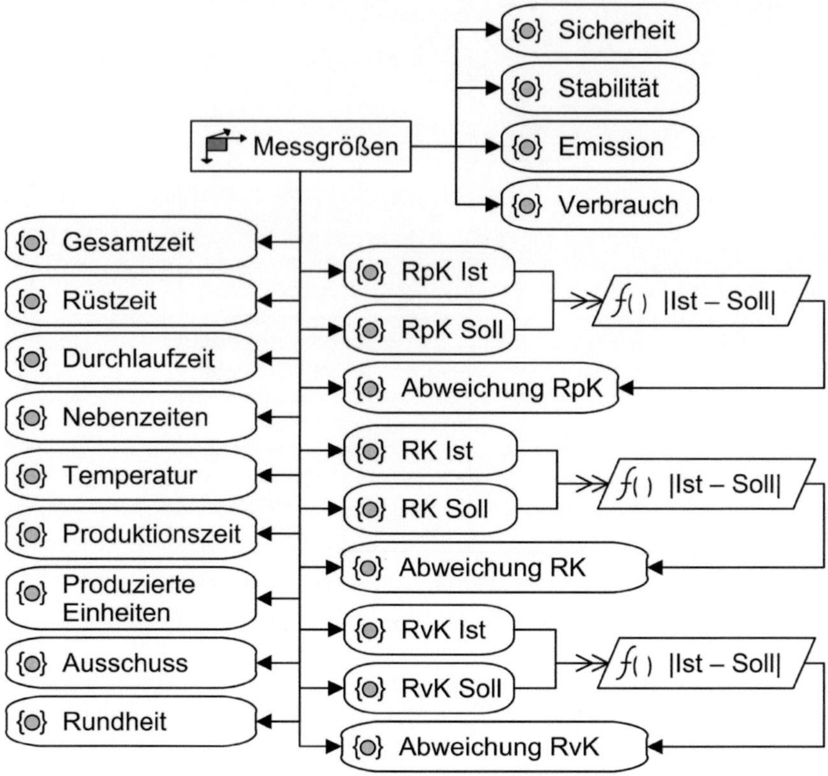

Abbildung 40: Modellierung der Dimension Messgrößen

Die einzelnen Toleranzen sind in Abbildung 40 als Soll-/Istvergleich modelliert, da nicht einzelne Werte sondern die jeweiligen Abweichungen von Interesse sind. Sie können aus den historisierten Daten der jeweiligen Kombination von Werkstück, Werkzeug, Fertigungsprozess und Maschine ausgelesen werden und auf diese Weise eine zu erwartende Qualität des Werkstücks widerspiegeln.

Die Qualität kann zu einem hohen Maße auch von der Temperatur, mit der eine Fertigung durchgeführt wird, abhängen. Bei einer Feinstbearbeitung können Unterschiede von wenigen Grad Celsius in der Prozesstemperatur darüber entscheiden, ob ein Bauteil Ausschuss ist oder nicht. Deshalb sind bei einer Maschine auch die mögliche Maximaltemperatur der Werkzeuge und Werkstücke sowie die Art des Kühlschmierstoffes als Attribute zu hinterlegen.

Hinsichtlich der späteren Umsetzung in einem Prototyp ist bei der Modellierung darauf zu achten, dass in der Tabelle, in der die Daten vorgehalten werden, keine leeren Tabellenfelder abgebildet werden. Dies ist beispielsweise bei der Betrachtung Rüstzeit des Werkzeugwechsels[720] im Rahmen der Prozessoptimierung der Fall, da dieser Vorgang von den Dimensionen Werkstück und Fertigungsverfahren unabhängig ist, d. h. dass diese Felder nicht belegt wären. Daher ist bei der Betrachtung der Rüstzeit ein eigener Cube für die Analyse der Werkzeugrüstzeit zu modellieren, der aus den Dimensionen Maschine, Werkstück, Zeit und Messgrößen besteht. Dieser Cube kann wie in Abbildung 41 dargestellt implementiert werden.

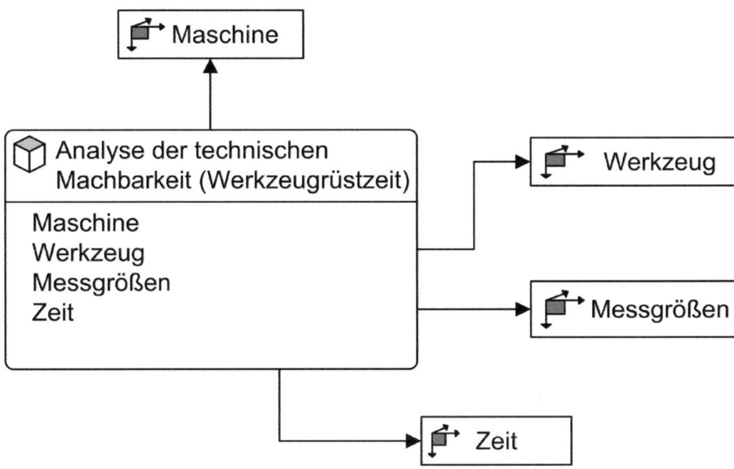

Abbildung 41: Modellierung der Werkzeugrüstzeit zu der Analyse der technischen Machbarkeit

Die für eine Analyse der Rüstzeit benötigten Daten sind in den Attributen der verschiedenen Dimensionen, vgl. Abbildung 33 bis Abbildung 40, bereits hinterlegt. Die Analyse der technischen Machbarkeit ist eine der umfangreichsten Analysen, die in der Erhebung identifiziert wurde. Damit eine Aussage darüber getroffen werden kann, ob eine Maschine für die Durchführung eines Fertigungsschrittes geeignet ist, sind die verschiedenen Kombinationen von Maschinen, möglichen Werkzeugen und Werkzeugqualitäten, beispielsweise Anhand des vorgestellten Modells,

720 Ebenso ist ein derartiger Cube bei ähnlichen Untersuchungen, beispielsweise zur Werkstückwechselzeit, anzufertigen.

zu analysieren. Hierbei ist es sinnvoll, über einen Anforderungskatalog zu verfügen, der die wichtigsten Vorgaben, wie die angestrebte Werkstückqualität und Durchlaufzeit des Fertigungsschrittes, beinhaltet.

Erweiterung des ADAPT-Modells des mDWH für eine betriebswirtschaftliche Betrachtung der Analyse der technischen Machbarkeit

Nach der Analyse der technischen Machbarkeit steht deren betriebswirtschaftliche Bewertung an, insbesondere wenn mehrere Möglichkeiten, d. h. potentielle Maschinen-, Werkzeug-, Fertigungsprozesskombinationen, einer Realisierung identifiziert worden sind. Dann stehen die Fragen bezüglich der Kosten, die hauptsächlich aus Anschaffungs-, Betriebs- und Entsorgungskosten bestehen, im Vordergrund. Wesentliche Einflussfaktoren sind hier die Werkzeugstandzeiten, die Energie- und Betriebsstoffverbräuche sowie die Emissionen. Von Bedeutung ist ebenfalls die Betrachtung des Marktes, z. B. die erwartete Änderung des Produktionsspektrums, damit eine Anlagenbeschaffung auch langfristig gesehen sinnvoll ist. Abbildung 42 stellt das Modell für die betriebswirtschaftliche Sicht dar. Hierfür werden die im vorherigen Abschnitt beschriebenen Dimensionen erweitert und eine neue Dimension, die Marktbetrachtung, eingeführt.

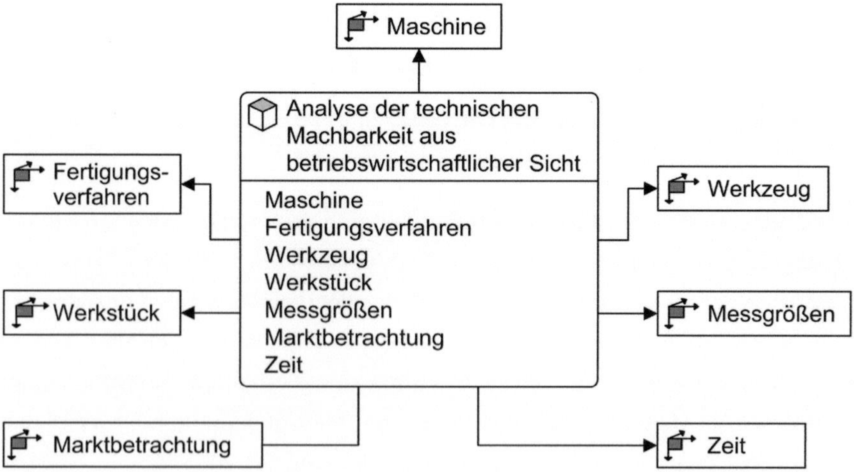

Abbildung 42: Modellierung der Analyse der technischen Machbarkeit aus der betriebswirtschaftlichen Sicht

Anstelle der technischen Attribute sind diesen nun betriebswirtschaftliche zugeordnet. So gehörten zu der Dimension Maschine nun Attribute, welche die Kosten, Verbräuche und Emissionen sowie Daten bezüglich potentieller Lieferanten der Maschine beschreiben. Diese sind in Abbildung 43 dargestellt. Der Bereich Dienstleistung beinhaltet hierfür Attribute bezüglich dessen Erreichbarkeit, Zuverlässigkeit und dessen Dienstleistungen im Rahmen der Beschaffung, wie beispielsweise Schulungs- oder Wartungsleistungen. Ein für Maschinen bedeutender Unterpunkt sind die Kosten, die Daten über Ausfälle beinhalten. Zur Umweltleistung gehören Attribute, welche Nachhaltigkeitsfragen adressieren, wie beispielsweise Arbeitsschutz, Verbräuche und Emissionen.

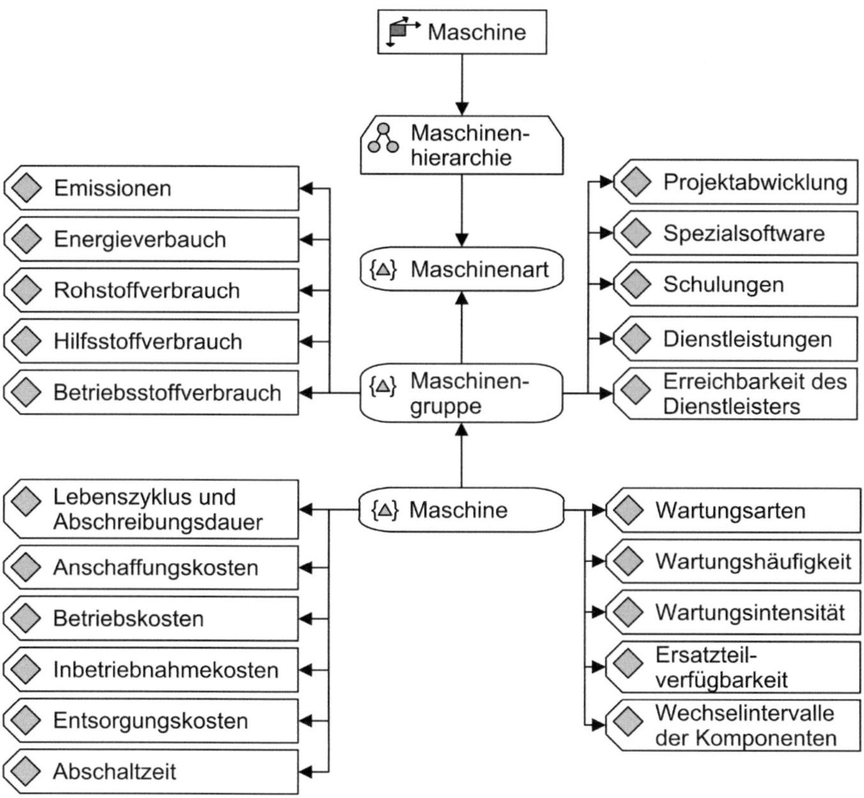

Abbildung 43: Dimension Maschine mit betriebswirtschaftlichen Attributen

Für eine Analyse betriebswirtschaftlicher Fragestellungen, wie beispielsweise den Kosten pro gefertigtes Werkstück, sind die Kosten in der Dimension Fertigungsverfahren enthalten. Die einzelnen Betriebskosten entstehen zwar an der Maschine und dem verwendeten Werkzeug durch Verbrauch und Verschleiß, können allerdings in diesem Modell nicht verbunden werden und sind daher als Gesamtbetriebskosten zusammengefasst dargestellt.

Die Auswahl der relevanten Attribute zur betriebswirtschaftlichen Analyse basieren analog der technischen Machbarkeit auf der Literaturrecherche (vgl. Abschnitt 4.1) und den Experteninterviews des Anlagenbauers.

Bei der Dimension Werkzeug gestaltet sich die Modellierung ähnlich. Sie beinhaltet die Attribute der Anschaffungs- und Entsorgungskosten sowie der Standzeit, siehe Abbildung 44.

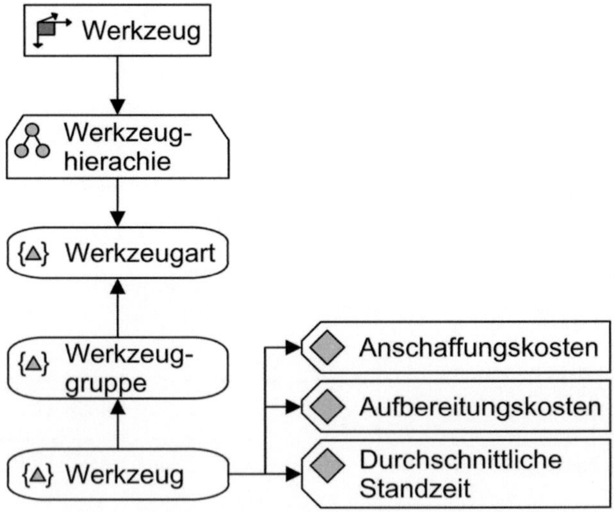

Abbildung 44: Dimension Werkzeug mit betriebswirtschaftlichen Attributen

Da die Kosten pro gefertigtem Werkstück dem Fertigungsverfahren zugeordnet sind, bilden diese, wie in Abbildung 45 dargestellt, die einzigen Attribute der Dimension.

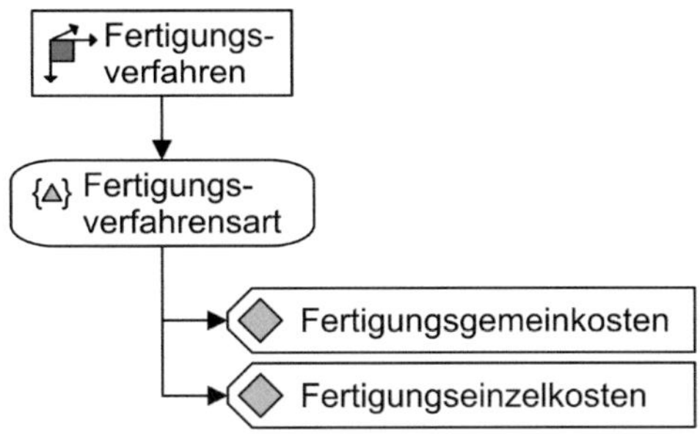

Abbildung 45: Dimension Fertigungsverfahren mit betriebswirtschaftlichen Attributen

Dimension Marktbetrachtung

Eine für die betriebswirtschaftliche Analyse bedeutende Dimension ist die Marktbetrachtung. Diese beinhaltet Attribute, die Daten über den Markt vorhalten, wie beispielsweise erwartete Änderungen im zu fertigenden Teilespektrum, die Aktualität und Updatefähigkeit der verwendeten Technologie, langfristige Verfügbarkeit von Ersatzteilen sowie die Änderungswahrscheinlichkeiten seitens des Zulieferers, siehe Abbildung 46.

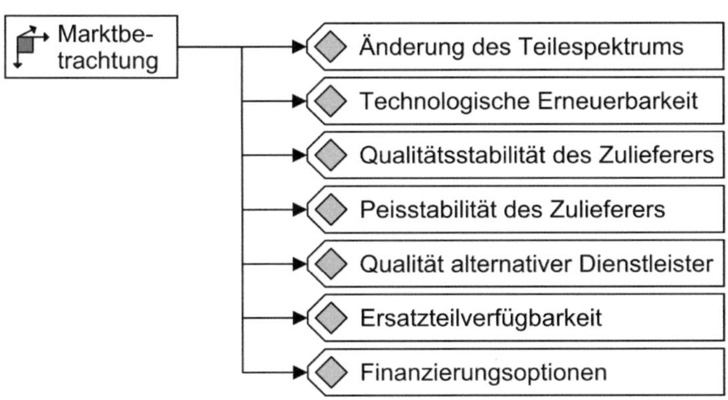

Abbildung 46: Dimension Marktbetrachtung

Diese Attribute sind umständlicher zu operationalisieren, da hier mit Wahrscheinlichkeiten gearbeitet wird und die Prioritäten aus Sicht des jeweiligen Entscheiders unterschiedlich sind.

Abgebildet sind als Attribute der Dimension Messgrößen, die Anschaffungs- und Betriebskosten sowie Verbräuche und Emissionen, siehe Abbildung 47. Diese können auf Basis der betriebswirtschaftlichen Analyse der technischen Machbarkeit abgeleitet werden.

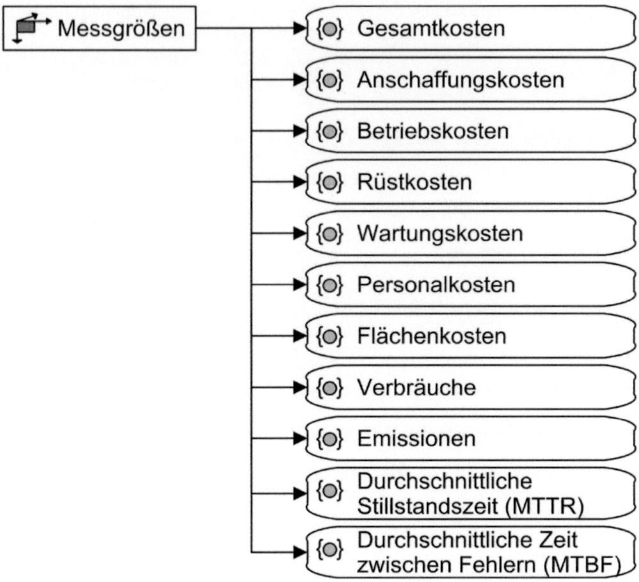

Abbildung 47: Dimension Messgrößen mit betriebswirtschaftlichen Attributen

Damit sind die Analyse der technischen Machbarkeit sowie deren betriebswirtschaftliche Betrachtung modelliert. Im weiteren Verlauf der Arbeit wird dieses Modell durch die Anforderungen der weiteren Analysen für die Anwendungsfälle erweitert, damit ein Gesamtmodell eines maschinenorientierten Data Warehouse entsteht.

6.2 Analysen zur Unterstützung des Anwendungsfalls Prozessoptimierung

Damit der Anwendungsfall Prozessoptimierung unterstützt werden kann, sind nach Expertenmeinung die Fertigungsprozessanalyse, die Fehleranalyse sowie die maschinenbezogene Analyse und die maschinenübergreifende Analyse durchzuführen.[721]

[721] Vgl. Abschnitt 5.3.

6.2.1 Fertigungsprozessanalyse

Die Durchführung des Anwendungsfalls Prozessoptimierung gewährleistet, dass bestehende Fertigungsprozesse möglichst effizient durchgeführt werden und durch eine Umstellung ein Mehrwert in Form von verbesserter Produktqualität oder geringerer Taktzeit erzielt werden kann. Die Fertigungsprozessanalyse kann in vielerlei Hinsicht genutzt werden. Sie kann beispielsweise auf Basis eines Fertigungsprozesses Einblick auf mögliches Verbesserungspotential und Ansätze für zukünftige Forschungsfelder zur Maschinen- und Fertigungsprozessverbesserung bieten. Die Fertigungsprozessanalyse beinhaltet alle maschinen- und prozessbezogenen Mess- und Stellgrößen sowie allgemeine Fertigungsprozessparameter.

Der Fertigungsprozess wird in allgemeine beschreibende Daten sowie Stell- und Messgrößen operationalisiert. Die allgemeinen Daten beinhalten Informationen über die Verfahrensart und die Bearbeitungsphilosophie. Die Verfahrensart bestimmt die Unterteilung in die beiden Verfahren 1 und 2. Die Bearbeitungsphilosophie bezieht sich auf die Art des jeweiligen Bearbeitungsverfahrens.

Die Messgrößen in der Fertigungsprozessanalyse sind die Takt- bzw. Durchlaufzeit, die Fertigungsprozessstabilität und die (Fertigungsprozess-)Temperatur. Die Takt- bzw. Durchlaufzeit ist die Zeitspanne, die eine Maschine benötigt, um an einem Werkstück einen bestimmten Fertigungsschritt auszuführen. Die Stabilität des Fertigungsprozesses beschreibt die Wiederholgenauigkeit eines Bearbeitungsschrittes. Da bei der spanenden Fertigung Abwärme entsteht und aufgrund der geringen Toleranzen die Temperatur auf gleicher Höhe zu halten ist, wird sie als Größe ständig betrachtet.

In der Fertigungsprozessanalyse werden, wie in Abbildung 48 dargestellt, die Fertigungsprozessparameter, Werkzeuge und Maschinenparameter betrachtet.

Fertigungsprozessparameter

Die Anzahl der Fertigungsstufen definiert, mit wie vielen verschiedenen Werkzeugen ein Werkstück bearbeitet wird. Daher hat dieser Wert, besonders aufgrund eventueller Rüstzeiten oder Werkstücktransportzeiten, einen Einfluss auf die Durchlaufzeit sowie die Fertigungsprozessgenauigkeit, da mit mehreren, an die jeweiligen Stufen angepassten Werkzeugen eine bessere Genauigkeit erreicht werden kann.

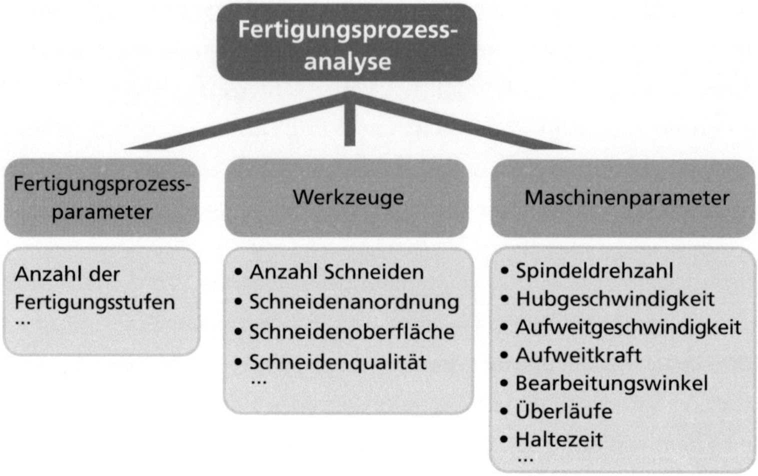

Abbildung 48: Operationalisierung Fertigungsprozessanalyse Werkzeuge

Die Werkzeuge selbst lassen sich durch die folgenden Größen charakterisieren:

- Anzahl Schneiden
- Schneidenanordnung (symmetrisch, asymmetrisch)
- Schneidenoberfläche
- Schneidenqualität (Menge und Art der Schneidmittel und der Verbindungsmasse)

Die Anzahl der Schneiden eines Werkzeugs bestimmt die Menge des Materials, das mit einer Werkzeugumdrehung abgetragen werden kann, und beeinflusst damit die Fertigungsprozesszeit und die Qualität des Werkstücks. Je mehr Schneiden an einem Werkzeug angebracht sind, desto mehr Material kann bei gleichbleibender Drehzahl abgetragen werden, solange keine negative Wechselwirkung zwischen den einzelnen Schneiden besteht. Dies wird allerdings mit einer Fertigungsprozesstemperaturerhöhung infolge der höheren Beanspruchungen in Kauf genommen.

Bei der Schneidenanordnung wird zwischen symmetrischer (gleichverteilter) und asymmetrischer (ungleichverteilter) Anordnung unterschieden. Die Schneidenoberfläche, deren Kontakt mit dem Werkstück die Fertigung durchführt, wird durch die Maße der Länge und der Breite definiert.

Die Schneiden bestehen aus verschiedenen in einer Verbindungsmasse eingebetteten Schneidmittel. Diese sind für den eigentlichen Schneidprozess und damit für die Qualität der Oberfläche verantwortlich. Da die Schneidmittel bzw. deren Spitzen mit zunehmender Einsatzdauer abstumpfen oder abbrechen, sind sie mit der Zeit zu ersetzen. Dies geschieht über die Verbindungsmasse, die sich mit den Schneidmitteln während des Bearbeitungsprozesses mit abnutzt, sodass neben den abgebrochenen auch bisher unbeanspruchte Schneidmittel aus der Bindemasse an die Oberfläche gelangen und in den Bearbeitungsprozess eingreifen können.

Die Schneidenqualität wird somit durch die Anzahl und Art der Schneidmittel sowie die Menge und Art der Verbindungsmasse bestimmt. Durch die Verwendung verschiedenartiger Schneidmittel (z. B. Dichte, Korngröße, Splitterfreudigkeit) kann auf die Qualität der Oberfläche und durch verschiedene Verbindungsmassen auf deren Abbruch- bzw. Verbrauchsgeschwindigkeit Einfluss genommen werden. Diese Größen haben damit einen Einfluss auf die Fertigungsqualität und die Werkzeugstandzeit.

Maschinenparameter

Bei den Maschinenparametern werden aufgrund ihrer Vielzahl nur die relevanten als Auszug dargestellt. Hier sind unter anderem Drehzahlen, Vorschubgeschwindigkeiten, Aufweitkräfte und Haltezeiten zu nennen, vgl. auch Abschnitt 6.1.

Mit Hilfe der Fertigungsprozessanalyse kann in erster Linie herausgefunden werden, ob ein bestehender Fertigungsprozess durch einzelne Veränderungen bei den Maschinenparametern oder -konfigurationen hinsichtlich Werkzeugqualität und Fertigungszeit verbessert werden kann. Hierfür ist die Betrachtung des Werkzeugs und Werkstücks mit den dazugehörigen Qualitäten von Bedeutung. Auf Basis der Messgrößen, welche die Fertigungsprozessqualitäten und Zeiten widerspiegeln, kann anschließend geschlossen werden, ob eine Änderung des Fertigungsprozesses auch ökonomisch sinnvoll ist. Für die Fertigungsprozessanalyse werden dieselben Daten verwendet wie bei der Analyse der technischen Machbarkeit[722]. Aus diesem Grund reicht das bestehende Modell für diese Analysen aus.

6.2.2 Fehleranalyse

Die Analyse von Fehlern ist eine weitere Analyse im Rahmen der Prozessoptimierung und basiert auf den Daten der Fertigungsprozessanalyse, siehe Abschnitt 6.2.1.

Abbildung 49: Operationalisierung der Fehleranalyse

Ist eine Maschine im Einsatz, besteht Bedarf für eine Fehleranalyse zur Verbesserung von Maschine, Werkzeug und Fertigungsprozess.[723] Der direkte Vergleich der Standzeit von zwei Maschinen ist allerdings aufgrund gegebenenfalls unterschiedlicher Fertigungsprozessparameter (z. B. Werkstückmaterialien und Geometrien) schwierig.[724] Generell wird eine Analyse benötigt, um herauszufinden, wie sich die

[722] Die Analyse der technischen Machbarkeit betrachtet die Fragestellung mit welchen Kombinationen aus Maschinen, Werkzeugen und Fertigungsprozessparametern ein festgelegtes Werkstück hergestellt werden kann, die Prozessanalyse betrachtet hingegen die Veränderbarkeit eines Fertigungsprozesses zur Verbesserung der Werkstückqualität oder Verringerung der Durchlaufzeit unter der Bedingung nicht veränderbarer Maschinen.

[723] Experte Betrieb und Montage, S. 14.

[724] Experte Betrieb und Montage, S. 20.

einzelnen Elemente einer Maschine über den zeitlichen Verlauf im Betrieb bewähren[725] und welche technologischen Probleme auftreten.[726] Aufgeteilt wird die Fehleranalyse in die Bereiche Fehlerdaten, Fertigungsprozess und mitarbeiterbezogene Informationen, siehe Abbildung 49.

Fehlerdaten

Die Fehler- und Ausfallinformationen werden nach Garantiefall, MTTR, MTBF sowie Fehlerart und -häufigkeit sortiert. Im Garantiefall wird abgefragt, ob die betroffene Maschine noch im Rahmen des Garantievertrages repariert wird. Die Größen MTTR und MTBF geben Informationen darüber, wie anfällig eine Maschine im Vorfeld gewesen ist. Die Fehlerart bezeichnet das betroffene Bauteil und die Auswirkung, die Fehlerhäufigkeit gibt Aufschluss darüber, wie oft eine Fehlerart auftritt.

Fertigungsprozess

Die im Rahmen der Darstellung des Fertigungsprozesses benötigten Daten sind bereits in Abschnitt 6.2.1 ausführlich beschrieben.

Mitarbeiter

Ebenfalls sind Daten über den jeweiligen Mitarbeiter, der die Maschine vor Ort führt, betreut oder repariert, zu beachten. Die Daten über den Sachbearbeiter beinhalten dessen Qualifikation bzw. Ausbildungsstand an der Maschine und Kenntnis über die betreffenden Maschine. Daneben werden Daten über die an der jeweiligen Maschine vorgenommenen Maßnahmen, worunter auch die Ersatzteillieferungen fallen, dokumentiert. Diese Daten sind wichtig, damit später herausgefunden werden kann, ob an der Maschine durchgeführte Maßnahmen, z. B. der Austausch eines Bauteils, eine Fehlerursache erfolgreich eliminiert haben oder nicht.

---

725 Experte Betrieb und Montage, S. 15.
726 Experte Betrieb und Montage, S. 23.

Das Ziel der Fehleranalyse ist die Art und Häufigkeit eines Fehlers, d. h. den Grund für einen Maschinenausfall oder verminderte Werkstückqualität festzustellen. Verursacht derselbe Fehler häufig einen Ausfall, ist zur Abstellung des Fehlers die Ursache herauszufinden. Die Analyse der Fehlerart bezüglich der verwendeten Kombinationen Maschinenparameter und -konfiguration, Werkzeug und Werkstück kann in diesem Fall aufschlussreich sein. Damit die Fehleranalyse durchgeführt werden kann, ist das Modell um die Dimension Mitarbeiter und den Punkten Qualifikation, Maßnahmen und Bedieneingaben zu erweitern, siehe Abbildung 50.

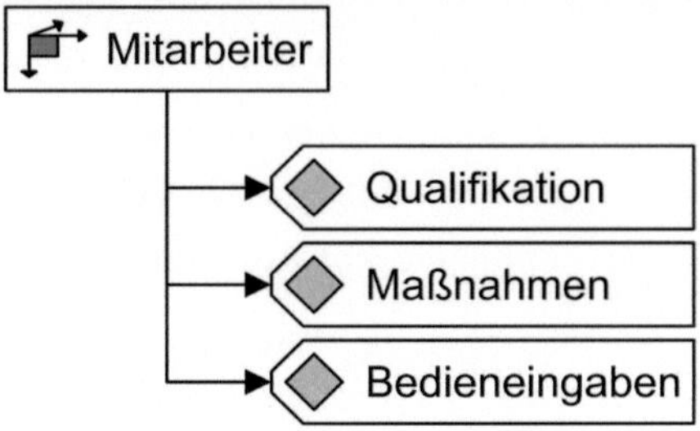

Abbildung 50: Dimension Mitarbeiter

6.2.3 Maschinenübergreifende Maschinenanalyse

Die maschinenübergreifende Maschinenanalyse gehört zum Anwendungsfall Prozessoptimierung und hat zum Ziel, eine Vergleichbarkeit zwischen Maschinen ähnlichen oder gleichen Typs zu schaffen. Auf diese Weise können fehleranfällige Bauteile an einer Maschine identifiziert und repariert bzw. ausgetauscht werden, damit eine dauerhaft hohe Qualität und Fertigungsprozessstabilität sichergestellt werden kann.

Um die Frage beantworten zu können, wie die Fertigungsqualität weiter verbessert werden kann, sind Daten aus dem Einsatz der Maschine notwendig. Anhand einer maschinenübergreifenden Fehlerauswertung, die auf historisierten Daten basiert, kann auf die Funktion der Maschine geschlossen werden.[727] Auf diese Weise kann erkannt werden, welche Fehler häufig auftreten und welche Bauteile diese vermutlich verursachen.[728] Dies ist aufgrund der Komplexität und der manuellen Durchführung allerdings sehr aufwändig.[729]

727 Experte Konstruktion, S. 2 f.
728 Experte Konstruktion, S. 4.
729 Experte Konstruktion, S. 18.

Die Operationalisierung für die maschinenübergreifende Maschinenanalyse gliedert sich daher, wie in Abbildung 51 dargestellt, in maschinenbezogene Fertigungsprozessergebnisse.

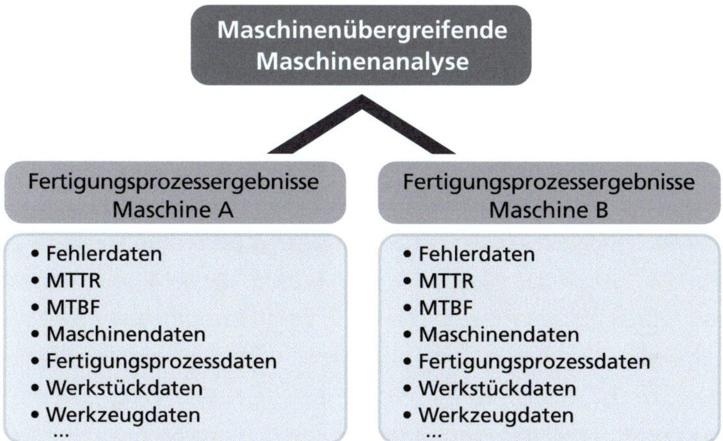

Abbildung 51: Operationalisierung der maschinenübergreifenden Maschinenanalyse

Damit herausgefunden werden kann, wie in einer Maschine verbaute Komponenten weiter verbessert werden können, müssen auch die Maschinendaten abgefragt werden. Dies geschieht in der Regel über die Daten aus Fehlermeldungen, Monteurberichten oder Mitarbeiteraussagen. Die dabei betrachteten Kennzahlen sind maschinenseitig die MTTR und die MTBF sowie fehlerseitig die Häufigkeit, Art und verursachte Kosten. Ein Fehler kann anhand seiner Auftrittshäufigkeit und der jeweils entstandenen Kosten charakterisiert werden. Außerdem kann die Kenntnis über die Fertigungsprozessparameterverläufe zu einer Vorhersage für das Auftreten von Fehlern führen. Für eine Auswertung finden daher die folgenden Kennzahlen Verwendung:

- Fehlerart und Häufigkeit
- MTBF
- MTTR
- Fertigungsprozessstabilität

Die Fehlerart und die Häufigkeit seines Vorkommens dienen der Klassifikation und Bestimmung der Relevanz eines Fehlers. Die MTBF beschreibt die Zeit, die zwischen zwei Fehlermeldungen verstreicht. Daraus lassen sich die Verfügbarkeit bzw. Standzeit einer Maschine und ihre Einsatzzuverlässigkeit bestimmen. Die MTTR bezeichnet die Zeit, die durchschnittlich benötigt wird, um einen Fehler an einer Maschine zu beheben. Damit fließt diese Größe ebenfalls in die Maschinenverfügbarkeit mit ein. Anhand dieser Kennzahlen können Aussagen über die Verfügbarkeit von Maschinen gemacht werden. Über die Größe Fertigungsprozessverlauf können gegebenenfalls auch Rückschlüsse auf Fehler gezogen werden.

Damit der Fertigungsprozessverlauf aussagekräftig betrachtet werden kann, sind weiterhin die Daten über das jeweilige Werkzeug, die Parameterdaten und das Werkstück ebenfalls zu erfassen. Für einen Vergleich des realen Fertigungsprozesses mit einem erwarteten Fertigungsprozess werden Kenntnisse über normale Fertigungsprozessverläufe bei ähnlichen Maschinen-, Werkzeug- und Werkstückkonfigurationen als bekannt vorausgesetzt. Auf diese Weise kann eine Soll-/Istdifferenz berechnet werden, die den Nutzen einer Umstellung bewerten kann.

Für eine Fehlervorhersage sind neben den reinen Maschinen-, Werkzeug-, oder Fertigungsprozessdaten auch Umgebungseinflüsse zu betrachten, da beispielsweise die Temperatur bei einem Bearbeitungsprozess eine kritische Rolle spielt. Daher können auch Umgebungsgrößen, wie beispielsweise Hallentemperatur, von Bedeutung sein. Für die Durchführung der maschinenübergreifenden Analyse ist das Modell um die Dimension der Umgebungsvariablen mit dem Punkt Hallentemperatur zu erweitern, siehe Abbildung 52.

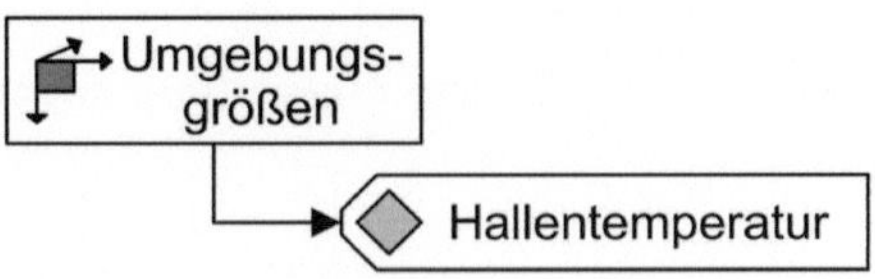

Abbildung 52: Dimension Umgebungsgrößen

6.2.4 Maschinenbezogene Maschinenanalyse

Eine maschinenbezogene Maschinenanalyse hat eine bestimmte Maschine im Fokus, die in Bezug auf ihr Verhalten bei der Fertigung betrachtet wird. Die maschinenbezogene Maschinenanalyse gehört ebenfalls in den Rahmen der Prozessoptimierung. Unverzichtbar ist hierbei, die Kenntnis über speziell an dieser Maschine vorgenommene Änderungen oder Maßnahmen. Besonders wichtig ist eine maschinenbezogene Maschinenanalyse bei häufigem Auftreten eines bestimmten Fehlers oder sich ähnelnden Qualitätsmängeln des zu bearbeitenden Werkstücks. Im Gegensatz zu der Fehler- oder Störanfälligkeitsanalyse stehen bei dem maschinenbezogenen Teil der Maschinenanalyse die Werkstücke mit ihren Qualitätsausprägungen im Vordergrund. Da eine Maschine mehrere, verschiedenartige Werkstücke fertigen kann, ist hier eine Unterscheidung zur Werkstückanalyse vorzunehmen. Bei dem Auftreten von Qualitätsmängel ist es ratsam, auf Basis der Umgebungsvariablen oder vorgenommenen Änderungen das Maschinenverhalten zu analysieren, um deren jeweiligen Einfluss auf die Fertigungsleistung der Maschine erkennen zu können. Attribute, die für diese Fragestellungen hinzukommen sind der Garantiezeitraum der Maschine sowie die Maßnahmen, welche an einer Maschine vorgenommen worden sind.

Eine Analyse auf Bauteilebene, d. h. eine Einzelbetrachtung von Komponenten, wie Spindel, Motoren oder Werkzeugaufnahme, wird bisher aufgrund von Unterscheidungsschwierigkeiten, beispielsweise einzelner Versionierungen der Bauteile, nicht durchgeführt.[730] Hinsichtlich der Behebung und Vermeidung wiederkehrender Maschinenausfälle sind Analysen in Bezug auf Maschinen durchzuführen.

Primäres Ziel ist, Ausfallzeiten der Maschine zu vermeiden, beispielsweise durch präventive Wartung oder Austausch von Verschleißteilen. Zusätzlich zu den bei der Fehleranalyse gestellten Fragen kommen hier noch die folgenden dazu:[731]

- Welche Sachbearbeiter sind zuständig?
- Wie sieht das Maschinentagebuch aus?
- Welcher Mitarbeiter hat was gemeldet und was wurde dann gemacht?
- Wie passt das Maschinenverhalten mit den Mitarbeiteraussagen zusammen?

730 Experte Konstruktion, S. 4.
731 Experte Konstruktion, S. 2 f., S. 6, S. 13, S. 17.

Wichtig sind diese Fragestellungen, um herauszufinden, welches Bauteil für die Fehlermeldung oder Kombination von Fehlermeldungen verantwortlich war. Damit ein Fehler weiter eingekreist werden kann, sind im Vorfeld vorgenommene Arbeiten oder Veränderungen bzw. ausgetauschte Bauteile an der Maschine zu dokumentieren.

Die Operationalisierung für eine maschinenbezogene Maschinenanalyse ist in Abbildung 53 aufgezeigt.

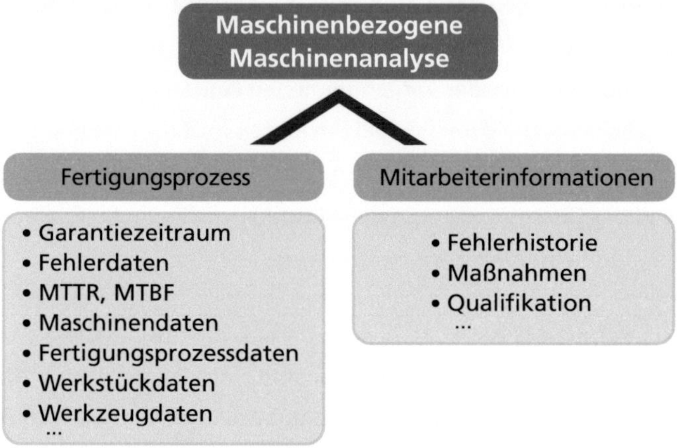

Abbildung 53: Operationalisierung der maschinenbezogenen Maschinenanalyse

Fertigungsprozess

Basierend auf Informationen über Fehler oder ungenügende Verfügbarkeitszeiten einer Maschine ist zu klären, ob sich die betreffende Maschine noch im Garantiezeitraum befindet, um die Verantwortlichkeiten bestimmen zu können. Von der Garantiefrage hängt es ab, in welchem Maße und Umfang reagiert wird und ob Forderungen für Ersatz oder einen Produktionsausfall geltend gemacht werden können. Die Fehlerinformation besteht, wie im maschinenübergreifenden Analyseteil der Konstruktion beschrieben, aus den Kundeninformationen, den Größen MTTR, MTBF und den Prozessverläufen. Für weitere Detaillierung des Fertigungsprozesses, siehe Abschnitt 6.2.1.

Mitarbeiterinformationen

Einen zusätzlichen Aspekt liefern die mitarbeiterbezogenen Daten, die z. B. die Fehlerhistorie einer Maschine und vorliegende Aussagen der Mitarbeiter bezüglich bereits vorgenommener Maßnahmen an der Maschine enthalten. Es ist auch herauszufinden, ob ein Fehler oder eine Fehlerkombination bereits schon einmal an einer Maschine vorgekommen ist. Daraus kann gegebenenfalls abgeleitet werden, ob dieser Fehler bekannt ist und welche Aktionen sinnvollerweise angestoßen werden können. Daten, wie z. B. welcher Mitarbeiter wann an welcher Maschine gewesen ist und mit welchem Vertreter des Anlagenbauers er Kontakt hatte, sind in der Dimension Mitarbeiter zu hinterlegen. Hier sind auch die Berichte zu finden, die ein externer Servicemitarbeiter (z. B. Monteur) bei seinen Besuchen angefertigt hat. Die an der Maschine verrichteten Arbeiten werden in einer Liste über vorgenommene Maßnahmen abgelegt. Hier finden sich auch die Daten über das Vorgehen des Servicemitarbeiters, die verbauten Ersatzteile und die aufgespielten Softwareupdates.

Erweiterung des ADAPT-Modells des mDWH für die Analysen des Anwendungsfalls Prozessoptimierung

Damit die Analysen der Prozessoptimierung ebenfalls durchgeführt werden können, muss das Modell, das für die Anlagenbeschaffung und -bereitstellung bereits erläutert und dargestellt wurden, erweitert werden.[732] Daher wird im Folgenden das Modell für die Anlagenbeschaffung und -bereitstellung um die für die Analysen der Prozessoptimierung benötigten Attribute erweitert, und diese werden kurz beschrieben.

Aus Tabelle 10 und Tabelle 11 wurden weitere benötigte Attribute abgeleitet und dem Modell hinzugefügt. Attribute der Dimension Maschine sind die Bearbeitungstechnologie und Bearbeitungskapazitäten sowie deren Veränderbarkeit. In diesem Zusammenhang ist es sinnvoll auch die Größe des Werkstückpuffers an der Maschine zu berücksichtigen. Weitere zusätzliche Attribute sind unter anderem der Maschinenstandort, -parameter, -einstelldaten und -eignung sowie die Möglichkeit zur Simulation der Fertigungsschritte.

732 Modellbeschreibung siehe Kapitel 6.1.4.

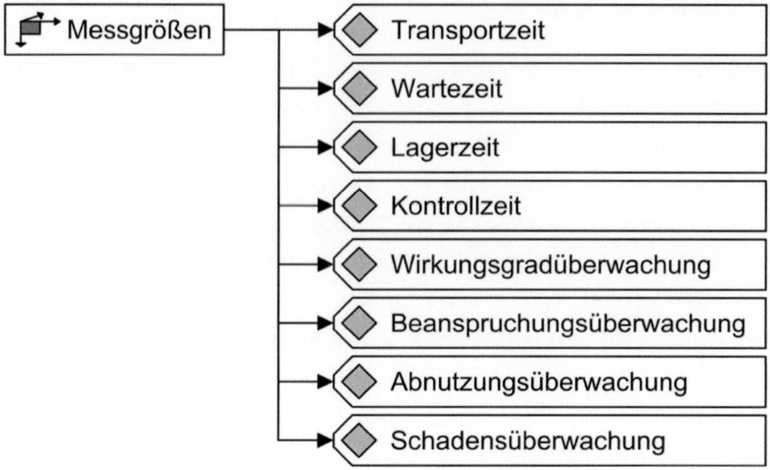

Abbildung 54: Erweiterung des ADAPT-Modells um die Dimension Messgrößen

Der Dimension Messgrößen wurden die meisten Attribute hinzugefügt, weshalb auf diese hier kurz eingegangen wird. Bei den Messgrößen sind dies die Zeitbetrachtungen, welche die Transport-, Warte-, Kontroll- und Lagerzeit betrachten, sowie Wirkungsgrad, Beanspruchung, Abnutzung und Schadensgrößen, siehe Abbildung 54. Der betriebswirtschaftliche Teil der Dimension Messgrößen wurde um die Non-Quality-Costs und den Kapitalumschlag erweitert, siehe Abbildung 55.

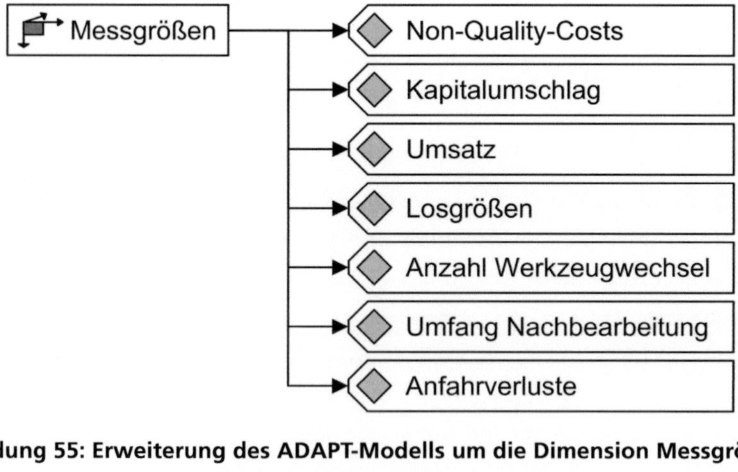

Abbildung 55: Erweiterung des ADAPT-Modells um die Dimension Messgrößen im betriebswirtschaftlichen Kontext

Die Modellierung der Dimension Messgrößen der Prozessoptimierung beruht auf den in Abschnitt 4.2.1 und Abschnitt 4.2.2 identifizierten Daten. Zu den Messgrößen aus Abbildung 40 sind die Attribute Umsatz, Kapitalumschlag, Losgröße, (Zeit-)Periode, Werkstückwartezeit, Anzahl der Werkzeugwechsel, Nacharbeitsumfang, Anfahrverluste und Non-Quality-Costs hinzugekommen.

6.3 Analysen zur Unterstützung des Anwendungsfalls Qualität

Der Anwendungsfall Qualität zielt primär auf die Betrachtung des Werkstücks, dessen qualitätsrelevante Merkmale bestimmte Ausprägungen aufweisen müssen, um verkauft werden zu können. Damit dies erreicht werden kann, liegt ein besonderes Augenmerk dabei auf der Werkzeug- und der Werkstückanalyse.

6.3.1 Werkzeuganalyse

Die Werkzeuganalyse gehört zu dem Anwendungsfall Qualität und bezieht sich größtenteils auf die Schneidmittel, da diese maßgeblich für die erzielbare Qualität des Werkstücks verantwortlich sind. Neben dem Ziel der Standzeitoptimierung sollen die Werkzeuge und die Schneidmittel auch auf verschiedenen Maschinen eingesetzt werden können. Diese Analyse ähnelt der Prozessanalyse, sie hat jedoch den Fokus auf den Schneidmitteln. Abbildung 56 zeigt die Operationalisierung der Werkzeuganalyse.

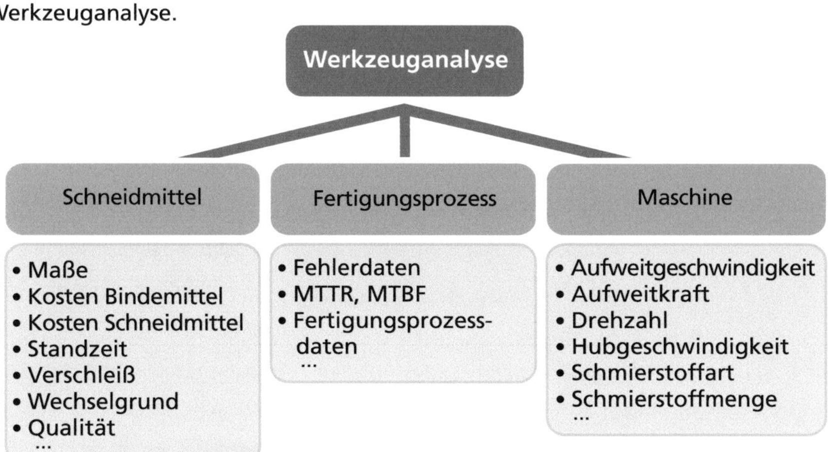

Abbildung 56: Operationalisierung der Werkzeuganalyse

Schneidmittel

Die wichtigsten Parameter bei der Werkzeuganalyse sind die Standzeit und die Kosten der Schneidmittel. Die Standzeit bestimmt, wie lange ein Werkzeug, in diesem Fall das Schneidmittel, in einer Produktion verwendet werden kann. Daraus kann bestimmt werden, wie viele Produkte mit einem Werkzeug bzw. Schneidmittel hergestellt werden können. Aus der Standzeit und den Kosten für das Schneidmittel kann der Verwendungswert eines Werkzeugs abgeleitet werden. Ein häufig zu wechselndes Werkzeug verringert die Maschinenverfügbarkeit und führt zu höheren Werkzeugwechselkosten und häufigeren Qualitätsprüfungen. Deshalb sind die Daten über Standzeiten, Verschleiß, Kosten und Qualitätsinformationen über Alternativschneidmittel, verwendete Schneidmittel und Werkzeuge bzw. Werkzeughalterungen erforderlich.

Hinsichtlich des Werkzeugwechsels ist es für den Vertrieb ebenfalls wichtig zu wissen, aus welchem Grund, Verschleiß oder Defekt, ein Werkzeug gewechselt wurde. Hierbei müssen auch die Maschinenparameter und Mitarbeiterinformationen berücksichtigt werden, damit eine unsachgemäße Verwendung des Werkzeugs ausgeschlossen werden kann. Über die Bestellhistorie eines Werkzeugs kann auch herausgefunden werden, wann eine neue Bestellung von Schneidmitteln voraussichtlich notwendig wird.

Fertigungsprozess und Maschine

Die Bereiche Fertigungsprozess und Maschine sind bereits in Abschnitt 6.2.1 und Abschnitt 6.1.1 ausführlich dargestellt, beinhalten keine weiteren Anforderungen und werden daher ohne Änderungen übernommen.

6.3.2 Werkstückanalyse

Eine Schwierigkeit bei der Abschätzung der nötigen Leistung und Komplexität einer Maschine beruht oft auf der mangelnden Kenntnis über die zu bearbeitenden Werkstücke. Da bei der Kommunikation mit dem Anlagenbauer in der Regel keine exakten Informationen über das zu fertigende Werkstück übermittelt werden, werden aktuell viele Merkmale des Werkstücks geschätzt. Hier ist es sinnvoll, Werkstücke mit ähnlichen Merkmalen zu suchen und die gewünschten Maschinenleistungsdaten mit den damalig angebotenen Maschinen zu vergleichen. Auf diese Weise können die Genauigkeit bei einer Aussage über die Leistungsfähigkeit der Maschinen und die erreichbare Werkstückqualität erhöht werden. Die Operationalisierung der Werkstückanalyse ist in Abbildung 57 dargestellt.

Abbildung 57: Operationalisierung der Werkstückanalyse

Bei der Werkstückanalyse sind die Fertigungsprozessergebnisse, die mit einem möglichst ähnlichen Werkstück bereits realisiert wurden, eine wichtige Datenquelle. Mit einer Analyse bekannter, ähnlicher Fertigungsprozessergebnisse kann die Frage beantwortet werden, mit welchen Parametern eine bestimmte Werkstückqualität erreicht werden kann oder ob eine Entwicklung bzw. Neuerwerb im Bereich Werkzeug angestoßen werden muss. Die für eine Werkstückanalyse benötigten Daten sind in Abschnitt 6.2.1 und Abschnitt 6.1.1 erläutert.

Erweiterung des ADAPT-Modells des mDWH für die Analysen des Anwendungsfalls Qualität

Die Werkstückanalyse und die Werkzeuganalyse sind dem Anwendungsfall Qualität zugeordnet, der in Abschnitt 4.4 dargestellt wurde. Das ADAPT-Modell wird daher um die benötigten Daten des Anwendungsfalls Qualität erweitert. Attribute, die hierfür zusätzlich benötigt werden, sind die Eingangsqualität, Mindesthaltbarkeit und Rückverfolgbarkeit des Werkstücks, die betrachtete Stichprobengröße sowie die für die Kontrolle verwendeten Prüfmethoden und -kriterien im Bereich der Messgrößen.

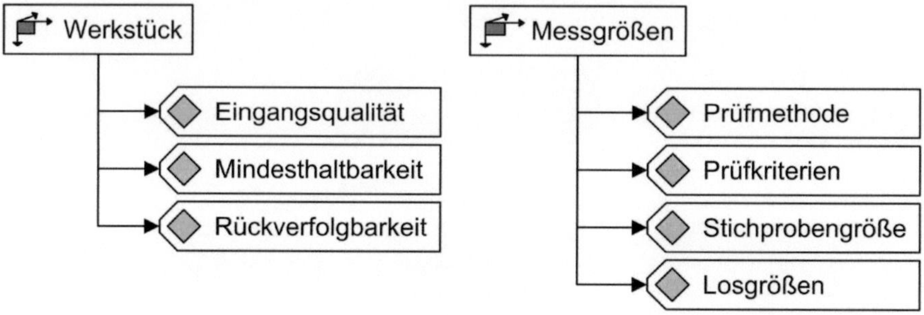

Abbildung 58: Erweiterung des ADAPT-Modells die Dimensionen Werkstückgrößen und Messgrößen

6.4 Analysen zur Unterstützung des Anwendungsfalls Make-or-Buy, Beschaffungsanalyse

Im Rahmen des Anwendungsfalls Make-or-Buy stehen grundsätzlich zwei Fragen im Vordergrund. Die erste Frage bezieht sich auf die technische Machbarkeit eines Fertigungsschritts oder Werkstücks, d. h. Realisierbarkeit einer Mindestqualität, die zweite auf die zu erwartende Qualität bei einem Fremdbezug.[733] Die erste Frage kann mit der Analyse der technischen Machbarkeit (vgl. Abschnitt 6.1.1) beantwortet werden, die zweite mit Hilfe der Beschaffungsanalyse. Neben der Kosten- und Zeitplanung wird in der Fertigung auch die Make-or-Buy-Fragestellung betrachtet. Hierbei wird unter Zeit- und Kostenaspekten analysiert, ob Bauteile oder Baugruppen selbst hergestellt oder fremdbezogen werden sollten.[734] In der Fertigung und Montage wird das Thema Make-or-Buy bei jeder zu fertigenden Maschine diskutiert. Genügend Kapazität und Fachkompetenz vorausgesetzt, kann auf Basis von Qualitätsmerkmalen entschieden werden, ob ein einzelnes Bauteil von der Firma selbst hergestellt oder über einen Lieferanten fremdbezogen wird.

[733] Vgl. Abschnitt 6.1.1.
[734] Experte Betrieb und Montage, S. 28.

Beschaffungsanalyse

Der Beschaffungsanalyse wird durchgeführt, wenn die Fremdvergabe eines Bauteils oder Fertigungsschrittes zur Diskussion steht. Grundvoraussetzung für die Entscheidung, ob ein Bauteil selbst gefertigt oder fremd vergeben wird, ist die technische Machbarkeit der betrachteten Fertigungsschritte. Die Operationalisierung für die Beschaffungsanalyse ist in Abbildung 59 dargestellt.

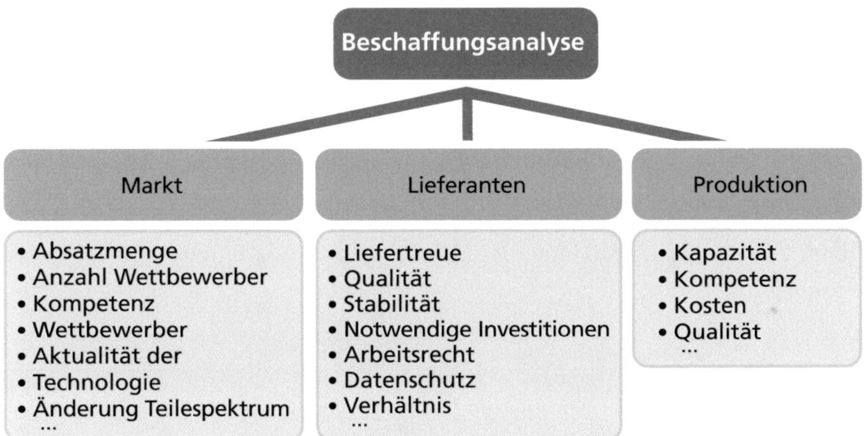

Abbildung 59: Operationalisierung der Beschaffungsanalyse

Bei der Beschaffungsanalyse ist bei einer Bewertung zu berücksichtigen, dass neben der benötigten Fertigungszeit und Bauteilkompetenz auch die Kosten sowie die zu erreichende Qualität betrachtet werden. Die Fertigungszeit kann anhand der Planungsdaten erfasst werden. Die auf ein bestimmtes Maschinenbauteil bezogene Fachkompetenz kann aus vergangenheitsbezogenen Daten ermittelt werden, sofern das Bauteil schon einmal hergestellt worden ist. Handelt es sich um ein Bauteil, das noch nicht hergestellt worden ist, können anhand einer Analyse ähnlicher Bauteile die nötigen Informationen abgeleitet werden. Ist die Funktionalität sichergestellt und ausreichend Fertigungszeit verfügbar, steht noch die Frage bezüglich der zu erreichenden Bauteilqualität, die, um am Markt erfolgreich zu sein, der des Lieferanten zumindest ebenbürtig sein sollte, im Raum. Erst wenn alle Punkte mit „erfüllbar" beantwortet sind, kann über eine eigene Herstellung nachgedacht werden. Die Beschaffungsanalyse baut damit auf der Analyse der technischen Machbarkeit auf und betrachtet zusätzlich die Marktsituation und potentielle Lieferanten.

Erweiterung des ADAPT-Modells des mDWH für die Analysen des Anwendungsfalls Make-or-Buy

Für die Analysen des Anwendungsfalls Make-or-Buy werden in dem Modell weitere Dimensionen eingeführt, da es für den Anwendungsfall Make-or-Buy notwendig ist auch den Markt und die Lieferanten zu betrachten, siehe Abbildung 60 und Abbildung 61. Die zentrale Frage des Make-or-Buy, ob ein Werkstück in der eigenen Fertigung hergestellt werden kann oder nicht, lässt sich auf Basis gegebener Maschinenparameter und -konfigurationen sowie zur Verfügung stehender Werkzeuge analysieren. Zusätzlich ist zu bewerten, wie bedeutend der Wissensabfluss bezüglich des Werkstücks, die Fähigkeit des Wettbewerbs und die zu erwartende Qualitätsänderung bei einer Fremdvergabe sind. Aus diesem Grund wird die Dimension Lieferant mit den Attributen der Qualität, Menge, Stabilität, Liefertreue etc. in das Modell aufgenommen, siehe Abbildung 60.

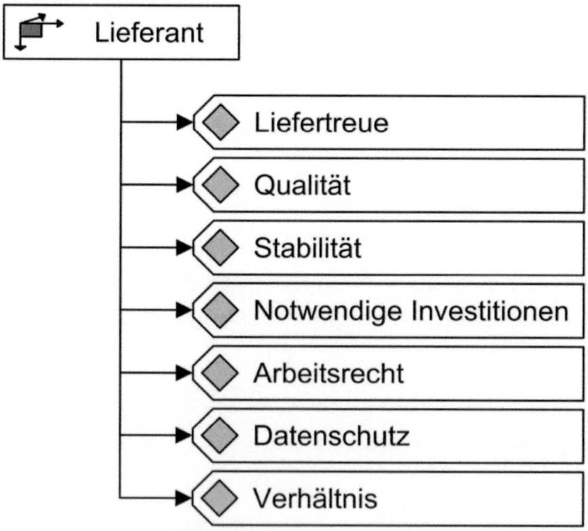

Abbildung 60: Erweiterung des ADAPT-Modells um die Dimension Lieferant

In der Dimension Markt werden die Attribute Absatzmenge, Anzahl und Kompetenz der Wettbewerber, die Aktualität der Technologie sowie die erwarteten Änderungen im Teilespektrum hinzugefügt.

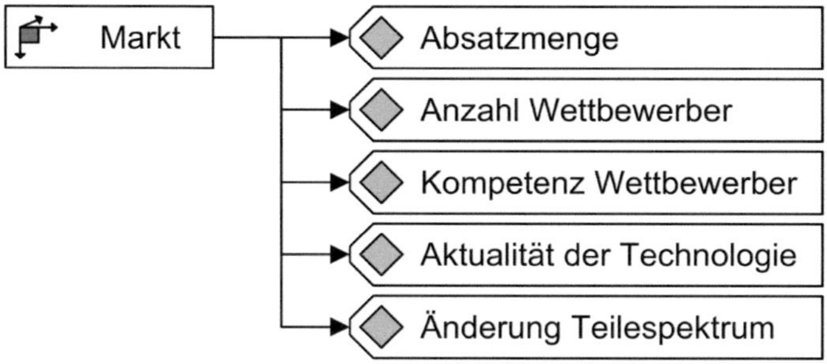

Abbildung 61: Erweiterung des ADAPT-Modells um die Dimension Markt

6.5 Analysen zur Unterstützung des Anwendungsfalls Termin- und Reihenfolgeplanung, Fertigungsterminanalyse

Bei der Termin- und Reihenfolgeplanung steht der Liefertermin eines Produktes im Vordergrund. Damit dieser eingehalten werden kann, ist es zielführend, die Störanfälligkeiten der Maschinen und die Prozesse zu analysieren. Die Schätzungen zu Aufwand und Preis übernimmt in der Regel der Vertrieb,[735] wobei auf Kosten, Qualität und Liefertermin besonders geachtet wird.[736] In jedem Fall möchte der Kunde einen genauen Zeitpunkt wissen, wann ein bestelltes Produkt oder eine bestellte Charge geliefert werden kann. Für die Kalkulation des Liefertermins findet beispielsweise die Zeit(reserven)planung Anwendung.[737] Die Zeitreservenplanung kann, besonders bei den kundenindividuellen Produkten, durch das Lernen aus Fehlern, bspw. mit einer Mustererkennung, unterstützt werden.[738] Die Genauigkeit einer Kalkulation wird im Nachhinein mit der Exaktheit der geschätzten und den tatsächlich angefallenen Kosten bestimmt.[739]

Fertigungsterminanalyse

Die Fertigungsterminanalyse bezieht sich auf die Anforderung des Kunden, einen verlässlichen Liefertermin für ein bestelltes Produkt zu bekommen. Unter Berücksichtigung der bereits in der Fertigung und Montage befindlichen Produkte sowie

[735] Experte Betrieb und Montage, S. 6.
[736] Experte Betrieb und Montage, S. 5.
[737] Experte Betrieb und Montage, S. 25.
[738] Experte Betrieb und Montage, S. 23 f.
[739] Experte Betrieb und Montage, S. 23 f.

der Entwicklungszeit der angefragten, individuellen Anforderungen an das Produkt und der Priorität des Kunden kann eine Aussage über die beiden Termine gemacht werden. Die Operationalisierung der Fertigungsterminanalyse ist in Abbildung 62 dargestellt.

Abbildung 62: Operationalisierung der Fertigungsterminanalyse

Zur Erfüllung eines Terminwunsches des Kunden muss bekannt sein, wie stark die eigene Fertigung aktuell ausgelastet ist. Dies kann aus den Auftragsdaten der Fertigung ausgelesen werden und beinhaltet die Liefertermine, Prioritäten und den aktuellen Status. Neben den aktuell in der Fertigung eingelasteten Werkstücken, deren Reihenfolge sich nur schwer beeinflussen lässt, werden auch schon kommende Aufträge mit Lieferterminen, Prioritäten und dem Status geplant berücksichtigt.

Auf Basis historisierter Daten können bei ähnlichen Maschinen die Fertigungszeiten besser antizipiert werden. Mit dem Erfahrungswissen über Entwicklungszeiten bzw. Konstruktionszeiten, Lieferterminen, Prioritäten und benötigte Fertigungszeiten kann die Zusicherung eines Liefertermins unterstützt werden.

Erweiterung des ADAPT-Modells des mDWH für die Analysen des Anwendungsfalls Termin- und Reihenfolgeplanung

Die Analysen der Termin- und Reihenfolgeplanung beinhalten die Prozess-, die Störanfälligkeits- und die Lieferterminanalyse. Bei der Analyse des Liefertermins ist neben der reinen Umstellung der Fertigungsreihenfolgen von Interesse, ob ein Fertigungsprozessschritt unter Berücksichtigung von Qualitätsänderungen des Werkstückes beschleunigt werden kann oder ob mit anderen eingesetzten Maschinen das betreffende Werkstück gefertigt werden kann. Da diese Potentiale in der Regel durch die Prozessoptimierung bereits ausgeschöpft sind, verbleibt die Frage nach dem Aufwand der Umrüstung einer Maschine, damit beispielsweise herausgefunden werden kann, ob es sinnvoll ist, eine Maschine für ein anderes Los umzurüsten. Damit eine Bewertung durchgeführt werden kann, sind die Dimensionen Auftrag, siehe Abbildung 63, und Lager, siehe Abbildung 64, hinzugekommen. Diese beinhalten Attribute über die Prioritäten von Aufträgen oder Wiederbeschaffungszeiten von Rohmaterialien.

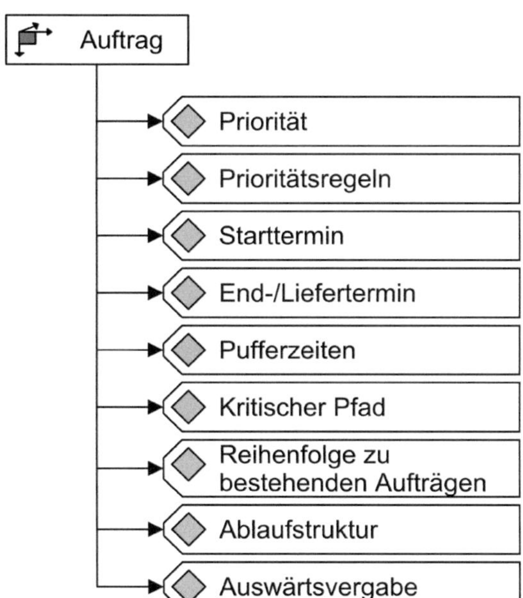

Abbildung 63: Modellierung der Dimension Auftrag

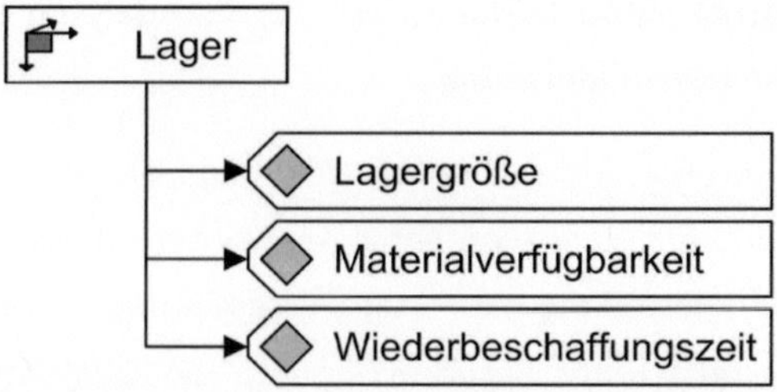

Abbildung 64: Modellierung der Dimension Lager

Die in den vorhergegangenen Abschnitten beschrieben Analysen wurden operationalisiert und jeweils, durch die Erweiterung der detailliert beschriebenen Analyse der technischen Machbarkeit, in das ADAPT-Modell des mDWH übernommen, welches im folgenden Abschnitt beschrieben wird.

6.6 Datenmodell für das maschinenorientierte Data Warehouse

In den vorherigen Abschnitten wurden die Analysen aufgezeigt, die mit einem mDWH durchführbar sein sollten, damit eine Entscheidungsunterstützung für die verschiedenen Anwendungsfälle gewährleistet werden kann. Auf Basis der Experteninterviews und Literaturrecherche wurden die für die Analysen benötigten Daten identifiziert und in das mDWH übertragen. Das Datenmodell ist in Anhang D dargestellt. Liegen diese Daten in dem mDWH vor, kann ein Aufgabenträger bezüglich der Anwendungsfälle unterstützt werden.

Zusammenfassung und Schlussfolgerungen

Die detaillierte Betrachtung eines einzelnen Unternehmens und die Erhebung der Ausprägungen der Daten ermöglicht es, die Datenmodellierung eines maschinenorientierten Data Warehouses darzustellen. Die identifizierten Analysen und erhobenen Daten wurden in den vorherigen Abschnitten dargestellt. Liegen diese Daten in einem mDWH vor, können das Produktionsmanagement besser unterstützt und die Qualität der zu treffenden Entscheidungen erhöht werden. Für die Evaluation des Konzeptes, bietet es sich an, basierend auf den Daten des Anlagenbauers das maschinenorientierte Data Warehouse prototypisch umzusetzen; dies erfolgt in Kapitel 7.

In Anhang D ist ein mögliches Datenmodell für ein mDWH dargestellt, das für eine Entscheidungsunterstützung zu den erhobenen Anwendungsfällen identifizierte Daten bereithalten kann.

Damit ist die Grundlage für ein mDWH, welches im Kontext einer wandlungsfähigen Produktion eine sinnvolle Entscheidungsunterstützung bieten kann, gelegt, und die dritte Forschungsfrage, welche Daten in einem Unternehmen dafür verfügbar sind, wurde beantwortet. In Kapitel 7 wird nun das mDWH als Prototyp umgesetzt und mit den Daten und Informationen der Maschinen des Anlagenbauers, für die Darstellung eines Anwendungsfalls, gefüllt.

7. Prototypische Implementierung

Im Anschluss an die Erstellung des Konzepts wird dieses partiell in eine prototypische Lösung überführt, um die Machbarkeit des Konzepts zu evaluieren. Für die prototypische Umsetzung standen Echtdaten (Fertigungsprozesse, Maschinen, Werkzeuge etc.) des Use-Case-Unternehmens zur Verfügung. Dadurch können zum einen eine realitätsnahe Problemstellung mit Hilfe des mDWH dargestellt werden und zum anderen das Konzept leichter mit Hilfe der Experten des Anlagenbauers evaluiert werden.

Für die prototypische Implementierung des Konzepts wird eine Standard-BI-Suite verwendet, die entsprechend erweitert und angepasst wurde. Die Auswahl der BI-Suite wurde anhand einer mehrstufigen Nutzwertanalyse durchgeführt, die in Abschnitt 7.3 beschrieben wird. In einem weiteren Schritt wird das Datenmodell auf Basis der Ableitung eines Datenverarbeitungskonzepts aus dem Fachkonzept (ADAPT-Modelle) implementiert. Anschließend werden ETL-Prozesse zur Extraktion, Transformation und zum Laden der zur Verfügung stehenden Daten erstellt. Mit den geladenen Daten können nun Cubes modelliert werden, mit denen die einzelnen Anwendungsfälle unterstützt werden können. Als letztes wird auf mögliche Darstellungen der durchgeführten Analysen eingegangen.

7.1 Ziel des Prototyps

Mit der Realisierung des Prototyps wird gezeigt, dass maschinenorientierte, technische Daten ähnlich den betriebswirtschaftlichen Daten in einem Data Warehouse zusammengefasst und für eine Unterstützung von Entscheidungen im Kontext der Erhöhung der Wandlungsfähigkeit von Fabriken herangezogen werden können. Das Forschungsvorhaben, die Konzeption eines maschinenorientierten Data Warehouse zur Schließung der Forschungslücke[740], wird damit validiert.

[740] Vgl. Abschnitt 1.2.

7.2 Szenario der prototypischen Implementierung

In Abbildung 65 sind die für die prototypische Umsetzung betrachteten Maschinen des Anlagenbauers zu sehen. Jede einzelne Maschine produziert während eines Fertigungsschrittes die nachfolgend beschriebenen Datensätze.[741] Damit diese für Analysen bereitgestellt werden können, sind diese Daten zu extrahieren, transformieren, laden und zusammenzuführen.

Abbildung 65: Für die prototypische Umsetzung des mDWH betrachteter Anlagenverbund, bestehend aus zwei Bearbeitungsmaschinen und einer Messmaschine

Dargestellt ist in Abbildung 65 ein Anlagenverbund, der aus zwei Maschinen für Verfahren 1, zwei Werkstückscannern und einer Messmaschine besteht. Mit Hilfe der Werkstückscanner kann ein Werkstück vor und nach dem Fertigungsschritt anhand der Seriennummer identifiziert und der Bearbeitungsmaschine zugeordnet werden. Die erfassten Daten der beiden Fertigungsmaschinen sind in ihrer Art identisch und bestehen aus Diagnoselogfile, Fertigungslogfile und Prozessparameter jeder Werkzeugspindel. Die Messmaschine liefert ebenfalls einen Di-

[741] Vgl. Abschnitt 7.4.

agnoselogfile und eine Tabelle mit den Messwerten der einzelnen Werkstücke. Die Scanner liefern die Informationen über den Werkstückeingang und -ausgang. Nach einer Verknüpfung stehen damit alle für die Analyse nötigen Daten zur Verfügung.

7.3 Auswahl und Vorstellung der BI-Softwarelösung

Mit Hilfe einer mehrstufigen Nutzwertanalyse wurde ein Überblick über die verschiedenen am Markt befindlichen Business-Intelligence-Softwarepakete erlangt. Ausschlaggebend für die Wahl der Softwaregrundlage für den Prototypen, der in dieser Arbeit realisiert wurde, waren die Offenheit und Anpassbarkeit der Extraktions-, Transformations- und Ladeprozesse (ETL).[742]

Da eine Business-Intelligence-Suite zur Erstellung des Prototyps verwendet werden soll, wurde ein mehrstufiges Auswahlverfahren durchgeführt, das anhand verschiedener Kriterien das geeignetste Softwarepaket identifizieren soll. Der angewendete Kriterienkatalog wurde in drei Hauptkriterien unterteilt:

- Data Warehouse
- Modellierung
- Analyse

Diese Hauptkriterien werden in weitere Kriterien unterteilt. Die Unterkriterien des DWH sind Datenanbindung, Datenaktualisierung und Interoperabilität, die der Modellierung sind Modellbildung und Modellpflege, die der Analyse sind Zielgruppe, Navigation und Visualisierung, Analysefähigkeit, Weiterverarbeitung, Flexibilität, Sicherheitskonzept und Anwendungsentwicklung. Diese Kriterien wurden entsprechend ihrer Relevanz für diese Arbeit gewichtet und zum Teil weiter untergliedert.

Die für diese Nutzwertanalyse verwendeten Daten und Informationen stammten aus Prospekten, Internetauftritten der Betreiber, BARC-Studien und eigenen Re-

742 Vgl. Abschnitt 7.5.

cherchen. Nach dem Zusammentragen der Informationen wurden diese zur besseren Vergleichbarkeit in die Zahlenwerte eins bis fünf, bei fehlenden oder unbekannten Werten mit null bewertet. Die Tabelle mit der Nutzwertanalyse findet sich in Anhang A. Als am besten geeignete Software für die Umsetzung des IT-basierten Konzepts eines maschinenorientierten Data Warehouse hat sich unter den genannten Bedingungen die SAS BI-Suite herausgestellt. Daher wurde der Prototyp mit diesem Softwarepaket umgesetzt.

Die prototypische Umsetzung des mDWH basiert auf dem Softwarepaket SAS. Hinter dem Namen Statistical Analysis Software (SAS) stehen sowohl ein im Bereich des Business Analytics etabliertes Unternehmen als auch eine Softwarelösung, die einen End-to-End Ansatz[743] verfolgt.[744] Die primären Kundengruppen von SAS sind die Bank-, Versicherungs-, Handels- und Telekommunikationsbranchen.[745]

7.4 Verwendete Datengrundlage

Für die Realisierung des Prototyps wurden von dem Praxispartner Maschinendaten zur Verfügung gestellt. Die im Folgenden gezeigten Daten sind aufgrund einer Geheimhaltungsvereinbarung mit dem Praxispartner verfremdet bzw. unvollständig dargestellt. Zur Verfügung gestellt wurden maschinen- und prozessbezogene Log-Dateien, die einen Rückschluss auf den Betriebszustand und die Prozessperformance der Maschine dokumentieren. In der prototypischen Realisierung wurden 2 Fertigungsmaschinen und eine Messmaschine, die im Anschluss eines Prozessschrittes die Qualität eines Werkstücks dokumentiert, betrachtet. Im Detail sind dies Daten aus den folgenden Bereichen bzw. Dateien:

- Fertigungsprozessablauf
- Fehlerstatistik
- Diagnoselogdatei
- Benutzereingabelogdatei

743 Bei einem End-to-End-Ansatz bietet ein Unternehmen aufeinander abgestimmte IT-Werkzeuge für die gesamte Entwicklungs- und Betriebsprozesskette eines Unternehmens (vgl. Kemper et al., 2010, S. 50 f.).

744 Vgl. SAS, 2013a.

745 Vgl. SAS, 2013b.

- Fertigungsprozessparameter einzelner Werkzeugspindeln
- Maschineneinstellungsdatei

Daten aus dem Fertigungsprozessablauf beinhalten Informationen über einzelne Fertigungsprozessparameter. Ausgelesen werden können der Name und die Nummerierung eines jeweiligen Fertigungsschritts sowie die Spindelzugehörigkeit und deren Parameter.

In der Fehlerstatistik werden alle Störungen an einer Maschine zusammengefasst. Die Datei enthält zu den Störungen Datensätze auf einer detaillierten Ebene, um beispielsweise die MTBF oder die MTTR berechnen zu können. Des Weiteren können die Fehlernummern und zugehörigen Fehlertexte ausgelesen werden.

Die Diagnoselogdatei gibt Aufschluss über den Zeitpunkt, die Nummer, die Quelle und die Art eines auftretenden Fehlers an einer Maschine.

Informationen über Eingaben an einer Maschine von außen enthält die Benutzereingabelogdatei. Werden Eingaben oder Veränderungen an einer Maschine vorgenommen, werden diese anhand der Kategorien Zeitpunkt, Datenwiedergabe auf dem Bedienbildschirm, Parameter, Typ und Spindelzugehörigkeit protokolliert.

In den Dateien mit den Datensätzen einzelner Spindeln werden die tatsächlichen Ergebnisse, wie beispielsweise Positionen, Maße, Kräfte und Zeiten der einzelnen Prozessschritte, die erste Aufschlüsse über die zu erwartende Werkstückqualität, die Durchlaufzeiten und den Maschinenzustand geben können, nach einzelnen Parametern dokumentiert. Auf die Nennung der einzelnen protokollierten Prozessparameter wird aus Umfangsgründen verzichtet.

Die Maschineneinstellungsdatei beschreibt die Einstellungen einer Maschine für einen Fertigungsprozess und enthält die Daten über Wege, Kräfte, Drehzahlen, Hübe, Zeiten für die zu bearbeitenden Werkstoffe und verwendeten Werkzeuge sowie die Maschineneinstellungen.

Anhand dieser Daten wird im Folgenden der ETL-Prozess in dem Prototyp dargestellt.

7.5 ETL-Prozessgestaltung

Damit die Grundlage für eine Entscheidungsunterstützung gewährleistet werden kann, sind die maschinenrelevanten Daten[746] mit Hilfe von Extraktions-, Transformations- und Ladeprozessen in ein Data Warehouse zu überführen. Der Datenextraktionsprozess beginnt mit dem Datensatz, den eine Maschine während eines Einsatztages aufzeichnet. Dieser wird von der Maschine als eine Comma-Separated-Value-Datei auf einen Server geschrieben. Dies ermöglicht einen Zugriff auf die Dateien anhand einer Pfad- und Namensangabe. In SAS kann dieser Vorgang mit Hilfe des Import-Wizards anhand weniger Schritte durchgeführt werden. In diesen Schritten werden unter anderem auch die Formate und Längen der Datensätze definiert. Dies ist für das spätere Auslesen und Zusammenführen der verschiedenen Daten notwendig. Abbildung 66 zeigt auszugsweise den Import von Maschinendaten und den dahinterliegenden Code.

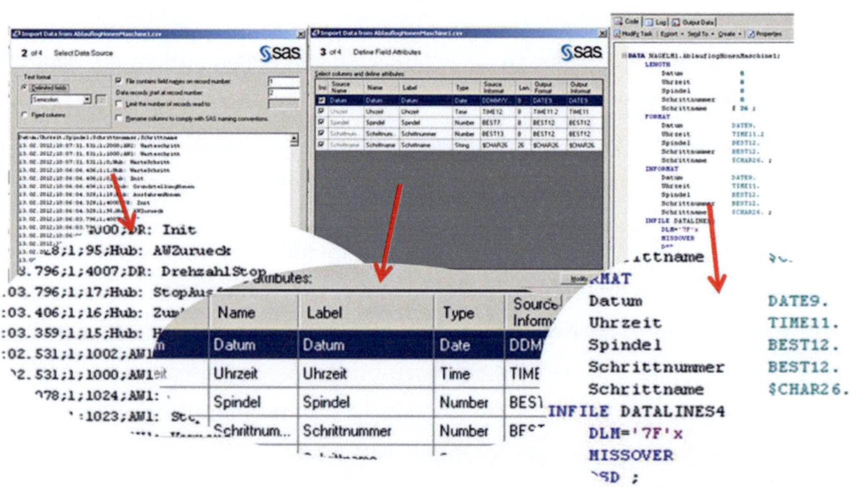

Abbildung 66: Import eines Datensatzes von einer Maschine mit SAS

Die Definition der Datensatzformate ist bereits ein erster Schritt der Datentransformation. Damit die Daten später zusammengeführt werden können, müssen sowohl die einzelnen Formate übereinstimmen als auch eindeutige Zuordnungen der jeweiligen Datensätze sichergestellt sein. Diese Zuordnung wird mit Hilfe ei-

[746] Vgl. Kapitel 4.

ner Identifikation (ID), die sich aus dem Datum und der Uhrzeit eines aufgezeichneten Datensatzes zusammensetzt, gewährleistet. Da die Datensätze aller Dateien, außer denen der Maschineneinstellungsdatei, sekundengenau dokumentiert werden, ist es möglich, eine ID der Länge 14 zu erstellen. Da die ID gleichzeitig einen Zeitbezug herstellt, eignet sie sich sehr gut für Vergleiche und Analysen. Abbildung 67 zeigt an einem einfachen Beispiel die Zusammenstellung einer ID aus Datum und Uhrzeit.

	Datum	Uhrzeit	Spindel	Schrittnummer	Schrittname	ID
1	13FEB2012	10:07:31.53	1	2000	AW2: Warteschritt	13FEB2012:10:07:32
2	13FEB2012	10:07:31.53	1	1000	AW1: Warteschritt	13FEB2012:10:07:32
3	13FEB2012	10:07:31.53	1	0	Hub: WarteSchritt	13FEB2012:10:07:32
4	13FEB2012	10:06:06.41	1	1	Hub: WarteSchritt	13FEB2012:10:06:06
5	13FEB2012	10:06:06.41	1	0	Hub: Init	13FEB2012:10:06:06
6	13FEB2012	10:06:06.41	1	19	Hub: Grundstellu...	13FEB2012:10:06:06
7	13FEB2012	10:06:04.33	1	18	Hub: AusfahrenH...	13FEB2012:10:06:04
8	13FEB2012	10:06:04.33	1	4000	DR: Init	13FEB2012:10:06:04

Abbildung 67: Generierung der ID aus Datum und Zeitpunkt

Für jede der oben genannten Datensätze wird dieser Schritt der ID-Generierung durchgeführt. Entstehen bei diesem Verfahren identische ID's, siehe Abbildung 67, so werden diese anhand eines zusätzlichen Zählers unterschieden. In einem weiteren Transformationsschritt werden die Maschinendaten auf ungültige ID Werte gefiltert und anhand ihrer ID sortiert. Dieser Schritt gewährleistet die spätere Auswertbarkeit der Datensätze. Abbildung 68 stellt auszugsweise einzelne Schritte des Transformationsprozesses dar.

Abbildung 68: Schritte der Datentransformation

In einem weiteren Schritt werden die Maschinendaten, die alle dieselben Extraktions- und Transformationsschritte durchlaufen haben, zu einer einheitlichen Datenbasis zusammengeführt.

Damit Analysen mit SAS durchgeführt werden können, müssen in einem letzten Transformationsschritt alphanumerische Daten in numerische Daten überführt werden, da SAS nur numerische Daten auswerten kann. Hierfür werden vorkommende Strings[747] in eine fortlaufende, fest zugeordnete Nummerierung überführt. Anhand der auswertbaren Zahlenwerte können anschließend Rückschlüsse auf die zugrunde liegenden alphanumerischen Daten gezogen werden. Für eine Fehlerzeitpunkterkennung in einem aktuellen Prozessschritt werden beispielsweise Buchstaben verwendet.

In Abbildung 69 sind diese Schritte als Übersicht aus informationstechnischer Sicht dargestellt. Abbildung 69 zeigt eine Übersicht über die ETL-Prozesse, die für eine Zusammenführung der benötigten Maschineninformationen benutzt werden können. Die Daten werden extrahiert, transformiert und zusammengeführt. Anschließend werden die Daten als ein Gesamtdatensatz in das mDWH geladen.

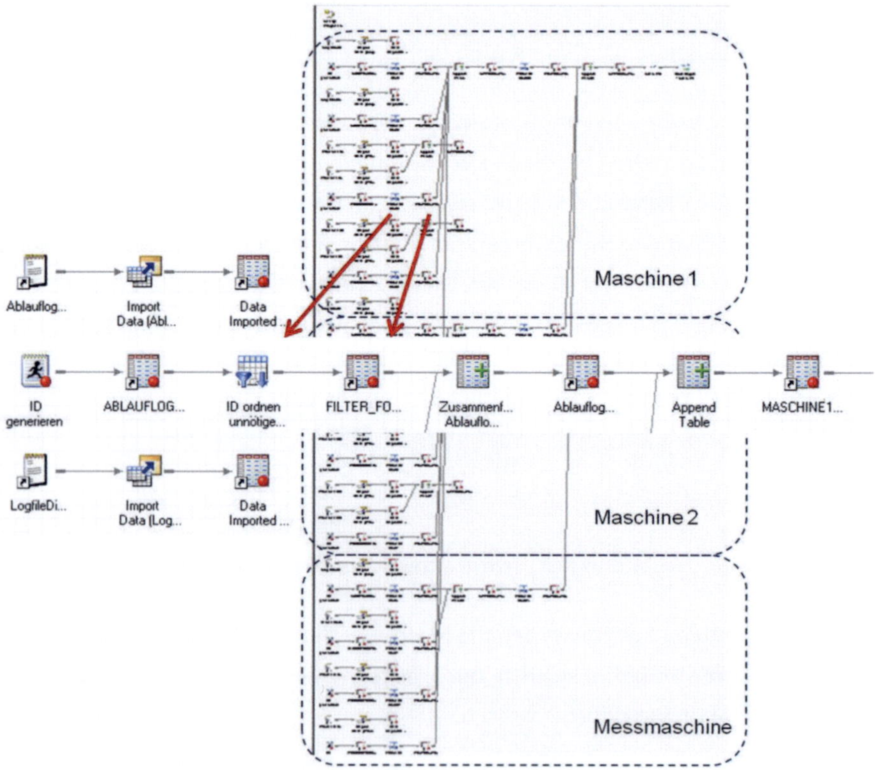

Abbildung 69: ETL-Prozess für eine Maschinenanalyse

[747] Strings sind eine Aneinanderreihung von Unicodezeichen.

Abbildung 70 zeigt beispielhaft eine Analyse des Fertigungsprozesses bezüglich der Durchführungszeiten mit den verbleibenden Aufmaßen innerhalb einer Werkzeugnutzungszeit, wie sie im Rahmen des Anwendungsfalles der Prozessoptimierung durchgeführt werden könnte. Dies geschieht auf Basis der im mDWH vorgehaltenen Daten. Aus diesen wird ein virtueller Cube mit den zu analysierenden Dimensionen erstellt, welcher die Grundlage für die gezeigte Analyse darstellt.

In Abbildung 70 ist mit der Zeit eine leichte Erhöhung und eine größere Varianz des Aufmaßes erkennbar; eine direkte Abhängigkeit von der Prozessdurchführungszeit ist aus dieser Grafik nicht ableitbar. Auf Basis der vorhandenen Daten ist es möglich, Analysen durchzuführen und wichtige Schlussfolgerungen zu ziehen. Deshalb wurden in einem Workshop mit den Experten des Anlagenbauers aktuelle und sinnvolle Datenverknüpfungen und Analysen, zur Validierung der Anwendungsfälle und deren Analysen, durchgesprochen.

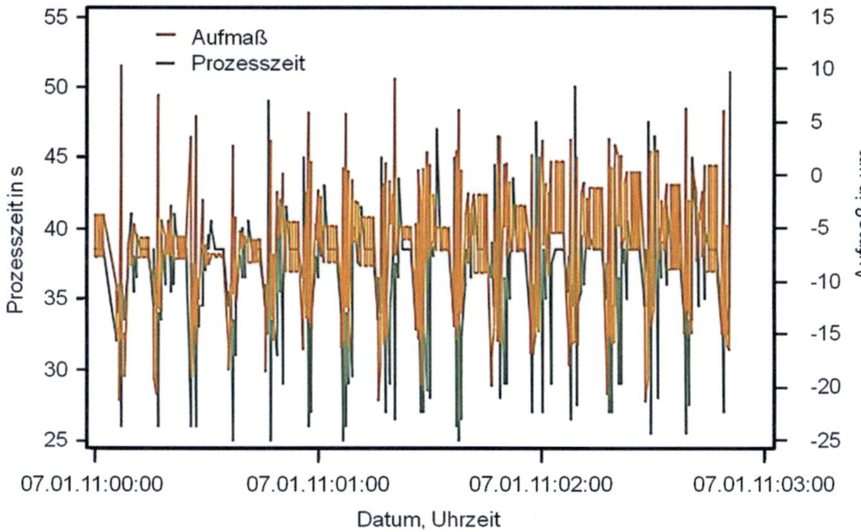

Abbildung 70: Vergleich der Prozesszeit mit dem Aufmaß

7.6 Analysen mit Hilfe des Prototyps

Dieser Abschnitt ist in drei Unterabschnitte aufgeteilt, damit die Nutzbarkeit eines maschinenorientierten Data Warehouses adäquat abgebildet werden kann.

Der erste Abschnitt behandelt die Machbarkeit, indem eine Werkzeuganalyse beispielhaft durchgeführt wird. Der zweite Abschnitt betrachtet weitere Analysemöglichkeiten, die mit Hilfe der Zusammenführung mit betriebswirtschaftlich orientierten Daten durchführbar sind. Hier wird auch ein Fokus auf Fragestellungen und Analysen im Kontext Anwendungsfälle, die in Kapitel 4 beschrieben wurden, gesetzt. Der letzte Abschnitt zeigt die umfassenden und visionären Analysebereiche auf und leitet damit zu möglichen zukünftigen Forschungsarbeiten über. Die Analysen wurden mit den Daten, die von dem Anlagenbauer zur Verfügung gestellt worden sind, durchgeführt.

7.6.1 Durchführbare Analysen mit dem Prototyp

Dieser Abschnitt behandelt die Analysen, die in Kapitel 6 beschrieben wurden. Hier wurden aus den Gesprächen mit den Experten die für die Analysen benötigten Daten des Anlagenbauers herausgearbeitet, die für eine Entscheidungsunterstützung wichtig sind. Im Folgenden werden für die prototypische Realisierung beispielhaft drei Analysen mit Bezügen zu den Maschinen, Werkzeugen und Werkstücken beschrieben.

Bei dem maschinenbezogenen Teil der Maschinenanalyse wird betrachtet, mit welcher Stabilität und Qualität eine Maschine fertigt und welche Fehler während des Betriebs auftreten. Hierfür werden die Daten über auftretende Fehler- und Warnhinweise, Messdaten der gefertigten Werkstücke und Eingriffe des Maschinenführers benutzt. Die Stabilität der Maschine wird anhand der Häufigkeit von Referenzsuchen, Kompensationsprüfungen und Nullpunktkorrekturen erkannt. Anhand der Ergebnisse der Werkstückmessungen wird die Qualität abgeleitet.

Die Werkstückanalyse ist auch ein Maß für die Qualität der Prozessdurchführung. Gemessen wird die Qualität eines Werkstücks anhand des Durchmessers, der Oberfläche und der Form. In dieser Analyse wird beispielhaft der Durchmesser operationalisiert, der an mehreren Stellen einer Bohrung in zwei Richtungen gemessen wird. Aus Expertensicht haben mehrere Größen einen Einfluss auf den Durchmesser. Diese sind:

- Fertigungsprozesszeit
- Aufweitkräfte
- Typ (Werkzeugnummer)
- Werkzeugart
- Messsignal
- Aufmaß
- Nullpunktkorrektur
- letzte Kalibrierung

Für die Werkstückanalyse werden diese Größen beispielsweise mit dem Solldurchmesser verglichen, um Korrelationen oder Abhängigkeiten erkennen zu können.

Die Werkzeuganalyse bezieht sich auf die von der Firma hergestellten Werkzeuge, Halterungen und Schneidplatten. Die wichtigste Größe ist hierbei die Standzeit, d. h. die Nutzungsdauer, die am Restbelag der Schneidplatten gemessen wird und die nach Erreichen eines Mindestwertes einen Werkzeugwechsel erfordert. Durch den Vergleich des Restbelags mit den Größen des Aufmaßes, der Werkstückqualität, der erzeugten Durchmesser und der relativen Änderung des Restbelages werden Erkenntnisse für weitere Verbesserungen gewonnen. Da die Verschleißgeschwindigkeit einer Schneidplatte maßgeblich für ihre Standzeit verantwortlich ist, kann aus einem Vergleich mit verschiedenen Verschleißkurven gleichartiger Schneidplatten ein Rückschluss auf ihren aktuellen Zustand und damit ihre Qualität gezogen werden.

7.6.2 Durchführung einer Werkzeuganalyse

Zur Durchführung der oben genannten Analysen wurde eine erst kürzlich bei einem Kunden des Anlagenbauers installierte Maschine herangezogen, bei der geprüft werden soll, ob es in der Anlaufphase zu Auffälligkeiten im Fertigungsprozess kommt. Da sich allgemeingültige und gut darstellbare Analysen vor allem bei den Werkzeugen finden, wird eine Werkzeuganalyse zur Qualitätssicherung durchgeführt.[748]

[748] In diesem Fall handelt es sich um eine Werkzeuganalyse zur Unterstützung des Anwendungsfalls Qualität.

Die Darstellung einer Abtragskurve eines Werkzeugbelages lässt sich anhand vorliegender Messdaten realisieren und kann mit Hilfe des Prototyps wie in Abbildung 71 visualisiert werden.

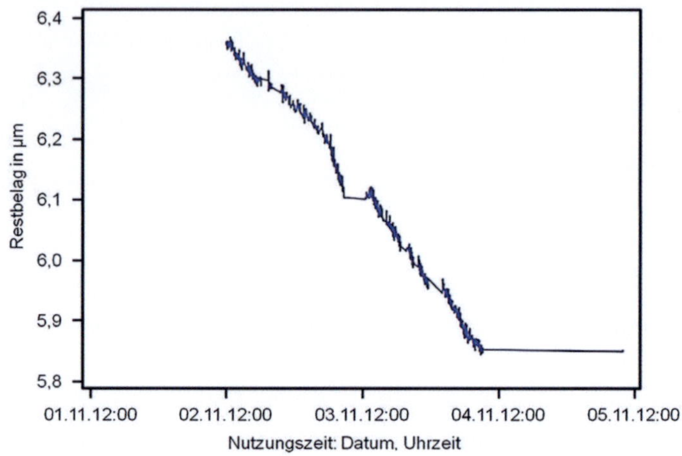

Abbildung 71: Restbelag eines Werkzeugs im Verlauf der Nutzungszeit

Im günstigen Fall verläuft eine solche Kurve annähernd linear mit negativer Steigung. Dann ist die Abnutzung sehr gleichmäßig und eine hohe Qualität der bearbeiteten Werkstücke ist sichergestellt. In der dargestellten Abnutzungskurve sind bei grober Betrachtung (Trendkurve) jedoch Schwankungen und unterschiedliche negative Steigungen erkennbar; bei detaillierter Betrachtung sind aber auch kleine Sprünge - positive Steigungen der Kurve - erkennbar. Bei einem regulär verlaufenden Abnutzungsprozess kann kein Werkzeugbelag während der Nutzungsphase dazukommen, außer, unter bestimmten Voraussetzungen, einem Materialübertrag von Werkstück zu Werkzeug. Hervorgerufen werden können diese Schwankungen aufgrund von Rückkopplungen oder Schwingungen durch mögliche Fehler, beispielsweise durch fehlerhafte bzw. ungenaue Messungen, d. h. Unregelmäßigkeiten im Prozess, im Werkstück oder Werkzeug und der möglicherweise dadurch verursachten Maschinenvibration. Da es sich bei dem Bearbeitungsprozess um einen hochpräzisen Fertigungsschritt handelt, fallen die Zacken der Kurve für den Betrachter wegen der Spreizung der Ordinate relativ groß aus, sie bewegen sich jedoch deutlich im Sub-µm-Bereich.

Bei der genauen Betrachtung dieser Abnutzungskurve fällt auf, dass sich etwa in der Bildmitte nach einem Bereich mit einer relativ geringen Abnutzung eine kurze, signifikante Erhöhung ausbildet, die nicht mit normaler Messunschärfe erklärt werden kann. Da Ungenauigkeiten oder Fehler im Werkzeug oder Werkstück bei der Bearbeitung zu Qualitätsschwankungen führen können, muss geprüft werden, ob sich diese Auffälligkeit auf die Qualität der gefertigten Werkstücke ausgewirkt hat und welche Ursache sie hat.

Da bei der Fertigung in Toleranzbereichen gearbeitet wird, kann neben einer Messgröße, die lediglich darüber Auskunft gibt, ob ein Werkstück in Ordnung ist oder nicht, eine Qualitätsgröße angegeben werden, mit der sich ebenfalls die Genauigkeit des Fertigungsprozesses abbilden lässt. Diese Messgröße bildet idealerweise – in Abhängigkeit von Zeit – eine gerade horizontale Linie und unterliegt in der Realität jedoch ebenfalls Schwankungen. Solange sich diese Schwankungen innerhalb eines vorgegebenen Toleranzintervalls befinden, gilt ein Bauteil als in Ordnung, ansonsten ist bei Abweichung in den negativen Bereich eine Nacharbeit erforderlich, bei Abweichungen in den positiven Bereich gilt das Werkstück als Ausschuss. Soll nun herausgefunden werden, ob der in der Werkzeugabnutzungskurve erkannte Sprung eine Auswirkung auf die Qualität hatte, wird die Qualitätskenngröße mit der Werkzeugabnutzung korreliert, wie es in Abbildung 72 dargestellt ist.

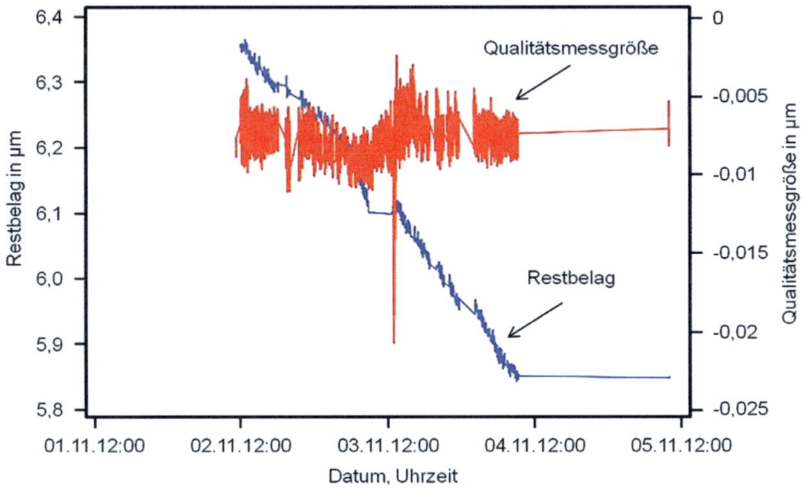

Abbildung 72: Messgröße Qualität (rechte Achse) im Vergleich zur Werkzeugabnutzungskurve

Es ist erkennbar, dass es zum Zeitpunkt des Anstiegs in der Werkzeugabnutzungskurve mehrere Ausreißer in der Qualitätskennzahl gegeben hat. Da diese außerhalb der festgelegten Fertigungstoleranzgrenzen liegen, sind diese Werkstücke nachzubearbeiten oder bei positiver Abweichung als Ausschuss zu betrachten. Da es sich bei der Hochpräzisionsbearbeitung um einen der letzten Schritte in dem Fertigungsprozess des betrachteten Werkstücks handelt, sind sowohl ein Ausschuss sehr kostspielig als auch die Wiederbeschaffungszeit entsprechend hoch.

Entspricht die Qualität der auf einer Maschine gefertigten Werkstücke nicht den Vorgaben oder kommen diese aus späteren Prozessschritten oder gar vom Endkunden wieder zurück, wird nach den Fehlerursachen gesucht. Dann kann es vorkommen, dass der Endkunde bezüglich der eigenen Fehlersuche einen Nachweis verlangt, dass die Fertigungsmaschine fehlerfrei gearbeitet hat. In der Regel liegen dem Kunden Daten über die erreichte Werkstückqualität vor, und der Maschinenhersteller wird mit diesen konfrontiert. Neben Ersatzforderungen aufgrund von Ausschuss oder Produktionsausfall kommt in der Regel die Forderung, die Fehlerquelle dauerhaft abzustellen.

Tritt ein Qualitätsmangel, wie in Abbildung 72 beschrieben, auf, beginnt die Fehlersuche, die anhand der Durchsicht der verschiedenen Logfiles erfolgt. Eine Analyse mit Hilfe einer integrierten Datenbasis erleichtert die Suche nach einer möglichen Fehlerquelle und bietet die Möglichkeit einer Unterstützung bei der Ursachenforschung. In diesem Beispiel wird geprüft, ob und wenn ja welche Fehler im Vorfeld aufgetreten sind und wie der verantwortliche Maschinenführer reagiert hat.

In einer weiteren Analyse, siehe Abbildung 73, sind daher die Größen für das Ereignis 2 (Symbol ▲) und die Messgröße Qualität aus Abbildung 72 miteinander verglichen. Es ist zu erkennen, dass es im Vorfeld der fehlerhaften Fertigung eine Störung der betroffenen Maschine gegeben hat. Diese Störung wird im weiteren Verlauf als Kennzeichen 2 bzw. Fehler 2 bezeichnet.

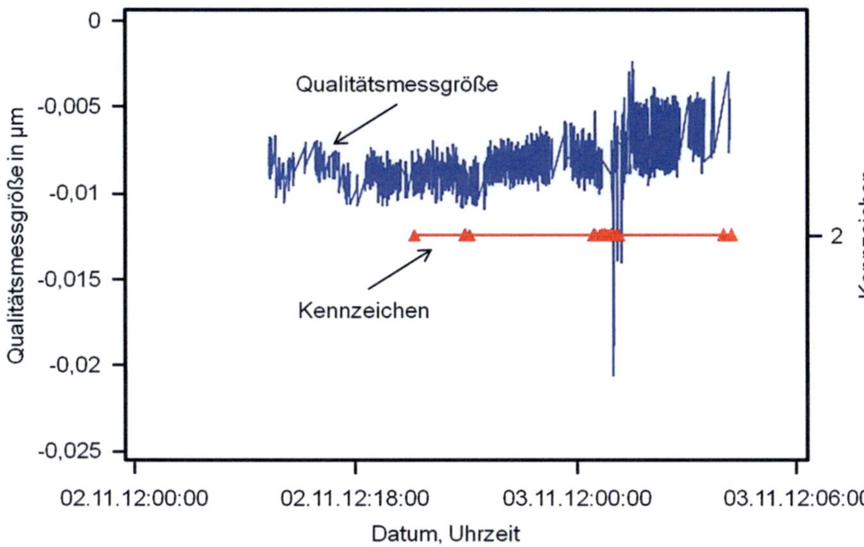

Abbildung 73: Qualitätsmessgröße (linke Achse) bzw. Fehler 2 (rechte Achse) in Abhängigkeit von der Bearbeitungszeit

Aus Abbildung 73, welche das Auftreten des Fehlers 2 mit der Qualität in einen zeitlichen Bezug setzt, ist ersichtlich, dass im Vorfeld der Fertigung dieser Fehler mehrmals aufgetreten ist. Mit großer Wahrscheinlichkeit hängt dieser Fehler mit der nachfolgenden Qualitätsausprägung zusammen. Nach dem Auftreten eines solchen Fehlers ist die Maschine in der Regel nicht mehr fertigungsfähig, weil die Automatik sie aus Sicherheits- oder Qualitätsgründen abgeschaltet hat. Die Maschine wird dann durch das Fachpersonal auf mögliche Fehlerursachen untersucht und anschließend wieder in Betrieb genommen. Falls dies nicht geschehen ist (dem Anlagenbauer liegen für diesen Fall keine Informationen vor), interessiert sich der Analyst dafür, ob die automatische Steuerung der Maschine eventuell manuell übergangen worden ist, beispielsweise damit die Produktion nicht in Verzug gerät.

Die integrierte Datenbasis des mDWH ermöglicht auch hier eine Untersuchung und damit die Beantwortung dieser Frage. Abbildung 74 zeigt die getätigten Eingaben des Maschinenführers, Kennzeichen 4, rechte Achse. Kennzeichen 4 beschreibt die Eingaben des Maschinenführers.

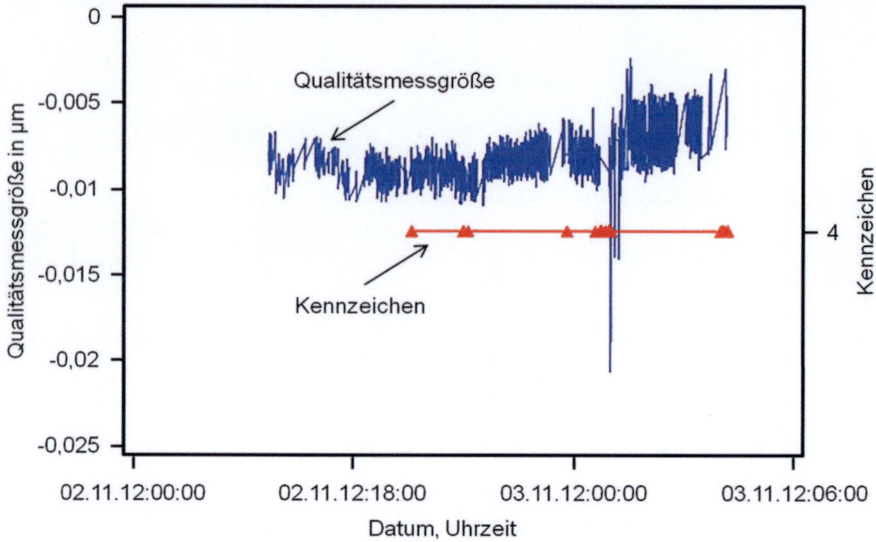

Abbildung 74: Qualitätsmessgröße und manuelle Eingabe (rechte Achse) in Abhängigkeit von der Bearbeitungszeit

In Abbildung 74 sind die Zeitpunkte gekennzeichnet, an denen der Maschinenbediener Eingaben von Hand tätigt und damit die automatische Steuerung übergeht. Kennzeichen 4 zeigt, dass die Automatik, d. h. die Steuerungssoftware des Maschinenbauers, die Maschine ausgeschaltet hat und die Maschine manuell gefahren wurde. Von diesen Erkenntnissen ausgehend können beispielsweise weitere Analysen durchgeführt werden, um den Fehler zu beheben oder den Prozess zu verbessern.

Damit kann die vielseitige Nutzbarkeit einer integrierten Datenbasis in Form eines mDWH aufgezeigt werden. Dieses Beispiel beruht auf Echtdaten einer im Einsatz befindlichen Maschine, die während der Kooperation mit dem Anlagenbauer erhoben wurden. Neben den Analysen, die direkt durch die Integration maschinenorientierter Daten durchgeführt werden können, ermöglicht eine Anbindung an Daten aus einem betriebswirtschaftlich orientierten Data Warehouses ein sehr umfassendes Spektrum an möglichen Analysen.

Besonders im Kontext der Wandlungsfähigkeit sind Analysemöglichkeiten, welche die Maschinen mit ihren Werkzeugen und Prozessen im Mittelpunkt haben, von Bedeutung. Der Prototyp zeigt, dass eine betriebswirtschaftliche Software so angepasst werden kann, dass maschinennahe Daten ebenfalls zur Auswertung genutzt werden können.

Mit der prototypischen Realisierung konnte die Machbarkeit eines mDWH gezeigt und damit die vierte Forschungsfrage beantwortet werden. Der funktionsfähige Prototyp wurde den Experten des Anlagenbauers mit dem oben genannten Beispiel in einem mehrstündigen Workshop im März 2013 vorgestellt. Da nach Meinung der Experten die Verwendung eines mDWH die tägliche Arbeit unterstützt und damit der Einsatz einer mDWH-basierten Entscheidungsunterstützung zielführend ist, können das Konzept und der Prototyp des maschinenorientierten Data Warehouses als validiert angesehen werden.

8. Zusammenfassung und Ausblick

Die vorliegende Arbeit befasst sich mit der Frage, auf welche Weise das Produktionsmanagement eines produzierenden Unternehmens bei seinen Entscheidungen im Kontext der Wandlungsfähigkeit effektiv unterstützt werden kann. Zur Beantwortung dieser Fragestellung wurden in einem ersten Schritt Aufgaben des Produktionsmanagements im Rahmen einer Literaturrecherche identifiziert. Das Ergebnis dieser Recherche ist ein Einblick in den umfassenden Tätigkeitsbereich des Produktionsmanagements und beinhaltet eine in die Produkt- und Programmplanung, Potentialgestaltung und Prozessplanung und -steuerung eingeteilte Übersicht. Da die identifizierten Aufgaben nicht alle in den Bereich der Wandlungsfähigkeit fallen, wurden sie anschließend hinsichtlich ihrer Eignung und Bedeutung anhand der Kriterien der Dimensionen der Wandungsfähigkeit untersucht und gefiltert. Aus den Aufgaben des Produktionsmanagements wurden auf diese Weise vier Anwendungsfälle identifiziert, die für eine Entscheidungsunterstützung von besonderer Bedeutung sind:

- Anlagenbeschaffung und -bereitstellung
- Prozessoptimierung
- Termin- und Reihenfolgeplanung
- Make-or-Buy

Diese vier aus der Literatur abgeleiteten Anwendungsfälle bildeten die Basis für eine erste Interviewreihe mit Experten aus dem Produktionsmanagement, um ihre Relevanz und Vollständigkeit sicherzustellen. Auf Basis der Gespräche mit den Experten wurden die Anwendungsfälle weiter detailliert, und es konnten zwei weitere Anwendungsfälle identifiziert werden:

- Qualität
- Dienstleistung

Diesen Anwendungsfällen wurde von den interviewten Experten eine hohe Bedeutung zugemessen, sie wurden detailliert beschrieben und zusammen mit den jeweiligen für eine Entscheidungsunterstützung benötigten Daten dargestellt. Diese

Daten bilden die Basis für das IT-basierte Konzept eines maschinenorientierten Data Warehouses (mDWH).

Aufbauend auf einem Business-Intelligence-Rahmen wurde das Konzept für ein mDWH erstellt, mit dem eine Entscheidungsunterstützung für die identifizierten Anwendungsfälle realisiert werden kann. Die benötigten Daten konnten aus operativen Systemen extrahiert, transformiert und in einem mDWH abgespeichert werden und anschließend dem Produktionsmanagement zur Entscheidungsunterstützung zur Verfügung gestellt werden.

In einer anschließenden Interviewreihe im Rahmen eines Use-Case wurden Experten eines Maschinenherstellers hinsichtlich eines möglichen Einsatzes des mDWH befragt. Die Anwendungsfälle wurden mit Hilfe der Experten in konkrete Analysen überführt, die mit einem mDWH durchgeführt werden können. Diese sind unter anderem Analysen bezüglich:

- technischer Machbarkeit
- Werkzeug
- Werkstück
- Prozess
- Fehleranfälligkeit
- Make-or-Buy

Damit dies dargestellt und validiert werden kann, wurde das Konzept des mDWH mit Hilfe der von dem Maschinenhersteller zur Verfügung gestellten Daten in einen Prototyp umgesetzt. Der Prototyp basiert auf einer Business-Intelligence-Software, extrahiert Daten aus produzierenden Maschinen und hält diese für Analysen bereit.

Mit dem Prototyp ist eine Analyse der zur Entscheidungsunterstützung notwendigen Daten möglich. Diese Analyse und die Einsatzfähigkeit des mDWH wurden mit den Daten des Anlagenbauers erprobt. Die Verwendung des mDWH wurde von den Experten des Anlagenbauers als sinnvoll nutzbar und zielführend angesehen. Mit dieser Einstufung der Verwendbarkeit und des Nutzens des mDWH in der Praxis, kann das Konzept des mDWH als validiert angesehen werden.

Die Forschungsfrage dieser Arbeit, wie ein IT-basiertes Konzept zu gestalten ist, das die Aufgaben, die Entscheidungen des Produktionsmanagements im Kontext der wandlungsfähigen Produktion beinhaltet, bestmöglich unterstützen kann, konnte durch die Entwicklung des maschinenorientierten Data Warehouse beantwortet werden. Das mDWH bietet damit durch die Zusammenführung von technischen und betriebswirtschaftlichen Daten einen möglichen Ansatz, Entscheidungen des Produktionsmanagements zu unterstützen und die Wandlungsfähigkeit einer Produktion ökonomisch sinnvoll zu nutzen. Darüber hinaus wurden mittels der prototypischen Realisierung zusätzliche Einsatzfelder identifiziert.

Neben dem Wert eines mDWH für ein Unternehmen zur Beantwortung einzelner innerbetrieblicher Fragestellungen können auch auf dessen Basis neue Geschäftsmodelle entstehen. Ein gutes Beispiel hierfür könnte die Serviceabteilung des Praxispartners sein, die, ausreichende Daten von der Maschine eines Kunden vorausgesetzt, ein neues Geschäftsmodell erstellen könnte, nach dem sie neben der einzelnen Maschine den gesamten Prozessschritt verkauft und garantiert, dass sie auf Unregelmäßigkeiten während eines Fertigungsprozesses oder auf Fehlermeldungen beim Kunden direkt reagiert. Dieses Geschäftsmodell bindet den Bereich der Dienstleistungen als hybrides Leistungsbündel direkt an die Maschine, und der Kunde kann nach gefertigten Gutteilen bezahlen. Damit kann das Expertenwissen über den Fertigungsprozess mit verkauft werden, ohne dass sich der Kunde um einen umfangreichen Wissensaufbau oder ständige Mitarbeiterqualifikation kümmern muss.

Damit kann in der Implementierung von maschinenorientierten Data Warehouses ein großes Potential für das Produktionsmanagement eines produzierenden Unternehmens stecken. Zwar wurde durch die prototypische Realisierung, die auf die Daten und Besonderheiten des Anlagenbauers zugeschnitten wurde, nur ein Einzelfall dargestellt und validiert, doch ist es anhand von Anpassungen in der Software möglich, diese auch in anderen Unternehmen zum Einsatz zu bringen.

Anhand des Prototyps wurde gezeigt, dass auch maschinennahe Daten in betriebswirtschaftliche IT-Systeme überführt werden können. Damit ist sichergestellt, dass in einem Unternehmen vorliegende technische Daten aus dem Produktionsumfeld und betriebswirtschaftliche Daten zusammengeführt, ausgewertet und zur Entscheidungsunterstützung des Managements verwendet werden können. Beispielsweise kann durch die zusätzliche Verwendung betriebswirtschaftlich orientierter Datenbestände eine deutlich stärkere Transparenz, die zu einer weiteren Verbesserung bestehender und neuer Fertigungsprozesse führen kann, geschaffen werden.

Als weitere Schritte können diese Informationen auch für die Planung von Fabriken verfügbar gemacht werden. Dies kann durch eine Integration des maschinenorientierten Data Warehouses in die Digitale Fabrik geschehen. Es ist dann möglich, die Planung einer Fertigung am digitalen Reißbrett mit aktuellen Daten, wie beispielsweise Ausschuss, Maschinenverfügbarkeit oder laufende Kosten, zu versorgen.

Besonders im Kontext der wandlungsfähigen Produktion und den damit einhergehenden ständigen Planungsprozessen ist eine aktuelle und qualitativ hochwertige Datengrundlage unerlässlich, da in dieser Phase die Weichen für die zukünftige Leistung und die Kosten einer Fertigung bestimmt werden. Deshalb ist es ebenso unerlässlich, dass die Maschinenhersteller mit ihren Kunden, welche die Maschinen einsetzen und eine Wandlungsfähigkeit erreichen wollen, eng zusammenarbeiten, um das Wandlungspotential einer Maschine bestmöglich zu gestalten. Wird das maschinenorientierte Data Warehouse von einem Maschinenbauer und seinem Kunden gemeinsam betrieben, kann damit eine geeignete Schnittstelle für den Datenaustausch geschaffen werden.

Da in dieser Arbeit nur die Fertigungsprozesse, Werkzeuge und Maschinen eines einzelnen, spezialisierten Unternehmens betrachtet wurden, ist durch zukünftige Forschungen die Übertragbarkeit des Konzepts des mDWH auf andere Unternehmen und Branchen zu prüfen.

Anhang A: Interviewleitfaden

Dieser Interviewleitfaden bildet die Grundlage für die Erhebung der Anwendungsfälle für das Produktionsmanagement auf Basis der in der Literaturrecherche identifizierten Aufgaben.

Interviewreihe 1; Interviewleitfaden Produktionsmanagement Wandlungsfähigkeit

a. Erläuterung der Zielsetzung
   Identifikation der Informationsbedarfe in den Anwendungsfällen des Produktionsmanagements:
   - Anlagenbeschaffung und -bereitstellung
   - Prozessoptimierung
   - Termin- und Reihenfolgeplanung
   - Make-or-Buy

b. Befragung:

1. Angaben zur Person:
   a. Welche Aufgaben und Funktion(en) nehmen Sie in Ihrem Unternehmen wahr?
   b. Seit wann?
2. Arbeitsbereich der Person:
   a. Welche Bereiche beeinflussen Sie durch Ihre Funktion?
   b. Beschreiben Sie bitte kurz diese Arbeitsbereiche.

3. Aufgaben der Person:

   a. Beschreiben Sie bitte kurz die Aufgaben, die Sie in den Arbeitsbereichen wahrnehmen.

4. Zielvorgaben für die Arbeit:

   a. Welche Zielvorgaben haben Sie von Ihrem Vorgesetzten?

   b. Welche Zielvorgaben haben Sie allgemein?

5. Entscheidungen:

   a. Welche Entscheidungen treffen Sie in Bezug auf die einzelnen Aufgaben?

      i. Wie häufig treffen Sie solche Entscheidungen?
      (z. B. selten, monatlich, wöchentlich, täglich, untertägig)

      ii. Welche Auswirkungen haben Ihre Entscheidungen?
      (z. B. langfristig, kapitalbindend)

6. Informationsbedarf:

a. Welche Informationen haben und nutzen Sie für Ihre Entscheidungsfindung?

i. Werden hierfür Kennzahlen benutzt? Wenn ja, welche? (z. B. Durchlaufzeit, Return on Investment, Kundenzufriedenheit)

ii. Woher stammen diese Informationen? (z. B. Quellsysteme, Telefonate, E-Mail, persönliche Gespräche)

iii. Sind Sie mit der Qualität / Aussagekraft dieser Informationen zufrieden? (z. B. Aktualität, Detailliertheit, Authentizität, Strukturiertheit)

b. Welche Informationen bräuchten Sie, um Ihre Entscheidungen besser fundieren oder argumentieren zu können?

Interviewreihe 2; Interviewleitfaden zur Datengrundlage

Im Rahmen der Interviewreihe 2 wurden den Experten des Anlagenbauers zusätzliche Fragen bezüglich der Daten gestellt, welche für die Entscheidungsunterstützung im Kontext der Anwendungsfälle von Bedeutung sind.

Eingegangen wurde in der Interviewreihe 2, zusätzlich zu den Fragen aus dem Fragebogen der Interviewreihe 1, auch auf die Anwendungsfälle der Dienstleistung und Qualität.

7. Werden ihre Entscheidungen bezüglich ihrer Aufgaben durch Maschinen-, Werkzeug-, Fertigungsprozess- oder weitere maschinennahe Daten unterstützt?

   a. Wenn ja, durch welche?

   ____

   ____

   b. Wie beurteilen Sie die Qualität der zur Verfügung stehenden Daten?

   ____

   ____

   c. In welcher Form liegen Ihnen die Daten vor?

   ____

   ____

   d. Welche Daten würden Sie benötigen, die Ihnen derzeit nicht vorliegen?

   ____

   ____

   e. In welcher Form werden die Daten erhoben bzw. generiert und verwendet?

   ____

   ____

Anhang B: Nutzwertanalyse zur Auswahl der Prototypensoftware

Nutzwertanalyse Software für ein mDWH

Kriterium	*Unterkriterium*	*Ausprägung*
Data-Warehouse		
Datenanbindung	Anbindbarkeit an unbekannte Quellsysteme	Importmöglichkeiten
	ETL-Prozesse / Metadaten	Offenheit
		Programmierbarkeit
	Schnittstellen	Offenheit
		Programmierbarkeit
		# vorhandener Schnittstellen
Datenaktualisierung	Scheduler	Steuerung
		Automatisierbarkeit
		Flexibilität (Auswirkung von Datenmodelländerungen)
	Integrationsengine	Verarbeitungsgeschwingkeit
Interoperabilität	Kommunikation/Anbindbarkeit	#Unterschiedlicher Data Marts
		#Unterschiedlicher Data Warehouses
Modellierung (Olap/Oltp)		
Modellbildung	Modellierungswerkzeuge	Verwaltung
		# zulässiger Dimensionen/Würfel
		Modellierung
		Datumsfelder und Konsolidierung
		Flexibilität (Vorberechnung von Dimensionen)
		Bedienbarkeit
Modellpflege	Modellierungswerkzeuge	Wartung
		Anpassung (Änderung Ebenen)
		Erweiterung (Anfügen von Produktgruppen)
		Bedienbarkeit
Analyse		Planung
Zielgruppe	Anforderungen des Managements	Benutzerschnittstellen
		Funktionsumfang
	Anforderungen Facharbeiter	Benutzerschnittstellen
		Funktionsumfang
Visualisierung	Anpassung an Standardwerkzeuge	Excelintegration / MS Office
	Anpassbarkeit an gängige	
Analysefähigkeit	Analysewerkzeuge	
	Weiterverwendung der Daten für	
Weiterverarbeitung	Entscheidungsunterstützung	Berichtswesen
	Anpassbarkeit an gängige	
Flexibilität	Analysewerkzeuge	Analyse
	Ad-hoc Analysen	
Sicherheitskonzept	Rollen für verscheidene Nutzer	
Anwendungsentwicklung	Möglichkeit zur Weiterentwicklung	
Sonstiges		
Toolverwendung	Lizenz	
	Installation	
	Support	

Anhang C: Aufgaben des Produktionsmanagements

Aufgaben des Produktionsmanagement mit Wandlungsfähigkeitsbezug	Universalität	Flexibilität	Mobilität	Modularität	Neutralität	Skalierbarkeit	Betrifft technische Infrastrukturen	maschinenbezogene Daten	unstrukturierte Informationen	Nicht einmalige Aufgabe
Make-or-Buy	+	+	+	+	+	+	+	+	+	+
Strategieformulierung zur Schaffung eines Erfolgspotentials zur Erhaltung der Wettbewerbsposition	-	-	-	-	-	-	-	-	+	-
Verwertungsbezüge industrieller Produkte	-	-	-	-	-	-	-	-	+	-
Qualitäts- und Substanzgestaltung	+	+	-	+	-	+	o	o	+	-
Standardisierung	-	-	-	-	-	-	-	+	-	-
Produktfeld- und Sortimentplanung	-	-	-	-	-	-	-	-	+	-
Absatzplanung	-	-	-	-	-	-	-	-	+	+
Festlegung von Produktmengen	-	-	-	-	-	-	-	-	+	+
Standortplanung	-	-	-	-	-	-	-	-	+	-
Verfahrensplanung	+	+	+	+	+	+	+	-	+	-
Festlegung des Produktionsablaufes	+	+	+	+	+	+	+	+	+	-
Faktoreinsatzmengenplanung	-	-	-	-	-	+	o	+	-	-
Kapazitätsplanung	-	-	-	-	-	-	-	+	-	-
Bestimmung des Automatisierungs- bzw. Mechanisierungsgrades	+	+	+	+	+	+	+	+	+	-
Festlegung der Fertigungsreihenfolge	+	+	+	+	+	+	+	+	+	+
Bildung von Gruppen und Abteilungen	-	-	-	-	-	-	-	-	+	-
Festlegung von Produktionsstationen (Arbeitsplätzen)	+	+	+	+	+	+	+	+	-	-
Zuordnung von Personen zu den Arbeitsplätzen	+	+	-	-	-	-	-	+	+	+

Legende: + = Bezug besteht; o = teilweiser Bezug; - = geringer bis kein Bezug

Aufgaben des Produktions-management mit Wandlungsfähigkeitsbezug	Universalität	Flexibilität	Mobilität	Modularität	Neutralität	Skalierbarkeit	Betrifft technisch Infrastrukturen	maschinenbe-zogene Daten	unstrukturierte Informationen	Nicht einmalige Aufgabe
Anlagenbeschaffung und –bereitstellung	+	+	+	+	+	+	+	+	+	+
Anlagenausmusterung	+	+	+	+	+	+	+	+	-	+
Anlageninstanthaltung	-	-	-	+	-	-	o	+	-	+
Anlagenunterhaltung	-	-	+	+	+	+	+	+	-	+
Anlagenverwaltung	-	-	-	-	-	-	-	+	-	+
Energieversorgung	-	-	+	+	-	-	-	+	-	+
Eigenherstellung benötigter Energie	-	-	-	-	-	-	-	+	-	+
Energie(fremd)bezug	-	-	-	-	-	-	-	+	-	+
Festlegung von Qualität und Quantität der Werkstoffe bzw. Repetierfaktoren	+	+	-	+	-	+	o	+	-	+
Festlegung von Qualität und Quantität Betriebsstoffe	+	+	-	+	-	+	o	+	-	+
Festlegung von Qualität und Quantität der Betriebsmittel	+	+	-	+	-	+	o	+	-	+
Eigenherstellung von Betriebsmitteln	+	+	-	-	-	-	-	+	-	+
Nutzorte der Werkstoffe bzw. Repetierfaktoren	+	+	+	+	-	-	o	-	-	+
Zeitpunkt der Nutzung von Werkstoffen bzw. Repetierfaktoren	+	+	-	-	-	+	o	o	o	+
Nutzorte der Betriebsstoffe	-	-	+	+	-	-	o	o	o	+
Nutzzeitpunkt der Betriebsstoffe	-	-	-	-	-	+	o	-	-	+
Festlegung der Beschaffungsart	-	-	-	-	-	-	-	+	-	+
Bestimmung der Lagerhaltungsstrategie	+	+	-	-	-	+	o	-	-	+
Aufbauorganisation (Produktion)	+	+	+	+	+	+	+	+	+	-
Ablauforganisation (Prozess)	+	+	+	+	+	+	+	+	+	-
Bildung einer Organisationsstruktur	-	-	-	-	-	-	-	+	+	-

Legende: + = Bezug besteht; o = teilweiser Bezug; - = geringer bis kein Bezug

Aufgaben des Produktions-management mit Wandlungsfähigkeitsbezug	Universalität	Flexibilität	Mobilität	Modularität	Neutralität	Skalierbarkeit	Betrifft technische Infrastrukturen	maschinenbe-zogene Daten	unstrukturierte Informationen	Nicht einmalige Aufgabe
Durchlaufterminierung	+	+	+	+	+	+	+	+	-	+
Kapazitätsterminierung	-	-	-	-	-	+	o	+	-	+
Losgrößenplanung	+	+	+	+	+	+	+	+	+	+
Generelle Layoutplanung	+	+	+	+	+	-	o	+	-	-
Arbeitsgestaltung	-	-	-	+	-	-	o	+	o	-
Arbeitsplanerstellung	+	+	-	+	-	+	o	+	-	+
Arbeitsplatzgestaltung	+	+	+	+	-	-	o	+	-	-
Personalbeschaffung und -bereitstellung (Stellenbedarfsplanung)	-	-	-	-	-	-	-	-	-	+
Personalweiterbildung	-	-	-	-	-	-	-	-	-	+
Personalverwaltung	-	-	-	-	-	-	-	-	-	+
Personalentlohnung	-	-	-	-	-	-	-	-	-	+

Legende: + = Bezug besteht; o = teilweiser Bezug; - = geringer bis kein Bezug

Aufgaben des Produktions-management mit Wandlungsfähigkeitsbezug	Universalität	Flexibilität	Mobilität	Modularität	Neutralität	Skalierbarkeit	Betrifft technische Infrastrukturen	maschinenbe-zogene Daten	unstrukturierte Informationen	Nicht einmalige Aufgabe
Termin- und Reihenfolgeplanung	+	+	+	+	+	+	+	+	+	+
Prozessvorbereitung	+	+	+	+	+	+	+	+	-	+
Prozesssteuerung und Auftragsführung	+	+	+	+	+	+	+	+	-	+
Prozess- und Erfolgsüberwachung	-	-	-	-	-	-	-	-	-	+
Anforderungserstellung und Nutzung von (IT-)Systemkonzepten	-	-	-	-	-	-	-	-	-	-
Qualitätsmanagement	-	-	-	-	-	-	-	-	-	+
Instandhaltung	-	-	+	+	+	+	+	+	-	+
Durchlaufzeit (Durchlaufterminierung)	+	+	-	+	-	+	o	o	-	+
Verfügbarkeitsprüfung	+	+	+	+	+	+	+	+	-	+
Qualitätsprüfung	-	-	-	-	-	-	-	-	-	+
Auslastungskontrolle	-	-	-	-	-	-	-	+	-	+
Terminkontrolle	-	-	-	-	-	-	-	-	-	+
Auslösung des Fertigungsprozesses	-	-	-	-	-	-	-	-	-	+
Ausgabe der Arbeitsanweisung	-	-	-	-	-	-	-	-	-	+
Arbeitsanleitung und Unterlagen für die Fertigung	-	-	-	+	-	+	-	o	-	+
Terminfeinplanung und Maschinenbelegung	+	+	+	+	+	+	+	+	-	+
Auftragssteuerung (Push, Pull, Fifo, KoZ, ..)	+	+	-	-	-	+	o	-	o	+

Legende: + = Bezug besteht; o = teilweiser Bezug; - = geringer bis kein Bezug

Aufgaben des Produktions-management mit Wandlungsfähigkeitsbezug	Universalität	Flexibilität	Mobilität	Modularität	Neutralität	Skalierbarkeit	Betrifft technische Infrastrukturen	maschinenbe-zogene Daten	unstrukturierte Informationen	Nicht einmalige Aufgabe
Optimierung Layoutplanung	+	+	+	+	+	+	+	+	o	+
Außerbetriebliche Materialflussbe-ziehungen und Logistik	-	-	-	-	-	-	-	-	+	+
Werksbezogene Materialflussbe-ziehungen und Logistik	+	+	+	+	+	+	+	+	o	+
Werkstattbezogene Materialflussbe-ziehungen und Logistik	+	+	+	+	+	+	+	+	o	+
Arbeitsplatzbezogene Materialflussbe-ziehungen und Logistik	+	+	+	+	+	+	+	+	o	+
Festlegung der Transportstrecke	-	-	-	-	-	-	-	-	-	-
Bestimmung von Transportintensität und -rhythmus	+	+	-	-	-	+	o	o	-	+
Definition geeigneter Fördermittel und Hilfsmittel	-	-	-	-	-	-	-	o	-	-
Steuerung des Gütertransportes	+	+	+	+	+	+	+	-	-	+
Festlegung von Arbeitsgängen	+	+	+	+	+	+	+	+	+	-
Festlegung von Arbeitsfolgen	+	+	+	+	+	+	+	+	+	+
Ermittlung und Bestimmung der Vorgabezeiten	+	+	-	-	-	+	o	+	-	-
Bildung allgemeiner Fertigungslosgrößen	+	+	-	+	-	+	o	+	-	-
Bei Eigenfertigung Ermittlung der Vorlaufverschiebung	+	+	-	+	-	+	o	+	-	+

Legende: + = Bezug besteht; o = teilweiser Bezug; - = geringer bis kein Bezug

Anhang D: Modell eines maschinenorientierten Data Warehouse

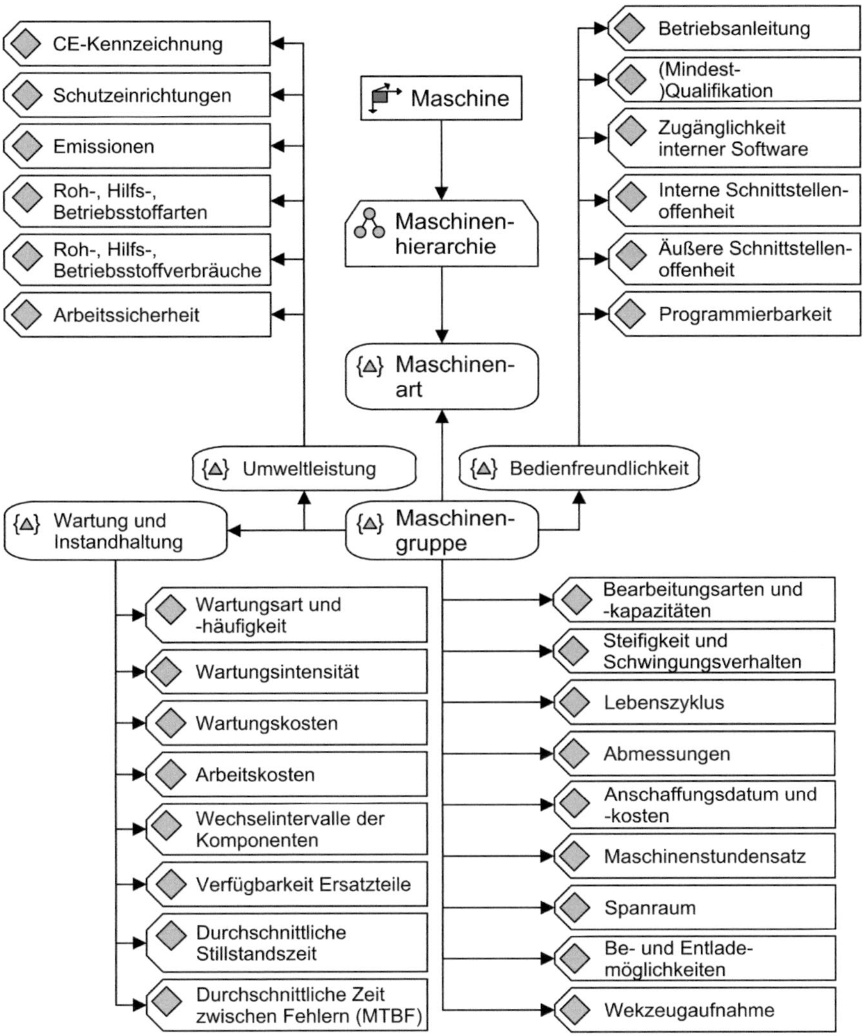

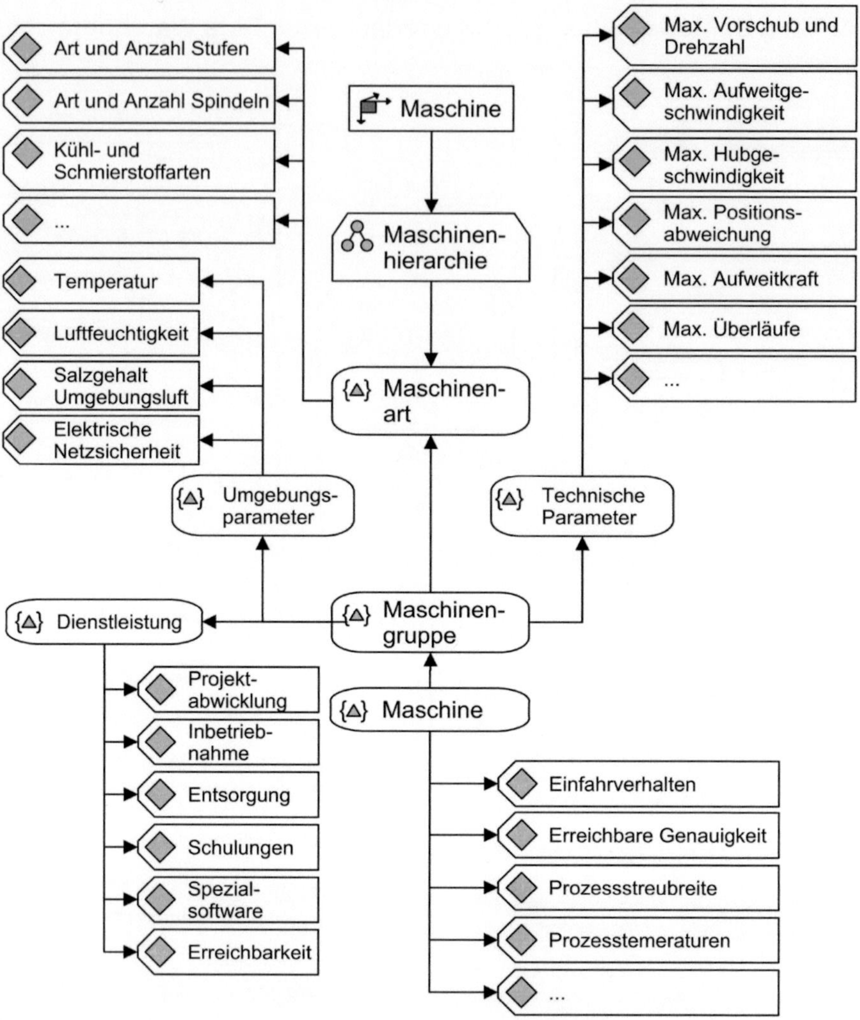

Maschine
Maschinen-hierarchie
Maschinen-art
Art und Anzahl Stufen
Art und Anzahl Spindeln
Kühl- und Schmierstoffarten
...
Max. Vorschub und Drehzahl
Max. Aufweitge-schwindigkeit
Max. Hubge-schwindigkeit
Max. Positions-abweichung
Max. Aufweitkraft
Max. Überläufe
...
Temperatur
Luftfeuchtigkeit
Salzgehalt Umgebungsluft
Elektrische Netzsicherheit
Umgebungs-parameter
Technische Parameter
Dienstleistung
Maschinen-gruppe
Maschine
Projekt-abwicklung
Inbetrieb-nahme
Entsorgung
Schulungen
Spezial-software
Erreichbarkeit
Einfahrverhalten
Erreichbare Genauigkeit
Prozessstreubreite
Prozesstemeraturen
...

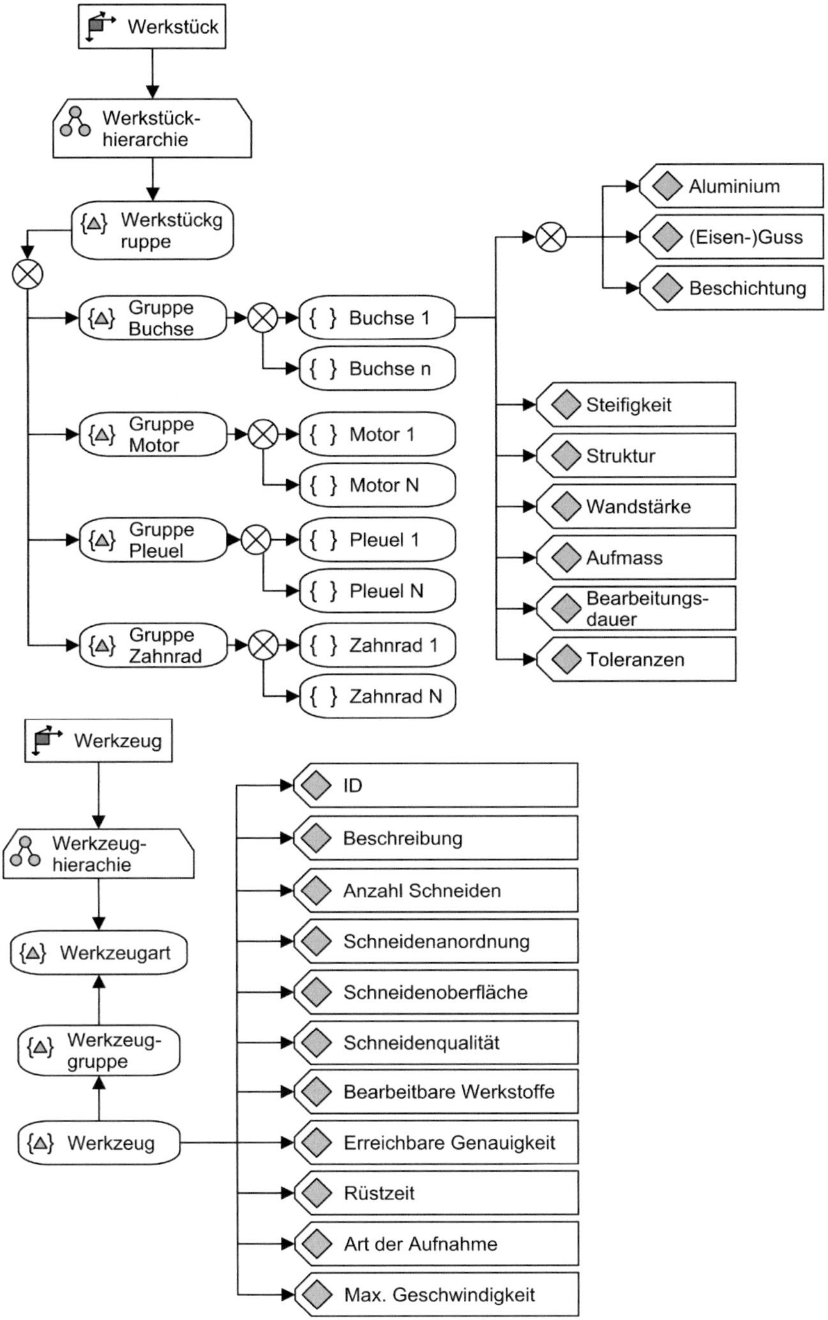
Werkstück
Werkstück-hierarchie
Werkstückgruppe
Gruppe Buchse
Buchse 1
Buchse n
Gruppe Motor
Motor 1
Motor N
Gruppe Pleuel
Pleuel 1
Pleuel N
Gruppe Zahnrad
Zahnrad 1
Zahnrad N
Aluminium
(Eisen-)Guss
Beschichtung
Steifigkeit
Struktur
Wandstärke
Aufmass
Bearbeitungs-dauer
Toleranzen
Werkzeug
Werkzeug-hierachie
Werkzeugart
Werkzeug-gruppe
Werkzeug
ID
Beschreibung
Anzahl Schneiden
Schneidenanordnung
Schneidenoberfläche
Schneidenqualität
Bearbeitbare Werkstoffe
Erreichbare Genauigkeit
Rüstzeit
Art der Aufnahme
Max. Geschwindigkeit

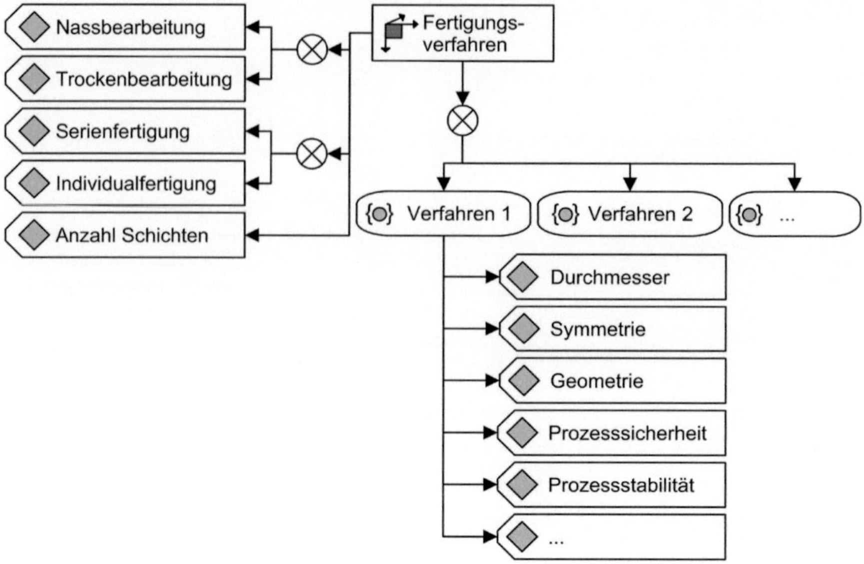
Nassbearbeitung
Trockenbearbeitung
Serienfertigung
Individualfertigung
Anzahl Schichten
Fertigungs-
verfahren
Verfahren 1
Verfahren 2
...
Durchmesser
Symmetrie
Geometrie
Prozesssicherheit
Prozessstabilität
...

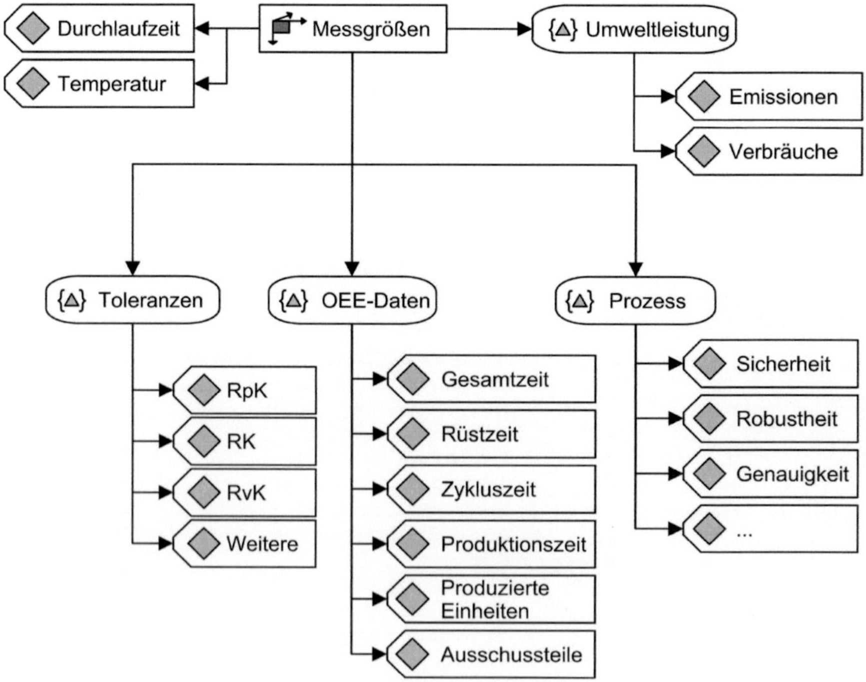
Durchlaufzeit
Temperatur
Messgrößen
Umweltleistung
Emissionen
Verbräuche
Toleranzen
OEE-Daten
Prozess
RpK
RK
RvK
Weitere
Gesamtzeit
Rüstzeit
Zykluszeit
Produktionszeit
Produzierte
Einheiten
Ausschussteile
Sicherheit
Robustheit
Genauigkeit
...

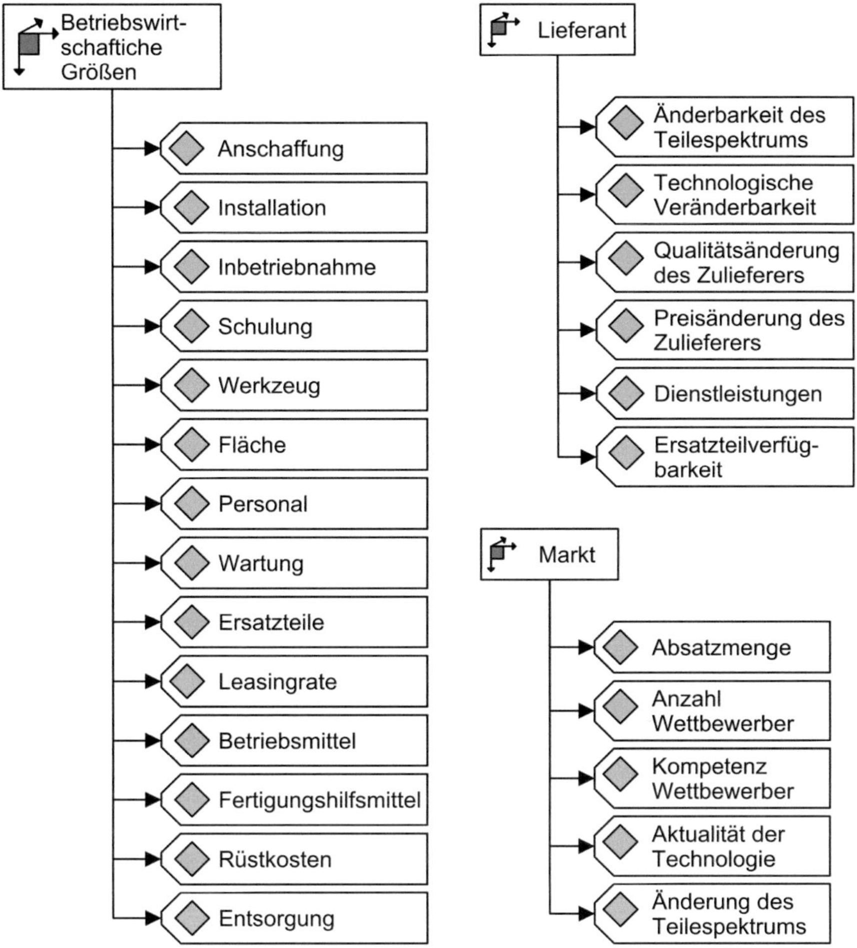
Betriebswirt-
schaftiche
Größen
Anschaffung
Installation
Inbetriebnahme
Schulung
Werkzeug
Fläche
Personal
Wartung
Ersatzteile
Leasingrate
Betriebsmittel
Fertigungshilfsmittel
Rüstkosten
Entsorgung
Lieferant
Änderbarkeit des Teilespektrums
Technologische Veränderbarkeit
Qualitätsänderung des Zulieferers
Preisänderung des Zulieferers
Dienstleistungen
Ersatzteilverfüg-
barkeit
Markt
Absatzmenge
Anzahl Wettbewerber
Kompetenz Wettbewerber
Aktualität der Technologie
Änderung des Teilespektrums

Literaturverzeichnis

Ackoff, R.L. (1967), Management Information Systems (MIS), in: Management Science, 14, 1967, 4, S. B 147–B 156

Adam, D. (1998), Produktions-Management, Wiesbaden 1998

Ament, C., Goch, G. (2003), Qualitätsregelung als Konzept zur dezentralen Steuerung der Fertigung in der Prozesskette, in: Industrie Management, 19, 2003, 2, S. 9–13

Anandarajan, A., Srinivasan, C.A., Anandarajan, M. (2004), Historical Overview of Accounting Information Systems, Berlin Heidelberg New York 2004

Andresen, K., Gronau, N. (2004), Der Faktor Wandlungsfähigkeit bei der Planung neuer Fabriken – Ein Marktüberblick von Unternehmensberatungen im Bereich Fabrikplanung, in: Industrie Management, 4, 2004, S. 60–68

Andresen, K., Gronau, N., Schmid, S. (2005), Ableitung von IT-Strategien zur Bestimmung der notwendigen Wandlungsfähigkeit von Informationssystemarchitekturen, Heidelberg 2005

Arndt, H. (2008), Supply-Chain-Management – Optimierung logistischer Prozesse, Wiesbaden 2008

Arnold, D., Isermann, H., Kuhn, A., Tempelmeier, H., Furmanns, K. (2008), Handbuch Logistik, Berlin 2008

Arnold, D., Furmanns, K. (2009), Materialfluss in Logistiksystemen, Heidelberg Dordrecht New York 2009

Arnolds, H., Heege, F., Röh, C., Tussing, W. (2010), Entscheidungen im Bereich Eigenfertigung/Fremdbezug, in: Arnolds, H., Heege, F., Röh, C., Tussing, W. (Hrsg., 2010), Materialwirtschaft und Einkauf – Grundlagen, Spezialthemen, Übungen, S. 255–286

Arnolds, H., Heege, F., Röh, C., Tussing, W. (2010), Materialwirtschaft und Einkauf– Grundlagen, Spezialthemen, Übungen, Wiesbaden 2010

Atteslander, P. (2006), Methoden der empirischen Sozialforschung, Berlin 2006

Baars, H. (2010), Business Intelligence im Spannungsfeld zwischen Effizienz und Agilität, zweites Forschungskolloquium Business Intelligence (FKBI), Dresden 2010

Balve, P., Aupperle, G. (2001), Prozeßorientierte Planung und Steuerung zur Unterstützung der Montage – Konzept und PPS Systemauswahl, in: Westkämper, E., Bullinger, H.-J., Horváth, P., Zahn, E. (Hrsg., 2001), Montageplanung – effizient und marktgerecht, S. 137–156

Bange, C. (2006), Werkzeuge für analytische Informationssysteme, in: Chamoni, P., Gluchowski, P. (Hrsg., 2006), Analytische Informationssysteme – Business-Intelligence-Technologien und -anwendungen, Berlin Heidelberg 2006, S. 89–110

BARC (2011), Performance Management nach der Finanzkrise – Verbesserung der Planung als wesentlicher Erfolgsfaktor, 2011

Barrantes, L. (2008), Man kann nur managen, was man auch messen kann! – Die Messung von Qualität, in: Controlling und Management, 52, 2008, 3, S. 10–17

Bauer, A., Günzel, H. (2004), Data Warehouse Systeme – Architektur, Entwicklung, Anwendung, Heidelberg 2004

Baumgarten, H. (2008), Das Beste der Logistik – Innovationen, Strategien, Umsetzungen, Berlin Heidelberg 2008

Baumgartner, R. (2003), Verbesserung der Umweltleistung durch modernes Anlagenmanagement, Semmering 2003

Bea, F.X., Dichtl, E., Schweitzer, M. (2002), Allgemeine Betriebswirtschaftslehre – Band 3 Leistungsprozess, Stuttgart 2002

Becker, J., Krcmar, H. (2008), Integration von Produktion und Dienstleistung – Hybride Wertschöpfung, in: Wirtschaftsinformatik, 50, 2008, 3, S. 169–171

Becker, W. (1996), Anlagen: Arten und Eignung, in: Kern, W., Schröder, H.-H., Weber, J. (Hrsg., 1996) Handwörterbuch der Produktionswirtschaft, Stuttgart 1996, S. 34–47

Behme, W. (1996), Das Data Warehouse Konzept als Basis einer unternehmensweiten Informationslogistik, Wiesbaden 1996

Bellmann, K. (2005), Flexibilisierung der Produktion durch Dienstleistungen, in: Kaluza, B., Blecker, T. (Hrsg., 2005), Erfolgsfaktor Flexibilität – Strategien und Konzepte für wandlungsfähige Unternehmen, S. 153–174

Bloech, J., Bogaschewski, R., Götze, U., Roland, F. (2004), Einführung in die Produktion, Berlin, Heidelberg, New York 2004

Boersch, C., Elschen, R. (2007), Das Summa Summarum des Management – Die 25 wichtigsten Werke für Strategie, Führung und Veränderung, Wiesbaden 2007

Bornhäuser, M., Lickefett, M., Westkämper, E. (2005), Taktorientierte Fertigungssteuerung – Ein Verfahren zur Fertigungssteuerung einer kundenauftragsbezogenen Werkstattfertigung, in: wt Werkstatttechnik, 25, 2005, 5, S. 396–404

Büscher, C., Vieritz, H., Meisen, P., Meisen, T., Jeschke, S. (2013), Virtual Production Intelligence – Ein Beitrag zur virtuellen Fabrik, in: Productivity Management, 8, 03-2013

Budzinski, O., Kerber, W. (2003), Megafusionen, Wettbewerb und Globalisierung – Praxis und Perspektiven der Wettbewerbspolitik, Stuttgart 2003

Bullinger, H.-J., Spath, D., Warnecke, H.-J., Westkämper, E. (2009), Handbuch Unternehmensorganisation – Strategien, Planung, Umsetzung, Berlin Heidelberg 2009

Chamoni, P., Gluchowski, P. (2006), Analytische Informationssysteme Business Intelligence-Technologien und -Anwendungen, 4. Auflage, Berlin Heidelberg 2006

Chopra, S. Meindl, P. (2007), Supply Chain Management – Strategy, Planning & Operation, in: Boersch, C., Elschen, R. (Hrsg., 2007), Das Summa Summarum des Management – Die 25 wichtigsten Werke für Strategie, Führung und Veränderung, Wiesbaden 2007

Corsten, H., Friedl, B. (1999), Produktionscontrolling, München 1999

Corsten, H. (2004), Produktionswirtschaft – Einführung in das industrielle Produktionsmanagement, Oldenburg 2004

Corsten, H., Reiß, M. (2008), Betriebswirtschaftslehre Band 1 – Grundlagen, Internes Rechnungswesen, Externes Rechnungswesen, Beschaffung, Produktion und Logistik, Marketing, Investition und Finanzierung, München 2008

Delvin, B.A., Murphy, P.P. (1988), An Architecture for a Business and Information System, in: IBM Systems Journal, 27, 1988, 1, S. 26–32

Deisenroth, R. (2010), Produktionsnahe Parameter bevorzugt – Effiziente Fertigungssteuerung mit Kennzahlen, in: IT&Production, 04-2010

Deisenroth, R. (2013), MES unterstützt Industrie 4.0, in: VDI-Z Integrierte Produktion, 155, 4, 2013

Diekmann, A. (2012), Empirische Sozialforschung – Grundlagen, Methoden, Anwendung, Hamburg 2012

Diesch, R. (1999), Steigerung der organisatorischen Verfügbarkeit von Fertigungszellen, München 1999

Dill, M. (2013), In-Memory-Systeme lösen Data Warehouses nicht ab, in: Isreport, 17 Jahrgang, 12–2013, S. 10 f

Domschke, W., Drexl, A. (2005), Einführung in Operations Research, Berlin Heidelberg 2005

Dudenhöffer, K., Dudenhöffer, F. (2012), Kapazitätsauslastung als strategisches Produktionsziel in der Automobilproduktion, in: Automobillogistik, S. 167–180, Wiesbaden 2012

Dyckhoff, H. (2003), Grundzüge der Produktionswirtschaft – Einführung in die Theorie betrieblicher Wertschöpfung, Berlin Heidelberg New York 2003

Dyckhoff, H. (2006), Produktionstheorie – Grundzüge industrieller Produktionswirtschaft, Berlin Heidelberg New York 2006

Dyckhoff, H., Spengler, T. (2010), Produktionswirtschaft, Berlin Heidelberg New York 2010

ElMaraghy, H. (2011), Enabling Manufacturing Competitiveness and Economic Sustainability, Berlin Heidelberg 2011

ElMaraghy, H., Wiendahl, H.-P. (2009), Changeability – An Introduction, London 2009

Engelhardt, W.H., Kleinaltenkamp, M., Reckenfelderbäumer, M. (1993), Leistungsbündel als Absatzobjekte, in: Zeitschrift für betriebswirtschaftliche Forschung, 45, 1993, S. 395–426

Erben, R.F., Romeike, F. (2003), Komplexität als Ursache steigender Risiken in Industrie und Handel, in: Romeike, F., Finke, R.B. (Hrsg., 2003), Erfolgsfaktor Risikomanagement – Chancen für Industrie und Handel, S. 43–63

Erlach, K. (2010), Wertstromdesign – Der Weg zur schlanken Fabrik, Berlin Heidelberg 2010

Erlinger, C. (2013a), Die vierte Industrielle Revolution, in: VDI-Z Integrierte Produktion, 7/8-2013

Erlinger, C. (2013b), Industrie 4.0 – Intelligente Fabrik als Ziel, in: VDI-Z Integrierte Produktion, 9-2013

Eversheim, W. (1995), Prozessorientierte Unternehmensorganisation, Berlin 1995

Eversheim, W. (1997), Prozessorientiertes Qualitätscontrolling – Qualität meßbar machen, Berlin Heidelberg New York 1997

Fandel, G., Fistek, A., Stütz, S. (2011), Produktionsmanagement, Heidelberg Dordrecht London New York 2011

Ferstl, O.K., Sinz, E.J. (2006), Grundlagen der Wirtschaftsinformatik, München 2006

Fink, A., Schneidereit, G., Voß, S. (2005), Grundlagen der Wirtschaftsinformatik, Heidelberg 2005

Finke, I. (2009), Einführung von Wissensmanagement, Berlin Heidelberg 2009

Flores, G. (1992), Grundlagen und Anwendung des Honens, Essen 1992

Forrester, J.W. (1958), Industrial Dynamics – A major breakthrough for decision makers, in: Harvard Business Review, 36, 1958, 4, S. 37–66

Franke, J., Merhof, J., Fischer, C., Risch, F. (2010), Intelligente Steuerungskonzepte für wandlungsfähige Produktionssysteme, in: Industrie Management, 26, 2010, 2, S. 61–64

Freibichler, W. (2006), Competitive Manufacturing Intelligence – Systematische Wettbewerbsanalyse zur Entscheidungsunterstützung im strategischen Produktionsmanagement der Automobilindustrie, Wiesbaden 2006

Gabler (2013), Gabler Kompakt-Lexikon Wirtschaft, 2013

Gabriel, R., Gluchowski, P., Pastwa, A. (2009), Data Warehouse und Data Mining, Herdecke Witten 2009

Geiger, W., Kotte, W. (2008), Handbuch Qualität – Grundlagen und Elemente des Qualitätsmanagements: Systeme – Perspektiven, Wiesbaden 2008

Gerboth, T. (2002), Statistische Prozessregelung bei administrativen Prozessen im Rahmen eines ganzheitlichen Prozesscontrollings (Dissertation), Berlin 2002

Gericke, E. (2008), Hochgeschwindigkeitslogistik zur Optimierung der Marktversorgung, in: Baumgarten, H. (Hrsg., 2008), Das Beste der Logistik – Innovationen, Strategien, Umsetzungen, S. 269–278

Gläser, J., Laudel, G. (2004), Experteninterviews und qualitative Inhaltsanalyse, Wiesbaden 2004

Gomez, J.M., Rautenstrauch, C., Cissek, P., Grahlher, B. (2006), Einführung in SAP Business Information Warehouse, Berlin Heidelberg New York 2006

Gössinger, R., Corsten, H. (2012), Produktionswirtschaft – Einführung in das industrielle Produktionsmanagement, Oldenburg 2012

Grabner, T. (2012), Operations Management – Auftragserfüllung bei Sach- und Dienstleistungen, Wiesbaden 2012

Gröger, C., Schlaudraff, J., Niedermann, F., Mitschang, B. (2012), Warehousing Manufacturing Data – A holistic Process Warehouse for advanced Manufacturing Analytics, in: Cuzzocrea, A., Dayal, U. (Hrsg., 2012), Proceedings of the 14th International Conference on Data Warehousing and Knowledge Discovery, Berlin Heidelberg 2012

Gronau, N. (1999), Management von Produktion und Logistik mit SAP/R3, München 1999

Gronau, N. (2004), Enterprise Resource Planning und Supply-Chain-Management – Architektur und Funktionen, Oldenburg 2004

Gronau, N. (2010), Enterprise Ressource Planning – Architektur, Funktion und Management von ERP-Systemen, München 2010

Guillén, M.F. (1994), The Age of Eclecticism: Current Organizational Trends and the Evolution of Managerial Models, in: Sloan Management Review 36, 1994, S. 75–86

Günther, H.-O., Tempelmeier, H. (2012), Produktion und Logistik, Berlin Heidelberg 2012

Günther, W.A., Wilke, M., Zäh, M.F., Rudolf, H. (2006), Planung von Produktionsprozessen und Materialflusssteuerung, Berlin Heidelberg New York 2006

Gutenberg, E. (1983), Grundlagen der Betriebswirtschaftslehre – Band 1: Die Produktion, 24, Berlin Heidelberg 1983

Hansen, H.R., Karagiannis, D., Fill, H.-G. (2009), Business Services – Konzepte, Technologien, Anwendungen, Wien 2009

Härdler, J. (2007), Betriebswirtschaftslehre für Ingenieure – Lehr- und Praxisbuch, München 2007

Hahne, M. (2006), Mehrdimensionale Datenmodellierung für analyseorientierte Informationssysteme, in: Chamoni, P., Gluchowski, P. (Hrsg., 2006), Analytische Informationssysteme – Business-Intelligence-Technologien und -anwendungen, Berlin Heidelberg 2006, S. 177–206

Hehenberger, P. (2011), Computergestützte Fertigung – Eine kompakte Einführung, Heidelberg Dordrecht London New York 2011

Heidecker, D. (2013), „Integrated Industry" im Visier, in: VDI-Z Integrierte Produktion, 6-2013

Hentze, J., Heinekcke, A., Kammel, A. (2001), Allgemeine Betriebswirtschaftslehre, Bern Stuttgart Wien 2001

Hermann, C. (2008), Daten für volle Schubkraft – Integrierter QS-Prozess vom Wareneingang bis zur Auslieferung, in: QZ Qualität und Zuverlässigkeit, 53, 2008, 12, S. 32–34

Hernandez, R., Wiendahl, H.-P. (2005), Die wandlungsfähige Fabrik – Grundlagen und Produktionsansätze, Berlin 2005

Herrmann, J., Gembrys, S. (2006), Qualitätsmanagement, München 2006

Hofmann, E., Maucher, D., Hornstein, J., Ouden, R. (2012), Investitionsgütereinkauf – Erfolgreiches Beschaffungsmanagement komplexer Leistungen, Heidelberg Dordrecht London New York 2012

Hollstein, P. (2010), Konzeption eines maschinenorientierten Data Warehouse zur Unterstützung von Managemententscheidungen, in: Baars, H. (Hrsg., 2010), Business Intelligence im Spannungsfeld zwischen Effizienz und Agilität, zweites Forschungskolloquium Business Intelligence (FKBI), Dresden 2010

Hollstein, P., Lasi, H., Kemper, H.-G. (2011), A survey on changeability of machine tools, in ElMaraghy (Hrsg., 2011), Enabling Manufacturing Competitiveness and Economic Sustainability, Heidelberg Dordrecht London New York 2011

Hollstein, P., Lachenmaier, J., Lasi, H., Kemper, H.-G. (2012), Handlungsfelder der gestaltungsorientierten Wirtschaftsinformatik im Kontext der Digitalen Fabrik, MKWI-Proceedings, 2, 2012, 71

Inmon, W.H. (2002), Building the Data Warehouse, Hoboken 2002

Jacob, M. (2012), Informationsorientiertes Management, Wiesbaden 2012

Jehle, E., Müller, K., Michael, H. (1994), Produktionswirtschaft – Eine Einführung mit Anwendungen und Kontrollfragen, Heidelberg 1994

Jorden, W. (2008), Form- und Lagetoleranzen – Handbuch für Studium und Praxis, München 2008

Jung, H. (2006), Allgemeine Betriebswirtschaftslehre, München 2006

Kaluza, B., Blecker, T. (2005), Flexibilität – State of the Art und Entwicklungstrends, in: Kaluza, B., Blecker, T. (Hrsg., 2005), Erfolgsfaktor Flexibilität, S. 1–25

Kaluza, B., Blecker, T. (2005), Erfolgsfaktor Flexibilität – Strategien und Konzepte für wandlungsfähige Unternehmen, Berlin 2005

Kemper, H.-G. (2010), Business Intelligence – Grundlagen und praktische Anwendungen eine Einführung in die IT-basierte Managementunterstützung, 3. Auflage, Wiesbaden 2010

Kemper, H.-G., Baars, H., Lasi, H. (2012), Business-Intelligence-Systeme in produzierenden Unternehmen – Neue Ansätze einer ganzheitlichen Informationsversorgung, in: Kemper, H.-G., Pedell, B., Schäfer, H. (Hrsg., 2012), Management vernetzter Produktionssysteme – Innovation, Nachhaltigkeit und Risikomanagement, S. 117–132

Kemper, H.-G., Pedell, B., Schäfer, H. (Hrsg., 2012), Management vernetzter Produktionssysteme – Innovation, Nachhaltigkeit und Risikomanagement, München 2012

Kemper, H.-G., Lasi, H., Haußmann, C., Hollstein, P., Koch, M., Lachenmaier, J. (2012), Maschinen- und produktbezogene IT-Strukturen – Aus historischen Daten lernen, in: IT&Production, 09-2012

Keppel, B., Müllenbach, S., Wölkhammer, M. (2001), Vorgehensmodelle im Bereich Data Warehouse – Das Evolutionary Data Warehouse Engineering (EDE), in: Schütte, R., Rotthowe, T., Holten, R. (Hrsg., 2001), Data Warehouse Management Handbuch – Konzepte, Software, Erfahrungen, Berlin Heidelberg New York 2001

Kesting, T., Rennhak, C. (2008), Marktsegmentierung in der deutschen Unternehmenspraxis, Wiesbaden 2008

Kern, W. (1992), Industrielle Produktionswirtschaft, Saslach 1992

Kern, W., Schröder, H.-H., Weber, J. (1996), Handwörterbuch der Produktionswirtschaft, Stuttgart 1996

Kief, H.B., Roschiwal, H.A. (2007), NC/CNC Handbuch, München 2007

Kiener, S., Mayer-Scheubeck, N., Obermaier, R., Weiß M. (2009), Produktions-Management – Grundlagen der Produktionsplanung und -steuerung, 9. Auflage, München 2009

Klein, B. (2006), Toleranzmanagement in Maschinen- und Fahrzeugbau, München 2006

Klein, B. (2012), Tolernanzmanagement im Maschinen- und Fahrzeugbau – Form- und Lagetoleranzen, Tolerierungsprinzipien, Tolerierungsverknüpfungen, Maßketten, Oberflächen, München 2012

Kletti, J. (2006), MES-Manufacturing Execution System: Moderne Informationstechnologie, Berlin Heidelberg New York 2006

Kletti, J. (2007), Manufacturing execution systems – MES, Berlin 2007

Kletti, J., Schumacher, J. (2011), Die perfekte Produktion, Heidelberg Dordrecht London New York 2011

Knackstedt, R. (2006), Fachkonzeptionelle Referenzmodellierung einer Managementunterstützung mit quantitativen und qualitativen Daten – Methodische Konzepte zur Konstruktion und Anwendung, Berlin 2006

Koch, M. (2013), Entwicklung eines Informationsverarbeitungskonzepts als Basis unternehmensspezifischer Business-Intelligence-Lösungen industrieller Unternehmen, Dissertation, Köln 2013

Köllner, T., Wieser, R., Striefler, M. (2009), Betrachtungen zu Life-Cycle-Costing bei Werkzeugmaschinen aus Sicht eines Automobilzulieferers, in: Schweiger, S. (Hrsg., 2009), Lebenszykluskosten optimieren – Paradigmenwechsel für Anbieter und Nutzer von Investitionsgütern, S. 97–116

Köppen, V., Saake, G., Sattler, K.-U. (2012), Data Warehouse Technologien, Heidelberg München Landsberg 2012

Krämer, B., Zimolong, B., Elke, G. (2004), Präventionspotenzial in Marketing und Beschaffung, in: Der Markt, 43, 2004, Nr.170/171, S. 136–146

Krcmar, H. (2005), Informationsmanagement, Berlin Heidelberg New York 2005

Krcmar, H. (2010), Informationsmanagement, Berlin Heidelberg New York 2010

Kromrey, H. (2002), Empirische Sozialforschung – Methoden und Techniken, Opladen 2002

Krothe, H.H. (2005), Wandlungsfähige Betriebsmittel – Herausforderungen an die Hersteller, München Wien 2005

Kuhn, A., Hellingrath, B. (2002), Supply-Chain-Management – Optimierte Zusammenarbeit in der Wertschöpfungskette, Berlin Heidelberg 2002

Kurbel, K. (2005), Produktionsplanung und -steuerung im Enterprise Resource Planning und Supply-Chain-Management, 6. Auflage, München 2005

Kurbel, K. (2011), Enterprise Resource Planning und Supply-Chain-Management in der Industrie, Oldenburg 2011

Lamnek, S. (1995), Qualitative Sozialforschung, Weinheim 1995

Lasi, H., Hollstein, P., Kemper, H-G. (2010), Heterogeneous IT-Landscapes in Innovation Processes – An Empirical Analyses of Integration Approaces, IADIS-Proceedings, Porto 2010

Lauven, L., Wiedenmann, S., Geldermann, J. (2010), Lebenszykluskosten als Entscheidungshilfe beim Erwerb von Werkzeugmaschinen, Schwerpunkt Unternehmensführung, Georg-August-Universität, Research Paper Nr. 10, 2010

Leon, A. (2008), Enterprise Resource Planning, New Delhi 2008

Lenck, M. (2010), Die Stärke von Kennzahlen – Nicht jeder braucht jede Information, in: IT&Production, 02-2010

Liesegang, D.G., Pischon, A. (1999), Integrierte Managementsysteme für Qualität, Umweltschutz und Arbeitssicherheit, Berlin Heidelberg New York 1999

Lindemann, U., Meiwald, T., Petermann, M., Schenkel, S. (2012), Know-how-Schutz im Wettbewerb – Gegen Produktpiraterie und unerwünschten Wissenstransfer, Heidelberg Dordrecht London New York 2012

Lindenau, K. (2006), Wirtschaftliche Fertigung mit Schleifen – Kostensenkung durch Prozesssicherheit und gezielte Maschinenbeschaffung, München Wien 2006

Loos, P. (1999), Grunddatenverwaltung und Betriebsdatenerfassung als Basis der Produktionsplanung und -steuerung, in: Corsten, H., Friedel, B. (Hrsg., 1999), Produktionscontrolling, S. 227–252

Louis, P. (2009), Manufacturing Execution Systems – Grundlagen und Auswahl, Dissertation, Marburg 2009

Luczak, H., Eversheim, W. (1999), Produktionsplanung und -steuerung – Grundlagen Gestaltung und Konzepte, Berlin Heidelberg New York 1999

Luczak, H. Meyer, M. (2005), Zukünftige Herausforderungen in der PPS serienproduzierender Unternehmen, in: PPS Management, 10, 2005, 2, S. 59–62

Malik, F. (2000), Führen, Leisten, Leben – Wirksames Management für eine neue Zeit, München Stuttgart 2000

May, C., Koch, A. (2008), Overall Equipment Effectiveness (OEE) – Werkzeug zur Produktivitätssteigerung, in: Zeitschrift für Unternehmensberater, 6, 2008, S. 245–250

McIvor, R.T., Humphreys, P.K., McAleer, W.E. (1997), A strategic model for the formulation of an effective make or buy decision, in: Management Decision, 35, 1997, 2, S. 169–178

Meier, H. (2004), Dienstleistungsorientierte Geschäftsmodelle im Maschinen- und Anlagenbau – Vom Basisangebot bis zum Betreibermodell, Berlin Heidelberg New York 2004

Melzer-Ridinger, R. (2007), Supply-Chain-Management – Prozess- und unternehmensübergreifendes Management von Qualität, Kosten und Liefertreue, München 2007

Mertens, P. (2002), Business Intelligence – Ein Überblick, in: Information Management & Consulting, 17, 2002, S. 65–73

Mertens, P. (2007), Integrierte Informationsverarbeitung, Wiesbaden 2007

Mertens, P. (2009), Integrierte Informationsverarbeitung 1, operative Systeme in der Industrie, 17. Auflage., Wiesbaden 2009

Meyer-Schwickerath, B., Schuch, L., Rahman, O.A., Delitzsch, S. (2013), Wandlungsfähigkeit von KMU erhöhen, Eine anwendungsorientierte Vorgehensweise zur Entwicklung und Bewertung von Reaktionsstrategien, in: wt Werkstattstechnik online, 103, 2013, 7/8, S. 624–630

Milberg, J., Schuh, G. (2002), Erfolg in Netzwerken, Berlin, 2002

Mildenberger, U. (1998), Selbstorganisation von Produktionsnetzwerken (Dissertation), Wiesbaden 1998

Muchiri, P., Pintelon, L. (2008), Performance measurement using overall equipment effectiveness (OEE): literature review and practical application discussion, in: International Journal of Production Research, 46, 2008, 13, S. 3517–3535

Müller, E., Ackermann, J. (2009), Baukasten für wandlungsfähige Fabriksysteme, in: Schenk, M. (Hrsg., 2009) Digital Engineering – Herausforderungen für die Arbeits- und Betriebsorganisation, Berlin 2009

Nakajima, S. (1988), Introduction to TPM: Total Productive Maintenance, Cambridge 1988

Nebl, T. (2011), Produktionswirtschaft, München 2011

Neumann, K. (1996), Produktions- und Operationsmanagement – Produktionsplanung, Produktionssteuerung, Produktionskontrolle, Berlin Heidelberg 1996

Nofen, D., Klußmann, J.H., Löllmann, F. (2005), Komponenten und Aufbau einer wandlungsfähigen modularen Fabrik, München Wien 2005

Nyhuis, P., Heinen, T., Reinhart, G., Rimpau, C., Abele, A., Wörn, A. (2008), Wandlungsfähige Produktionssysteme, in: Wt Werkstattstechnik, 98, 2008, 1/2, S. 85–91

Nyhuis, P., Klemke, T., Wagner, C. (2010), Wandlungsfähigkeit – Ein systematischer Ansatz, in: Nyhuis (Hrsg., 2010), S. 3–21

Nyhuis, P. (2010), Wandlungsfähige Produktionssysteme, Berlin 2010

Österle, H., Winter, R., Brenner, W. (2010), Gestaltungsorientierte Wirtschaftsinformatik, St. Gallen 2010

Öszu, M.T., Valduriez, P. (2011), Principles of distributed database systems, New York Heidelberg Dodrecht London 2011

Pahl, G., Beitz, W., Feldhusen, J., Grothe, K.-H. (2007), Konstruktionslehre – Grundlagen, Berlin Heidelberg New York 2007

Pawellek, G. (2008), Ganzheitliche Fabrikplanung – Grundlagen, Vorgehensweisen, EDV-Unterstützung, Berlin Heidelberg 2008

Pfau, W. (2001), Strategisches Management, München 2001

Picot, A. (1988), Die Planung der Unternehmensressource Information, Frankfurt 1988

Picot, A., Frank, E. (1993), Vertikale Integration, Stuttgart 1993

Poppo, L., Zenger, T. (1998), Testing Alternative Theories of the Firm: Transaction Cost, Knowledge-Based, and Measurement Explanations for Make-or-Buy Decisions in Information Services, in: Strategic Management Journal, 19, 1998, 9, S. 853–877

Prändl, C. (2003), Wie viel Software braucht mein Unternehmen? – Über den Sinn und Unsinn von Planungs- und Analysewerkzeugen, in: Controlling und Management, 47, 2003, 4, S. 234–236

Prust, D. (2005), Nebenzeitreduzierung durch angepasste Werkzeugmaschinen, Essen 2005

Puchta, M. (2004), Optimierung von Problemstellungen aus der diskreten und der Prozess- Industrie unter Verwendung physikalischer Verfahren, Dissertation, Regensburg 2004

REFA (1993), Ausgewählte Methoden des Arbeitsstudiums, 1993

Reinhard, G., Cisek, R. (2003), Mit Mobilität zur Wandlungsfähigen Produktion, Berlin Heidelberg 2003

Reinhart, G., Dürrschmidt, S., Hirschberg, A., Selke, C. (1999), Reaktionsfähigkeit für Unternehmen – Eine Antwort auf turbulente Märkte, in Zeitschrift für wirtschaftlichen Fabrikbetrieb (ZWF), 94, 1999, 1/2, S. 21–24

Reitner, S. (2007), Optimale Steuerung von Rüst- und Produktionsprozessen, Dissertation, Linz 2007

Roesgen, R., Schmidt, C. (2006), Auswahl und Einführung von ERP-/PPS-Systemen, in: Schuh, G. (Hrsg., 2006), Gestaltung der Produktionsplanung und -steuerung, S. 330–376

Romeike, F., Finke, R.B. (2003), Erfolgsfaktor Risikomanagement – Chancen für Industrie und Handel, Wiesbaden 2003

Rösner, J. (1998), Service – Ein strategischer Erfolgsfaktor für Unternehmen?, Hamburg 1998

Scheer, A.-W. (1997), Wirtschaftsinformatik – Referenzmodelle für industrielle Geschäftsprozesse, Berlin Heidelberg New York 1997

Schenk, M., Wirth, S. (2004), Fabrikplanung und Fabrikbetrieb – Methoden für die wandlungsfähige und vernetzte Fabrik, Berlin Heidelberg New York 2004

Schenk, M. (2009), Digital Engineering – Herausforderungen für die Arbeits- und Betriebsorganisation, Berlin 2009

Schenk, M., Wirth, S., Müller, E. (2014), Fabrikplanung und Fabrikbetrieb – Methoden für die wandlungsfähige, vernetzte und ressourceneffiziente Fabrik, Berlin Heidelberg 2014

Schließmann, A. (2013), Produktion und Planung erfolgreich integrieren, in: IT&Production, 11–2013

Schneeweiß, C. (2002), Einführung in die Produktionswirtschaft, Berlin Heidelberg New York 2002

Schneider, R. (2013), Maschinensimulation vollständig nutzen, in: VDI-Z Integrierte Produktion, 155, 2013, 4

Scholz-Reiter, B., Sowade, S. (2011), Wandlungsfähigkeit durch selbststeuernde Produktionssysteme, in: Industrie Management, 27, 2011, 3, S. 9–12

Schoner, P. (2007), Operative Produktionsplanung in der verfahrenstechnischen Industrie, Kassel 2007

Schondorff, A. (2010), Innovationen in der Automobilbranche – Marketing, Vertrieb und Chancen von umweltfreundlichen Nischenprodukten, Hamburg 2010

Schütte, R., Rotthowe, T., Holten, R. (2001), Data Warehouse Management Handbuch – Konzepte, Software, Erfahrungen, Berlin Heidelberg New York 2001

Schuh, G., Lasssen, S. (2006), Funktionen, in: Schuh (Hrsg., 2006), Gestaltung der Produktionsplanung und -steuerung – Grundlagen, Gestaltung und Konzepte, S. 159–292

Schuh, G. (2006), Gestaltung der Produktionsplanung und -steuerung – Grundlagen, Gestaltung und Konzepte, Berlin Heidelberg New York 2006

Schweiger, S. (2009), Lebenszykluskosten optimieren – Paradigmenwechsel für Anbieter und Nutzer von Investitionsgütern, Wiesbaden 2009

Schwengers, M. (2010), Pi mal Daumen, mit halber Kraft ans Ziel – Sachverstand und Planung vs. Daten und Fakten, in: IT&Production, 03-2010

Sen, A., Sinha, A.P. (2005), A Comparison of Data Warehousing Methodologies, in: Communications of the ACM, 48, 2005, 3, S. 79–84

Sendler, U. (2009), Das PLM-Kompendium, Dordrecht Heidelberg London New York 2009

Sendler, U. (2013), Industrie 4.0 – Beherrschung der industriellen Komplexität mit SysLM (Systems Lifecycle Management), Berlin Heidelberg 2013

Spath, D., Barrho, T., Klinkel, S. (2001), PPS in segmentierten Strukturen – Überflüssig oder unerlässlich?, in: PPS Management, 6, 2001, 3, S. 10–14

Spur, G. (2002), Technologiesprünge durch Prozessvernetzung, in: Milberg, J. Schuh, G. (Hrsg., 2002), Erfolg in Netzwerken, S. 127–143

Stahlknecht, P., Hasenkamp, U. (2005), Einführung in die Wirtschaftsinformatik, Berlin Heidelberg 2005

Steinbuch, P.A. (1999), Fertigungswirtschaft, Ludwigshafen 1999

Steinhilper, R. (2009), Remanufacturing und Recycling, in: Bullinger, H.-J., Spath, D., Warnecke, H.-J., Westkämper, E. (Hrsg., 2009), Handbuch Unternehmensorganisation, S. 273–293

Steinrücke, M. (2006), Termin-, Kapazitäts- und Materialflussplanung bei auftragsorientierter Werkstattfertigung, Wiesbaden 2006

Stremme, U. (2000), Internationales Strategisches Management, Frankfurt Berlin New York 2000

Strunz, M. (2012), Instandhaltung – Grundlagen – Strategien – Werkstätten, Berlin Heidelberg 2012

Sun, X., Baars, H. (2013), Wo sind die Klippen im Prozess? – Business Process Intelligence, das unterschätzte Potential, in: BI-Spektrum, 04-2013

Taylor, F.W. (2003), Scientific Management, London New York 2003

Techt, U., Lörz, H. (2011), Critical Chain – Beschleunigen Sie Ihr Projektmanagement, Freiburg 2011

Tempelmeier, H. (2006), Material-Logistik – Modelle und Algorithmen für die Produktionsplanung, Berlin Heidelberg New York 2006

Todok, A. (2000), Modellierung von OLAP- und Data-Warehouse-Systemen, Wiesbaden 2000

Töpfer, A. (2007), Six Sigma – Konzeption und Erfolgsbeispiele für praktizierte Null-Fehler-Qualität, 4. Auflage, Berlin Heidelberg New York 2007

Töpfer, A., Günther, S. (2007a), Steigerung des Unternehmenswertes durch Null-Fehler-Qualität als strategisches Ziel: Überblick und Einordnung der Beiträge, in: Töpfer, A. (Hrsg., 2007), Six Sigma – Konzeption und Erfolgsbeispiele für praktizierte Null-Fehler-Qualität, S. 3–40

Töpfer, A. (2007b), Betriebswirtschaftslehre anwendungs- und prozessorientierte Grundlagen, Berlin Heidelberg 2007

Tosse, T. (2011), Fertigungsprozesse im Online-System – Weltweite Produktionssteuerung, in: IT&Production, 05-2011

Vahrenkamp, R., Siepermann, C. (2007), Risikomanagement in Supply Chains – Gefahren abwehren, Chancen nutzen, Erfolg generieren, Berlin 2007

Vahrenkamp, R. (2008), Produktionsmanagement, München 2008

Vajna, S., Weber, C., Bley, H., Zeman, K. (2009), CAx für Ingenieure – Eine praxisbezogene Einführung, Berlin Heidelberg 2009

VDE, (2013), VDE-Studie: Industrie lässt vorerst auf sich warten, in: VDI-Z Integrierte Produktion, 7/8, 2013, S. 15

Voigt, K.-I. (2008), Industrielles Prozessmanagement – Industriebetriebslehre aus prozessorientierter Sicht, Berlin Heidelberg 2008

Voß, S., Gutenschwager, K. (2001), Informationsmanagement, Berlin Heidelberg 2001

Walker, G., Weber, D. (1984), A transaction cost approach to Make-or-Buy decisions, in: Administrative Science Quarterly, 29, 1984, S.373–391

Walter, P., Blinn, N., Schlicker, M., Thomas, O. (2009), IT-gestützte Wertschöpfungspartnerschaften zur Integration von Produktion und Dienstleistung im Maschinen- und Anlagenbau, in: Hansen, H.R., Karagiannis, D., Fill, H.-G. (Hrsg., 2009): Business Services – Konzepte, Technologien, Anwendungen, 9. Internationale Tagung Wirtschaftsinformatik, S. 389–398

Wannenwetsch, H. (2010), Integrierte Materialwirtschaft und Logistik – Beschaffung, Logistik, Materialwirtschaft und Produktion, Heidelberg Dordrecht London New York 2010

Wappis, J., Jung, B. (2008), Taschenbuch Null-Fehler-Management – Umsetzung von Six Sigma, München Wien 2008

Warnecke, H.-J. (1995), Das Fraktale Unternehmen – Eine Antwort auf ein turbulentes Umfeld, Berlin Heidelberg 1995

Weber, M.A. (2007), Unterstützung der Wandlungsfähigkeit von Produktionsanlagen durch innovative Softwaresysteme, Erlangen-Nürnberg 2007

Weber, R. (2009), Lageroptimierung – Bestände, Abläufe, Organisation, Datenqualität, Stellplätze, Renningen 2009

Weck, M., Ullrich, W., Neuhaus, J. (2000), Modulare Transfermaschinen – hochproduktiv und (re-)konfigurierbar, in: wt Werkstattstechnik, 90, 2000, 3, S. 102–104

Weck, M., Brecher, C. (2006), Werkzeugmaschinen – Automatisierung von Maschinen und Anlagen, Berlin Heidelberg 2006

Westkämper, E., Bullinger, H.-J., Horváth, P., Zahn, E. (2001), Montageplanung – effizient und marktgerecht, Berlin Heidelberg 2001

Westkämper, E. (2003), Wandlungsfähige Unternehmensstrukturen für variantenreiche Serienproduktion, Berlin Heidelberg New York 2003

Westkämper, E., Warnecke, H.-J. (2004), Einführung in die Fertigungstechnik, Wiesbaden 2004

Westkämper, E., Decker, M., Jendoubi, L. (2006), Einführung in die Organisation der Produktion, Berlin Heidelberg New York 2006

Westkämper, E., Zahn, E. (2009), Wandlungsfähige Produktionsunternehmen das Stuttgarter Unternehmensmodell, Berlin Heidelberg 2009

Westkämper, E. (2014), Towards the Re-Industralization of Europe – A Concept for Manufacturing for 2030, Berlin Heidelberg 2014

Wiendahl, H.-P. (1987), Belastungsorientierte Fertigungssteuerung Grundlagen, Verfahrensaufbau, Realisierung, München 1987

Wiendahl, H.-P. (1997), Betriebsorganisation für Ingenieure, 4. Auflage, München 1997

Wiendahl, H.-P. (2002), Wandlungsfähigkeit – Schlüsselbegriff der zukunftsfähigen Fabrik, in: wt Werkstattstechnik online, 92, 2002, 4, S.122–127

Wiendahl, H.-P., Nofen, D., Klußmann, J.H., Breitenbach, F. (2005), Planung modularer Fabriken, München Wien 2005

Wight, O.W. (1984), Maufacturing Resource Planning: MRP II – Unlocking America's Produktivity Potential, New York 1984

Winter, R., Schmaltz, M., Dinter, B., Bucher, T. (2008), Das St. Galler Konzept der Informationslogistik, Berlin Heidelberg 2008

Wittmann, W. (1959), Unternehmung und unvollkommene Information – Unternehmerische Vorraussicht, Ungewissheit und Planung, Wiesbaden 1959

WKWI (1994), Profil der Wirtschaftsinformatik, in: Wirtschaftsinformatik, 36, 1994, 1, S. 80–81

Wochinger, T., Schatz, A. (2013), Der steigenden Komplexität mit Wandlungsfähigkeit begegnen, in: Industrie Management, 29, 2013, 6, S. 61–64

Wollnik, M. (1988), Ein Referenzmodell des Informations-Managements, in: Information Management, 3, 1988, S. 34–43

Zäh, M.F. (2006), Wirtschaftliche Fertigung mit Rapid-Technologien – Anwenderleitfaden zur Auswahl geeigneter Verfahren, München, Wien 2006

Zahn, E., Schmidt, U. (1996), Produktionswirtschaft 1 – Grundlagen und operatives Produktionsmanagement, Stuttgart 1996

Zahn, E., Dillerup, R., Foschiani, S. (1997), Ansätze zu einem ganzheitlichen Produktionsmanagement, Stuttgart 1997

Zäpfel, G. (2000a), Taktisches Produktions-Management, 2. Auflage, München Wien 2000

Zäpfel, G. (2000b), Strategisches Produktions-Management, München Wien 2000

Zehe, M., Streit, S., Haneke, U. (2013), Produktionsabläufe stets im Blick – Architektur eines Manufacturing-Intelligence-Systems, in: BI-Spektrum, 02-2013

Onlinequellenverzeichnis

Fachwissen Technik, http://www.fachwissen-technik.de/verfahren/grundlagen-spanen.html, Zugriff am 12.03.2010

SAS, 2013a, SAS Institute Inc, http://www.sas.com/offices/europe/germany/sas/facts.html, Zugriff am 12.06.2013

SAS, 2013b, SAS Institute Inc, http://www.sas.com/offices/europe/germany/sas/sas.html, Zugriff am 12.06.2013

Sonderforschungsbereich 467, http://www.sfb467.uni-stuttgart.de, Zugriff am 25.10.2012

Sonderforschungsbereich 582, www.sfb582.de, Zugriff am 03.09.2011

Universität Lüneburg, http://www.uni-lueneburg.de/personal_fuehrung/index.php/Workshop, Zugriff am 16.04.2013

Universität Oldenburg, http://www.informatik.uni-oldenburg.de/~iug/methoden/workshop.html, Zugriff am 16.04.2013

Universität Potsdam, 2012a, http://wi.uni-potsdam.de/hp.nsf/0/0dbd876cea97bed8c1257711003438b3/$FILE/-Interoperabilit%C3%A4t%20und%20Standardisierung_V8.pdf, Zugriff am 23.08.2012

Universität Potsdam, 2012b, http://wi.uni-potsdam.de/hp.nsf/0/06e7ef96c08ed3f8c12573fc00368da8/$FILE/Wandlungsfähige%20Schutz-strukturen%20und%20Folgenabschätzung_Langversion.pdf, Zugriff am 23.08.2012

Wirtschaftslexikon, http://www.wirtschaftslexikon24.net/d/taylorismus/taylorismus.htm, Zugriff am 12.06.2013

WIRTSCHAFTSINFORMATIK

Herausgegeben von Prof. Dr. Dietrich Seibt, Köln, Prof. Dr. Hans-Georg Kemper, Stuttgart, Prof. Dr. Georg Herzwurm, Stuttgart, Prof. Dr. Dirk Stelzer, Ilmenau, und Prof. Dr. Detlef Schoder, Köln

Band 83
Michael Zimmer
Agile Business Intelligence – Komponenten integrierter Gesamtarchitekturen
Lohmar – Köln 2015 • 304 S. • € 59,- (D) • ISBN 978-3-8441-0386-1

Band 84
Lars Oliver Mautsch
Softwareplattformen für Unternehmenssoftwareökosysteme
Lohmar – Köln 2015 • 424 S. • € 67,- (D) • ISBN 978-3-8441-0402-8

Band 85
Jennifer Gursch
V-Modell® XT und Wissensmanagement – Konzept eines ganzheitlich integrierten Systems
Lohmar – Köln 2015 • 340 S. • € 63,- (D) • ISBN 978-3-8441-0409-7

Band 86
Christian Broser
Vertrauen für föderiertes Identitätsmanagement
Lohmar – Köln 2016 • 276 S. • € 58,- (D) • ISBN 978-3-8441-0457-8

Band 87
Raphaela Saitz
Entwicklung eines Rahmenkonzepts zur IT-basierten Unterstützung des Chancen- und Risikomanagements in Konzernen
Lohmar – Köln 2016 • 360 S. • € 64,- (D) • ISBN 978-3-8441-0465-3

Band 88
Norman Pelzl
Methodische Entwicklung von zukunftsorientierten Geschäftsmodellen im Cloud-Computing
Lohmar – Köln 2016 • 320 S. • € 68,- (D) • ISBN 978-3-8441-0466-0

Band 89
Philip Hollstein
Das maschinenorientierte Data Warehouse – IT-basierte Entscheidungsunterstützung in der wandlungsfähigen Produktion
Lohmar – Köln 2016 • 300 S. • € 66,- (D) • ISBN 978-3-8441-0472-1